高等职业教育“十四五”规划教材
辽宁省高水平特色专业群建设项目成果教材

农副产品加工

Nongfuchanpin Jiagong

刘小鸣 张涛 主编

中国农业大学出版社
China Agricultural University Press

内 容 简 介

本书以农副产品的加工工艺为主线，以典型的农副产品为载体，积极吸纳行业的新技术、新标准，突出对技术技能型人才的能力培养和实践教学，对果蔬产品加工、粮油加工、肉蛋奶产品加工等典型的农副产品加工生产工艺进行系统的介绍。

本书可作为高等职业院校食品智能加工技术、食品营养与健康、农产品加工与质量检测等专业的教材，也可作为农副产品加工企业、连锁门店、农户的参考用书。

图书在版编目(CIP)数据

农副产品加工/刘小鸣，张涛主编. -- 北京：中国农业大学出版社，2023.4
ISBN 978-7-5655-2975-7

Ⅰ.①农… Ⅱ.①刘… ②张… Ⅲ.①农副产品-加工-高等职业教育-教材 Ⅳ.①S37

中国国家版本馆 CIP 数据核字(2023)第 063382 号

书　　名 农副产品加工
作　　者 刘小鸣 张 涛 主编

策划编辑 张 玉 张 蕊　　**责任编辑** 陈颖颖
封面设计 郑 川
出版发行 中国农业大学出版社
社　　址 北京市海淀区圆明园西路 2 号　　**邮政编码** 100193
电　　话 发行部 010-62733489，1190　　读者服务部 010-62732336
编辑部 010-62732617，2618　　出 版 部 010-62733440
网　　址 http://www.caupress.cn　　**E-mail** cbsszs@cau.edu.cn
经　　销 新华书店
印　　刷 北京虎彩文化传播有限公司
版　　次 2023 年 4 月第 1 版　2023 年 4 月第 1 次印刷
规　　格 185 mm×260 mm　16 开本　16.75 印张　400 千字
定　　价 49.00 元

本书编写人员

主　　编　刘小鸣　张　涛

副 主 编　戴良俊　侯绍春

编写人员　（按姓氏拼音排序）

戴良俊　辽宁职业学院
侯绍春　辽宁职业学院
李京远　辽宁职业学院
刘小鸣　辽宁职业学院
聂远鹤　辽宁职业学院
佟　斌　辽宁职业学院
张　涛　辽宁职业学院
钟　彦　康师傅（沈阳）方便食品有限公司

总　　序

《国家职业教育改革实施方案》指出，坚持以习近平新时代中国特色社会主义思想为指导，把职业教育摆在教育改革创新和经济社会发展中更加突出的位置。把发展高等职业教育作为优化高等教育结构和培养大国工匠、能工巧匠的重要方式。以学习者的职业道德、技术技能水平和就业质量，以及产教融合、校企合作水平为核心，建立职业教育质量评价体系。促进产教融合校企“双元”育人，坚持知行合一、工学结合。《职业教育提质培优行动计划（2020—2023年）》进一步指出，努力构建职业教育“三全育人”新格局，将思政教育全面融入人才培养方案和专业课程。大力加强职业教育教材建设，对接主流生产技术，注重吸收行业发展的新知识、新技术、新工艺、新方法，校企合作开发专业课教材。根据职业院校学生特点创新教材形态，推行科学严谨、深入浅出、图文并茂、形式多样的活页式、工作手册式、融媒体教材。引导地方建设国家规划教材领域以外的区域特色教材，在国家和省级规划教材不能满足的情况下，鼓励职业学校编写反映自身特色的校本专业教材。

辽宁职业学院园艺学院在共享国家骨干校建设成果的基础上，突出园艺技术辽宁省职业教育高水平特色专业群项目建设优势，以协同创新、协同育人为引领，深化产教融合，创新实施“双创引领，双线并行，双元共育，德技双馨”人才培养模式，构建了“人文素养与职业素质课程、专业核心课程、专业拓展课程”一体化课程体系；以岗位素质要求为引领，与行业、企业共建共享在线开放课程，培育“名师引领、素质优良、结构合理、专兼结合”特色鲜明的教学团队，从专业、课程、教师、学生不同层面建立完整且相对独立的质量保证机制。通过传统文化树人工程、专业文化育人工程、工匠精神培育工程、创客精英孵化工程，实现立德树人、全员育人、全过程育人、全方位育人。辽宁职业学院园艺学院经过数十年的持续探索和努力，在国家和辽宁省的大力支持下，在高等职业教育发展方面积累了一些经验、培养了一批人才、取得了一批成果。为在新的起点上，进一步深化教育教学改革，为提高人才培养质量奠定更好基础，发挥教材在人才培养和推广教改成果上的基础作用，我们组织开展了辽宁职业学院园艺技术高水平特色专业群建设成果系列教材建设工作。

本套教材以习近平新时代中国特色社会主义思想为指导，以全面推动习近平新时代中国特色社会主义思想进教材进课堂进头脑为宗旨，全面贯彻党的教育方针，落实立德树人根本任务，积极培育和践行社会主义核心价值观，体现中华优秀传统文化和社会主义先进文化，弘扬劳动光荣、技能宝贵、创造伟大的时代风尚。突出职业教育类型特点，全面体现统筹推进“三教”改革和产教融合教育成果。在此基础上，本系列教材还具有以下4个方面的特点：

1.强化价值引领。将工匠精神、创新精神、质量意识、环境意识等有机融入具体教学项目，努力体现“课程思政”与专业教学的有机融合，突出人才培养的思想性和价值引领，为乡村振兴、区域经济社会发展蓄积高素质人才资源。

2.校企双元合作。教材建设实行校企双元合作的方式，企业参与人员根据生产实际需求提出人才培养有关具体要求，学校编写人员根据企业提出的具体要求，按照教学规律对技术内容进行转化和合理编排，努力实现人才供需双方在人才培养目标和培养方式上的高度契合。

3.体现学生本位。系统梳理岗位任务，通过任务单元的设计和工作任务的布置强化学生的问题意识、责任意识和质量意识；通过方案的设计与实施强化学生对技术知识的理解和工作过程的体验；通过对工作结果的检查和评价强化学生运用知识分析问题和解决问题的能力，促进学生实现知识和技能的有效迁移，体现以学生为中心的培养理念。

4.创新教材形态。教学资源实现线上线下有机衔接，通过二维码将纸质教材、精品在线课程网站线上线下教学资源有机衔接，有效弥补纸质教材难于承载的内容，实现教学内容的及时更新，助力教学教改，方便学生学习和个性化教学的推进。

系列教材凝聚了校企双方参与编写工作人员的智慧与心血，也体现了出版人的辛勤付出，希望系列教材的出版能够进一步推进辽宁职业学院教育教学改革和发展，促进辽宁职业学院国家骨干校示范引领和辐射作用的发挥，为推动高等职业教育高质量发展做出贡献。

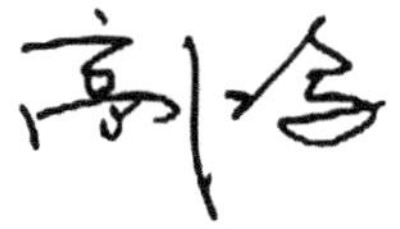

2020 年 5 月

前言

党的二十大报告指出，树立大食物观，发展设施农业，构建多元化食品供给体系。农副产品加工课程与生产实际结合密切，其涉及的内容相对较多，从农副产品产出以后的实际出发，主要涉及果蔬食品、粮油产品和畜蛋产品；从农产品的处理方式来讲，以深加工为主要环节，同时涉及相关原料的贮藏工艺。国家人力资源社会保障部、教育部要求做好“1＋X 职业技能等级证书”的培训，本教材结合专业融入粮农食品安全评价职业技能等级证书的相关内容。

高职院校食品加工方向的专业主要服务当地区域性的食品加工企业，以培养生产一线高技能人才为目标，不单要注重农副产品加工课程自身学科体系的完整性，又要兼顾不同地方食品加工企业对实际教学内容上相对独立性和侧重性的需求。因此，我们根据农副产品加工的处理方式，将内容分成了绪论、农副产品加工基础、果品蔬菜加工、粮油原料加工、面制食品加工、焙烤食品加工、米制方便食品加工、豆类食品加工、肉制品加工、腌制蛋加工、乳制品加工共 11 个项目。

教材编写分工如下：

戴良俊编写项目一和项目八；侯绍春编写项目二；刘小鸣编写项目三和项目五中的任务一至任务三；李京远编写项目四中的任务一、项目五中的任务四和师徒共研；聂远鹤编写项目四中的任务二；佟斌编写项目六和项目七；张涛编写项目九、项目十和项目十一。钟彦为本书提供了参考资料。

本教材是编者们在总结多年高等职业教学经验的基础上撰写的，同时得到康师傅（沈阳）方便食品有限公司的大力支持，根据生产、教学、科研及产业化应用等实际情况进行了适当的补充、修改和完善，使本书内容丰富，技术实用，实践性较强。

由于农副产品加工为多学科交叉的综合应用技术科学，所涉及的知识内容非常广泛，加之编者学识水平有限，书中疏漏与不妥之处在所难免，敬请广大读者批评指正。

编　者

2022 年 11 月

目 录

项目一

绪　论

一、农副产品的概念

农副产品包括农、林、牧、副、渔五业产品，分为粮食、经济作物、竹木材、工业用油及漆胶、禽畜产品、蚕茧蚕丝、干鲜果、干鲜菜及调味品、药材、土副产品、水产品等若干大类，每个大类又分若干小类。国家规定初级农副产品是指农业活动中获得的植物、动物及其产品，不包括经过加工的各类产品。

传统的农副产品一般是自产自销，没有品牌。但是近年来，随着产业结构的改革和市场变化，一些农副产品生产者已经意识到品牌对产品的重要性，因此，这些生产者开始致力于为自己的农副产品树立品牌，务求以优良的品质和实惠的价格打入市场。

二、农副产品加工的概念

以农副产品为对象，根据其组织特性、化学成分和理化性质，采用不同的加工技术和方法，制成各种粗、精加工的成品与半成品的过程称为农副产品加工。

早在农业生产之初，就伴随着相应的农副产品加工，如将麦、稻脱皮(壳)加工成面粉和米，将鱼、肉进行腌晒，将棉丝加工成布绸等。近年来，随着农业及工业技术的不断进步，农副产品加工业已不仅仅包括加工简单的农副产品，还包括加工工业原料，因此，农副产品加工业和其他工业的界限越来越难以明确区分。国际上一般将农副产品加工业划分为以下 5 类：食品、饮料和烟草加工；纺织、服装和皮革工业；木材和木材产品，包括家具加工制造；纸张和纸产品加工、印刷和出版；橡胶产品加工。根据中国国家统计局分类，我国的农副产品加工业包括 12 个行业：食品加工业(含粮食及饲料加工业)；食品制造业(含糕点糖果制造业、乳品制造业、罐头食品制造业、发酵制品业、调味品制造业及其他食品制造业)；饮料制造业(含酒精及饮料酒、乳饮料制造业、制茶业等)；烟草加工业；纺织业；服装及其他纤维制品制造业；皮革、毛皮、羽绒及其制品业；木材加工及木、竹、藤、棕、草制造业；家具制造业；造纸及纸制品业；印刷业和记录媒介的复制业；橡胶制品业。

按照原料，农副产品加工大致可以分为农产品加工、林产品加工、畜产品加工和水产品加工等。按照所加工食品的种类来分，有冷冻食品加工、干燥食品加工、罐藏食品加工、腌制食品加工和熏制食品加工等。按食品加工的意义，可将某一食品加工再分为强化食品加工、方便食品加工等。还可以按对原料加工的层次来分类,对原料的直接加工称为一次加工;若将一次加工后的物料作为原料再进行加工,称为二次加工。如小麦的制粉为一次加工,利用小麦粉加工面条为二次加工,利用面条加工方便面为深加工。

三、农副产品加工业的意义

农副产品加工业不同于单纯的农业,也有别于单纯的工业,它既包含农业,也包含工业。我国的农副产品要想在国际市场上占据应有的位置,必须选择适于加工的农产品,并采用先进的技术手段、管理方式和现代化的运营机制。要增强农产品的国际竞争力,最直接有效的手段就是提升农副产品加工的技术水平,重视相关技术的引进和自主创新,规范原材料基地的建设、加工企业的管理及其机械装备、工艺流程等,将标准化贯穿于农副产品加工过程的始终。同时,农副产品加工业延伸了农业产业链条,拓展了农业的增值空间,增加了农业的整体效益,这对于增强农业抵御市场风险的能力,从而提高农产品的国际竞争力,也是十分重要的。

农副产品加工水平是衡量一个国家农业现代化程度的重要标志,是提升农业整体素质和效益的关键环节。我国发展农产品加工业有丰富的物质基础,我国的谷物、肉类、棉花、花生、油菜籽、水果、蔬菜等很多农产品的产量都居世界前列,但与经济发达国家相比,我国的农副产品加工业总体上有较大差距。因此,发展农产品加工业意义重大,主要体现在以下几方面。

1. 农副产品加工业是建设现代农业的重要环节

通过农副产品加工业的带动,可以把农业产前、产中、产后的各个环节相互链接在一起,延长农业的产业链、价值链和就业链,促进农业产业化、农村工业化、农村城镇化、农民组织化。

2. 农副产品加工业是农业结构战略性调整的重要导向

目前,我国农副产品加工已从过去的只考虑对剩余物料进行加工的被动发展,转变为以市场为导向的现代农产品加工,按照市场的需求组织生产。农副产品加工成为农产品生产规模、品种结构和区域布局调整的引导力量,为农业结构的战略性调整找准了方向,对推进中国农产品出口结构的优化升级、提高中国农业的国际竞争力有重要意义。

3. 农副产品加工业是促进农民就业和增收的重要途径

发展农副产品加工可以安置大量的农村富余劳动力,催生一大批相关配套企业,形成新的就业渠道,带动农民增收以及民营企业、县域经济的快速发展,推进农业产业化进程,实现第一二三产业的持续、有机、协调发展。

4. 农副产品加工业是社会主义新农村建设的重要支撑

发展农副产品加工业,以农业、农村资源为依托,将丰富的农产品资源和劳动力资源两个优势加以整合,形成农村产业发展优势,进而转化为新农村建设的经济优势,同时也带动了相关产业尤其是各项服务业的发展,促进了农村基础设施建设和社会事业的发展。

四、农副产品加工业的发展现状

近年来,农副产品加工业被看作新时期我国农业农村经济发展的又一次重大机遇。2018年3月,农业部印发通知,部署在全国开展农产品加工业提升行动,推动产业结构布局不断优化、创新能力显著增强、质量品牌明显提升。力争通过3年的努力,使全国农产品加工转化率达到68%,规模以上农产品加工业主营业务收入年均增长6%以上,农产品加工业与农业总产值比达到2.4∶1。

数据显示，2017 年我国农产品加工业主营业务收入达 22 万亿元，与农业产值比达到 2.3∶1，农产品加工业已成为国民经济的战略性支柱产业。2018 年上半年，规模以上农产品加工业增加值增速为 5%（扣除价格因素）；全国规模以上农产品加工企业实现主营业务收入达到 7.8 万亿元，同比增长 6.1%；规模以上农产品加工业实现利润总额 5 306 亿元，同比增长 7.5%。

五、农副产品加工业存在的问题

统计数据显示，2019 年，我国农副产品加工率只有 55%，低于发达国家 80%的水平，我国农副产品加工业和农业产值的比值也低于发达国家的比值。我国农副产品精深加工发展不足，已成为行业发展亟待解决的短板和瓶颈。我国的粮食储藏和果蔬产后损耗率分别为 9%和 25%，远高于发达国家水平，农产品产后产值与采收时自然产值之比仅为 0.38∶1。产品粗加工多，精加工少；初级产品多，深加工产品少；中低档产品多，高档产品少。农副产品的深加工技术和装备普遍落后于发达国家 10～20 年，各种高新加工技术的应用仍不普遍。

1. 农副产品加工技术水平落后，科技创新人才缺乏

我国农副产品加工技术水平与国际先进国家相比，还相对落后，特别是在技术储备方面严重不足。近几年，农副产品加工业虽然从业者众多，但科技创新人才及其科技创新能力缺乏，尤其是高新加工技术。据有关资料统计，在 54 000 多个乡及乡以上食品加工企业中，食品加工技术达到国家二级企业标准要求的企业较少；在 500 多万名食品行业工作人员中，只有 8 万多名大中专院校毕业生从事专业的科技研发和管理工作，每万名行业从业者，只有不足 10 名科技人员。加工技术水平的落后，已成为制约我国农副产品加工业可持续发展的重要因素之一。

2. 农业的种养结构不尽合理

我国农业的种养结构不合理，突出表现在农产品的品质上，缺少专用品生产，种养什么就加工什么的现象普遍存在。2021 年，我国的玉米年产量 2.73 亿 t，居世界第二，人均 190 kg，美国的玉米产量居世界第一，年产量 3.58 亿 t，人均 1 000 kg。我国年产淀粉 3 400 万 t，耗玉米 4 470 万 t，玉米深加工只占总产量的 16%，品种单一、品质一般，缺少专用品种。

3. 资金短缺问题仍然严重

资金短缺问题一直以来就是困扰我国农副产品加工业发展的大难题，也是今后需要长久面对的主要问题之一。主要原因在于：一是农副产品加工业普遍利润率低、资金周转周期长；二是农副产品加工业融资渠道狭窄。资金短缺导致农副产品加工企业难以改善生产设备、实现规模化生产。

4. 标准和质量体系不健全，产品质量参差不齐，缺乏竞争力品牌

农副产品加工行业标准化，即农副产品加工生产过程中的标准化管理和产品质量标准化达标体系建立。由于我国农副产品加工标准化工作起步晚、标准规则陈旧、标准起点低等问题普遍存在，我国农副产品企业发展不能较好地与国际市场接轨。此外，我国农副产品加工企业生产的产品，产品质量参差不齐，缺乏竞争力品牌。

5. 食品安全保障水平仍然较低，总体形势不容乐观

我国的食品安全水平与消费者的期望相比，仍然有较大差距，安全事故时有发生，社会大众对食品卫生仍缺乏安全感，食品安全形势依然严峻。一是食品标准制定方法和体系不能适

应食品安全控制的要求，存在标准体系结构、层次不够合理，个别标准之间存在交叉重复，不适应行业发展与国际接轨的需要，甚至有些重要领域严重存在标准空白，食品安全标准短缺，标准技术水平偏低，标准实施力度不够等一系列的问题。二是食品企业违法生产食品现象不容忽视。少数不法分子违法使用食品添加剂和非食品原料生产加工食品。另外，加工设备落后、卫生保证能力差的手工及家庭加工方式在食品生产加工领域仍占较大比例。三是新材料和新工艺不断出现，直接应用于食品及间接与食品接触的化学物质日益增多，带来新的食品安全隐患。四是从农田到餐桌，食物链污染情况时有发生，其中源头污染（种植、养殖过程）和环境污染给食品卫生带来较大影响。

6. 服务体系建设滞后，管理体制不完善，政策不配套

农民专业合作经济组织和行业协会发展滞后，公益性社会化服务平台尚未形成。

六、农副产品加工业的发展趋势

1. 深加工是农副产品加工业的重要发展趋势

尽管近几年来，各级政府对农副产品深加工越来越重视，逐渐加大投入，但由于基础薄弱，起步较晚，我国的农副产品深加工业距世界发达国家水平还有很大差距。未来，冷冻干燥、超高压灭菌、微波干燥、远红外加热、超临界流通萃取技术、无损检测、辐照保鲜、无菌包装等现代高新技术在农副产品加工和食品工业中将逐步得到广泛应用。因此，深加工将成为我国农副产品加工业的发展趋势之一。

2. 食品安全的要求越来越高

近年来，国内部分食品企业存在使用劣质原料、滥用添加剂等诸多违法行为。农副产品加工业企业发展水平参差不齐，为数众多的小作坊企业的食品卫生和质量安全还有待提高，因此，本行业的食品安全更加成为人们关注的焦点。国家制定了《食品生产许可管理办法》《中华人民共和国食品安全法》《关于监督食品生产经营者严格落实食品安全主体责任的通告》《食品生产通用卫生规范》《国务院关于加强食品安全工作的决定》等一系列法律、法规及规范性文件，意在加强食品安全管理工作。由此可见，我国对农副产品安全的要求逐步严格。

3. 行业整合、集中度将进一步提高

目前，我国农副产品加工的产业集中度和技术装备水平还不高，相当一部分企业还处于小规模、作坊式、手工或半机械加工的初级状态，农副产品质量安全存在一定的隐患，与人民群众日益提高的食品安全要求不匹配。随着食品安全、国家产业政策和市场竞争等因素的影响，本行业对农副产品生产企业的要求将越来越高，只有拥有规模化运作能力的企业才具备必要的产品检测能力，能够采用现代技术装备、建立完善的食品安全管理体系，才能利用自身的产业运作能力和品牌影响力获得发展所需的资金和政策等重要资源，才可能具有抵御各种风险的能力和市场竞争力。市场份额将会逐渐向规模以上的企业集中，行业集中度也将会进一步提高。

4. 品牌成为企业的核心竞争力

随着社会经济的发展和人们生活水平的提高，消费者更加注重食品的安全、卫生以及口味，“放心食品”“绿色食品”等安全、口感好、健康的产品逐渐成为消费者的首选。企业品牌的塑造将引导消费者对其产品的选择，良好的企业品牌将有助于提升企业核心竞争力，进一步提升企业规模和市场占有率。

七、发展粮食和果蔬加工业的方向、目标和区域布局

(一)粮食加工业

1. 发展方向和目标

“十四五”规划提出，推动农业供给侧结构性改革，优化农业生产结构和区域布局，加强粮食生产功能区、重要农产品生产保护区和特色农产品优势区建设，推进优质粮食工程。完善粮食主产区利益补偿机制。保障粮食供给安全，提升收储调控能力。开展粮食节约行动。发展县域经济，推动农村一二三产业融合发展，丰富乡村经济业态，拓展农民增收空间。

(1)产业规模和效益稳步增长　产能结构进一步优化，深加工转化能力明显增强。集约化和规模化水平明显提高，产业集中度稳步提升，形成 30 家以上主营业务收入过 100 亿元的骨干粮油企业。培育一批特色突出的优势产业集群(园区、基地)。主食工业化率提高到 25%左右。粮油加工业主营业务收入保持 9%年均增速，工业增加值保持年均 7%以上增速，利润水平稳步提升。

(2)科技创新能力明显增强　规模以上粮油加工企业研发投入占主营业务收入的比例提高到 0.6%以上，领军企业研发投入的比例达到 3%以上。以企业为主体的技术创新体系进一步健全，制造模式、管理模式、商业模式和服务模式创新加快推进。粮油加工成套技术和装备水平不断提升，关键设备自主化率提高到 80%以上。

(3)质量安全水平明显提升　粮油加工业标准体系日趋完善，大米、小麦粉、食用植物油抽查检验合格率达 97%以上。

(4)节能减排和节粮减损成效显著　2020 年单位工业增加值二氧化碳排放量比 2015 年下降 18%、能耗下降 15%，主要污染物排放总量减少 10%以上。大米和小麦粉出品率提高 2～3 个百分点，食用植物油出品率提高 0.5 个百分点，米糠等副产物综合利用率达到 50%以上，玉米深加工原料利用率达到 98%以上。每年节粮 400 万 t 以上。

(5)加工应急保障能力明显增强　应对突发事件成品粮应急加工保障能力明显提升，供应网络布局合理、功能完善。

2. 区域布局

加快粮油加工业调结构、去产能，以营养功能为重点，大力发展成品粮油适度加工和主食产业化。严格控制加工精度，提高产品纯度。

(1)稻谷加工业　积极发展优质米、专用米、发芽糙米、改性糙米、留胚米、免淘米、营养强化米及各类米制主食品等，鼓励生产和消费免抛光大米。在长江中下游、东北等稻谷主产区，长三角、珠三角、川渝地区、海峡西岸等大米主销区以及重要物流节点，发展稻谷加工产业集聚区或集群，形成优质米、米制主食品、方便食品、米糠、稻壳和碎米等综合利用的循环经济模式。鼓励大中型稻谷加工企业或与油脂加工企业合作，采用“米糠保鲜”“分散榨油”“集中精炼”等成熟技术发展米糠制油，利用稻壳发电或提取热能、生产环保材料。通过兼并重组或改扩建等，引导培育一批年处理稻谷 20 万 t 以上的大型产业化龙头企业、年处理稻谷 50 万 t 以上的骨干集团企业。

(2)小麦加工业　积极发展专用粉、全麦粉、预拌粉及各类面制主食品等。在华北、华中、华东、西北等主产区和津冀鲁、珠三角等地区，发展小麦加工产业集聚区或集群，优化新疆、甘肃、陕西、广东等特色食品区域产业布局，形成小麦粉、面制食品及其副产物综合利用的循环经

济模式。培育一批年处理小麦 50 万 t 以上的大型产业化龙头企业、年处理小麦 100 万 t 以上的骨干集团企业。

(3)食用植物油加工业　坚持多油并举，增加和改善国产油菜籽油、花生油、大豆油、棉籽油、葵花籽油、芝麻油等食用油供应。积极开发米糠油、玉米油等，大力发展油茶籽油、核桃油、橄榄油、牡丹籽油、文冠果油、梾木果油等新型健康木本食用油，增加胡麻籽油、红花籽油、紫苏籽油等特色小品种油供应，积极开发起酥、煎炸等专用油脂。

(4)主食产业化　开发适宜不同消费群体、不同营养功能、不同区域的优质米粉(米线)、糙米粉、米粥、馒头、挂面、鲜湿及冷冻面等大众主食品和区域特色主食品及品牌，增强市场竞争力，丰富常温、冷冻冷藏营养型主食品种和方便食品，提升安全性、方便性、即食性。创新主食流通方式，提高配送能力。在北京、天津、山东、河南、河北、陕西、甘肃和新疆等省份发展优质面制主食品产业化示范基地；在上海、湖南、安徽、广东、江西、湖北、云南、四川和广西等省份发展优质米制主食品产业化示范基地；在内蒙古等地发展薯类主食加工示范基地；在玉米主产区积极开发玉米主食品和方便食品，大力倡导推动玉米主食消费。

(5)杂粮加工业　积极发展优质特色杂粮产业，提高杂粮、豆类的适口性、营养性和方便性，加快推进杂粮食品工业化、产业化和品牌化。在西北、西南地区建设荞麦、青稞主食品加工基地；在西北、内蒙古等地区建设燕麦片、燕麦米、燕麦主食等加工基地；在东北、华北和西北地区建设谷子、糜子、杂豆类主食面粉和红小豆、绿豆等杂豆加工基地；在东北和华北等地区建设高粱米和高粱等主食面粉加工基地。

(6)薯类加工业　积极开发馒头、面条、面包等大众马铃薯主食品，推进马铃薯饼、馕和年糕等地域特色主食品，以及菜肴等多样化方便食品开发，研发薯片、薯条等新型休闲食品，以及马铃薯膳食纤维等功能性产品，适度发展马铃薯全粉和淀粉、甘薯粉丝等。在东北、华北、西北和西南地区等马铃薯、甘薯主产区，重点完善薯类收购、储运销售与流通体系，建立一批特色突出的加工基地。

(二)果蔬加工业

1. *发展方向和目标*

(1)水果　着力引进、培育水果加工营销龙头企业，采用先进的果品商品化处理设备和技术，发展特色水果储藏保鲜和加工，通过错时销售、远距离销售和延长销售时间，提高产品的技术含量和附加值。

(2)蔬菜　积极引进蔬菜加工企业，在搞好无公害蔬菜的储藏、保鲜、分级、包装等初加工的基础上，采用先进适用的加工生产工艺，加快开发具有市场竞争力、技术含量高的冻干蔬菜、速冻菜、净配菜、蔬菜粉及调理蔬菜等丰富多样的蔬菜产品，提高蔬菜附加值。

2. *区域布局*

目前，我国果品加工产业集群和基地建设逐步向布局集中、产业集聚的方向发展。特色果品加工区域化显著，逐步形成优势产业带。就地区布局来说，在西南地区要发展优质柑橘、南方梨等热带水果加工，在西北地区发展猕猴桃、苹果、梨、葡萄等优质水果加工。面向国际市场，建设绿色优质水果生产基地。重点发展四川、渭北高原及陇东地区优质果品加工基地，新疆、云贵高原和河西走廊特色瓜果加工基地。

(1)果汁　目前，我国的浓缩苹果汁、浓缩菠萝汁、杏浆和桃浆的加工占有非常明显的优势，形成了非常明显的浓缩果汁加工带。辽宁、山东、陕西等地发展浓缩苹果汁与 NFC(非浓缩还原汁)苹果汁;内蒙古、新疆、甘肃、宁夏等西部地区发展番茄酱、浓缩葡萄汁;天津、河北、安徽等地发展桃汁、浓缩梨汁;重庆、湖北等地发展柑橘浓缩汁与NFC柑橘汁;海南、云南等地发展热带水果(菠萝、杧果和香蕉)浓缩汁与浓缩浆加工基地;北京、上海、广州等大城市发展直饮型果汁终端产品,形成高端产品与低端产品、半成品与终端产品、出口与内销产品共存的产品结构布局。

此外,随着我国特色果品加工能力的提高,一些特色果汁加工产业带已形成,如浙江等地发展浓缩杨梅汁,新疆等地发展杏浆、石榴汁,宁夏等地发展枸杞汁,以及新疆南部地区发展红枣汁。

(2)脱水果品　目前,我国的脱水果品加工主要分布在东南沿海省份及东北、西北、西南等水果主产区,形成环形产业布局,重点在东南沿海出口基地进行加工业布局。在果品主产地及东南沿海贸易发达地区,如山西、陕西、江苏、浙江、福建、山东等地,脱水果品产业发展迅速。一些新的脱水产品相继出现,例如苹果脆片,最近几年很受市场欢迎,产业日益增大。同时,脱水果品业向西部地区如甘肃、宁夏、新疆等地发展,形成“优势品种、优势产区加工”的“双优”布局,如在宁夏进行脱水枸杞的发展,在新疆进行脱水枣片的发展,增强向中亚及俄罗斯等欧洲国家的出口能力。

(3)果品罐头　我国果品罐头“产业西移”态势十分明显,同时继续走优化区域布局和调整品种结构的发展之路,立足区域布局和产品布局,考虑原料基地和产品市场两大因素,进行企业的合理布局。各地根据自身的资源特色和优势以及原料的加工特性,同时根据国际市场对产品的要求,发展具有地方特色资源的果品罐头加工业。在河北、浙江、安徽、福建、山东、湖南、新疆、广西等传统生产省份集中发展梨、苹果、菠萝等罐头生产;在浙江、湖南、四川、湖北等省份发展柑橘罐头;在河北、辽宁、浙江、山东、安徽等省份发展桃罐头;在福建、山东、山西等省份发展芦笋罐头;在浙江、福建等省份发展竹笋罐头;在新疆等西部地区发展番茄罐头、杏罐头等;在广西等南方沿海省份发展热带水果罐头,如菠萝、杧果等罐头。

(4)速冻果品　我国速冻果品外向型加工产业布局已基本形成,出口基地大都集中在东部沿海地区。在我国水果主产地及东南沿海地区,如河北、辽宁、江苏、浙江、福建、山东、广东等地,速冻水果产业发展迅速,如桃、梨速冻果品等。同时,速冻果品业向东北及云南、新疆等边疆省份发展,形成环形发展产业布局。加强云南、新疆等西部地区及东三省的速冻果品企业建设,增强向南亚、中亚及俄罗斯等欧洲国家的出口能力。重点发展国际市场上交易量可观的速冻果品生产,如速冻草莓、杨梅等果品;逐步发展具有地域特色的特色果品的速冻产业,如新疆的杏、红枣,宁夏的枸杞,广西的荔枝,陕西的猕猴桃等。

(5)果酒　目前,我国果酒已经从单一的葡萄酒发展到苹果酒、草莓酒、菠萝酒、柑橘酒、梅子酒、枸杞酒等数十种的果酒。但葡萄酒产业还是我国最大的果酒产业。我国现阶段葡萄酒产业的发展区域正在调整扩大,特别是不同产区的优势品种、特色品种会进一步突显,形成不同产区的葡萄酒风格。如长白山区主要以酿制甜红的山葡萄为主,河西走廊产区以红葡萄为主,黄河故道及山东半岛区域则以白葡萄为主,兼顾红葡萄种类,而秦皇岛区域则以红葡萄为主,兼顾白葡萄品种发展。目前,一些地区如甘肃、宁夏、新疆、河北已把培育葡萄酒优质产区作为未来产业的主要发展方向;一些南方地区,如四川的攀枝花和西昌、江西的新余等也在谋划发展南方葡萄酒产业。我国苹果酒加工区域基本集中在山东、陕西两大苹果产业基地。

八、农副产品加工学的目的和任务

农副产品加工学是食品智能加工技术、农学、园艺专业的一门重要专业课，是食品科学技术与食品工业发展的重要组成部分和基础，也是农业科技领域不可分割的重要组成部分。农副产品加工业的发展状况标志着一个国家经济文化发达程度和水平，不但对当前国家经济发展十分重要，而且直接影响未来农业的持续健康发展。同时，农副产品加工学是一门应用学科，它以植物学、植物生理学、生物化学、微生物学、农产品原料学、农产品化学、工程学等作为学科的广泛基础，以多种机械操作和化工单元操作为手段，研究农产品资源利用、原辅材料选择、加工包装、贮藏运输技术以及上述因素对产品质量、产品价格、营养价值、安全性等方面的影响。

近年来，随着基础科学和综合应用技术的发展，农副产品加工的理论和技术发展迅猛，现代高新技术，如酶技术、膜分离技术、超临界流体萃取技术等已广泛应用于农副产品加工中。其发展趋势表明，现代先进加工技术的应用，新食品资源的开发利用，食品中功能成分的开发利用，生物工程技术在食品加工中的应用，将成为农副产品加工学发展的巨大推动力，成为21世纪国际食品加工业的发展与竞争的重要组成部分。

为学好这门综合性的应用学科，学习者必须具备一定的植物生理学、化学、微生物学、工程原理、机械基础、生物技术等学科的基础知识，并以此为基础，培养应用这些学科的基础理论解决食品加工、储运和销售过程中的化学、生物学和工程学问题的能力，开拓性、创造性地去进行实践和操作，才能更好地学习、理解和掌握，为我国农副产品加工技术水平的提高奠定坚实的基础。

项目二

农副产品加工基础

任务一　加工用水及处理

【知识目标】

通过加工用水种类、水质重要性的学习，使学生掌握农副产品加工对水质的要求与水质的处理方法。

【技能目标】

掌握水质的处理方法及水质硬度测定方法。

【德育目标】

使学生养成节约用水的习惯。

【任务实施】

水质对人体健康有一定的影响，同时对农副产品的加工质量有相当大的影响。掌握水质的好坏对加工品的影响，同时对水质进行处理及对水的硬度进行测定，是学习农副产品加工的最基本的能力。

无污染的井水和自来水可直接做加工用水。而来源于江、河、湖、水库的水必须经过净化处理才能使用，具体处理方法有过滤法、软化法、电渗析法和返渗透法、消毒法等。

一、过滤法

(一)砂石过滤法

砂石过滤法是以砂石、木炭作滤层，一般滤层的构建方法是从上至下依次填充小石、粗砂、木炭、细砂、中砂等。水源自上而下流动，杂质则被阻隔在不同的滤层中，过滤后的水由滤层底部流出。

(二)砂棒过滤法

砂棒过滤器是采用细微颗粒的硅藻土和动物骨灰做原料,经成型后在高温下焙烧而形成的一种带有极多毛细孔隙的中空滤筒。工作时,具有一定压力的水由砂棒毛细孔进入滤筒内腔,由砂棒内腔流出,而杂质则被阻隔在砂棒外表面,从而完成过滤操作。砂棒使用前应用75%的酒精或10%的漂白粉液消毒处理,安装时凡是与净水接触的部位都应消毒。砂棒过滤比砂石过滤对水质的要求更高。无论是砂石过滤还是砂棒过滤,随着阻隔杂质量的增加,过滤的效能降低,因此,过滤一定时间后必须对砂石层或砂棒进行再生处理。砂石过滤用新材料进行填充,砂棒过滤器用细砂纸擦洗砂棒即可。

二、软化法

(一)暂时硬水软化

水的硬度有暂时硬度和永久硬度之分。暂时硬度是指水中含有钙、镁的酸式碳酸盐,可加热过滤或加入适量的氢氧化钙、碳酸钠,使水的钙、镁盐沉淀。永久硬度是指水中含有钙、镁的酸式硫酸盐、氯化物、硝酸盐,加热也不沉淀,只能采用化学软化方式使其硬度降低。

(二)离子交换法

当硬水通过离子交换器内的离子交换树脂时,水中离子和树脂上的同性离子相互交换,使水得以软化。如钠离子交换树脂、氢离子交换树脂常用于水的软化处理。阳离子交换树脂中Na^+或H^+将水中的Ca^{2+}、Mg^{2+}等阳离子置换出来,使水得以软化;阴离子交换树脂中的OH^-可将水中的Cl^-、HCO_3^-、SO_4^{2-}、CO_3^{2-}等阴离子置换出来,除去水中离子而成离子水。其反应如下:

$$CaSO_4 + 2R-Na \longrightarrow Na_2SO_4 + R_2Ca$$

$$Ca(HCO_3)_2 + 2R-Na \longrightarrow 2NaHCO_3 + R_2Ca$$

$$MgSO_4 + 2R-Na \longrightarrow Na_2SO_4 + R_2Mg$$

$$Mg(HCO_3)_2 + 2R-Na \longrightarrow 2NaHCO_3 + R_2Mg$$

上式中R-Na为钠离子交换剂分子式简写,R代表残基。硬水中的Ca^{2+}、Mg^+等阳离子被Na^+置换出来,并残留在交换剂中,水被软化。当交换剂中的Na^+全部被置换后将失效,可用5%~8%食盐溶液再生处理,Na^+可将Ca^{2+}、Mg^+交换出来,再用水将置换出来的钙盐、镁盐冲洗掉,这样就恢复了离子交换剂软化水的能力,使其继续使用。氢离子交换剂可用稀硫酸进行再生。离子交换法软化率高,也比较经济。但是,对离子交换剂的再生需要消耗大量的食盐或硫酸,排出的酸碱废液对环境会造成一定污染,应进行无害化处理。

三、电渗析法和反渗透法

电渗析法是利用选择透过性和良好导电性的离子交换膜,在外加电场作用下,根据异性相吸、同性相斥的原理,使水分别通过阴、阳离子交换膜而净化。

该法的技术关键是新型离子交换膜。离子交换膜是0.5~1.0 mm厚度的功能性膜片,按其选择透过性区分为正离子交换膜(阳膜)与负离子交换膜(阴膜)。正离子交换膜带负电,吸附阳离子并使其通过。负离子交换膜带正电,吸附阴离子并使其通过。它是将具有选择透过性的阳膜与阴膜交替排列，组成多个相互独立的隔室使水得以净化。此外，电渗析法还可以淡化海水。这种方法也越来越多地应用于化工、医药、食品等行业的浓缩、分离与提纯。其特点是不需要化学药剂，无污染，对盐类的除去量易控制，投资少，操作简单，耗能少，检修方便，占地少。

反渗透法是溶液在一定压力下，通过反渗透膜，将其中的溶剂(纯水)分离出来，从而使水分离或溶液浓缩。

反渗透法使用半透膜，如醋酸纤维素膜、芳香聚酰胺纤维膜。膜的孔径非常小(仅为 1 μm 左右)，因此能够有效地去除水中的溶解盐类、胶体、微生物、有机物等(去除率高达 97%～98%)。该法可用于海水和咸水淡化，硬水软化，果汁、牛乳、咖啡浓缩，细菌、病毒的分离等。其特点是应用范围较广泛，无污染，脱盐率高，水利用率高，自动化程度高，能耗低，但是投资较大。

四、消毒法

水中除了含有大量的悬浮物和胶体物质外，还含有大量的微生物，甚至是致病和有害微生物，威胁人的身体健康，因此，必须对水进行消毒。水的消毒技术主要有物理方法和化学方法两大类。物理方法是采用热、紫外线照射、超声波高频辐射等方法，使细菌内蛋白质在物理能的作用下发生凝聚，或使遗传因子发生突变而改变细菌的遗传特征，从而达到消毒的目的；化学方法则是利用无机或有机化学药剂灭活微生物特殊的酶，或通过剧烈的氧化反应使细菌的细胞质发生破坏性的降解而达到杀菌的作用。但是，这里所说的消毒并不是将全部微生物杀灭。目前常用的消毒法主要有以下几种。

(一)氯消毒法

这种方法可以说是目前最简单有效而被广泛使用的方法。常用的药剂有氯气及其化合物，如漂白粉、次氯酸钠、氯胺等。其原理是药剂在水中生成次氯酸，次氯酸体积小，电荷中性，易于穿过细胞壁；同时，它又是一种强氧化剂，能损害细胞膜，使蛋白质、核糖核酸(RNA)和脱氧核糖核酸(DNA)等物质释出，并影响多种酶系统(主要是磷酸葡萄糖脱氢酶的巯基被氧化破坏)，从而使细菌死亡。氯对病毒的作用，在于对核酸的致死性损害。药剂使用量以输水管末端放出水的余氯量在 0.1～0.3 mg/L 为宜。小于 0.1 mg/L，不安全；大于 0.3 mg/L，水中有明显的氯臭味。

(二)臭氧消毒法

臭氧(O_3)是由 3 个氧原子组成，很不稳定，在水中极易分解成氧气和氧原子。氧原子性质极为活泼，有强烈的氧化性，瞬间分解水中的有机物质、细菌和微生物，能使水中的微生物失去活性，同时，可以除去水中的铁和锰等。单原子氧(O)也具有强氧化能力，对顽强的微生物，如病毒、芽孢等有强大的杀伤力。臭氧杀灭细菌和病毒的作用，通常是物理的、化学的及生物的几个方面的综合作用。

臭氧的作用机制：

(1)作用于细胞膜，导致细胞膜的通透性增加，细胞内物质外流，使细胞失去活力。

(2)使细胞活动必需的酶失去活性，这些酶是合成细胞的重要成分。

(3)破坏细胞质内的遗传物质，直接破坏其 RNA 和 DNA 物质，导致细胞新陈代谢障碍，直至死亡。这一过程是不可逆的反应，极为迅速。

臭氧由臭氧发生器通过高频、高压电极放电产生。将臭氧泵入氧化塔，在塔内与水充分接触、混合，达到一定浓度后，即可起到消毒的作用。

(三)紫外线消毒法

紫外线是指波长为 136～390 nm 的不可见光，以波长 265～266 nm 杀菌力最强。作用原理是微生物受紫外线照射后，其蛋白质和核酸发生变性，导致微生物死亡，从而在不使用任何化学药物的情况下消灭水中的细菌、病毒。紫外线消毒不产生任何二次污染物，它具有高效率、广谱性、低成本、长寿命、大水量、无污染等优点，目前已在发达国家逐渐成为一种主流消毒手段。

紫外线杀菌装置多为低压汞灯。汞灯的瓦数及数量应根据杀菌装置的种类和目的来选择，考虑其对环境温度、水处理量及照射时间的影响，才能获得最佳效果。紫外线杀菌器成本较低，投资也少，但对被处理水质的要求较高，处理前应无色、无混浊、微生物数量较少，且尽量少带气体。

【知识拓展】

一、加工用水的种类

加工用水有自来水、水库水、井水、江水、河水、湖水等。

二、加工用水水质的重要性

加工用水只有符合饮用水标准才能不污染食品，才能符合加工品的质量要求。

三、加工对水质的要求

农副产品加工用水量相当大，包括原料的洗涤，容器和设备的清洗，原料的烫煮、冷却和漂洗等都需要大量水。如每生产 1 t 罐头产品，耗水量约 4 t，制成 1 t 蜜饯，需 2 t 左右的水。

农副产品加工用水要符合饮用水标准，即符合《生活饮用水卫生标准》(GB 5749—2022)。应澄清透明，无悬浮物质，无色，无臭，无味，静置时无沉淀物，不应含有重金属盐类。如果含有硫化氢、氨、硝酸盐和亚硝酸盐等物质，就证明水中有腐败性微生物的存在。水中也不宜含有铁盐，因为铁盐与某些农副产品中的单宁物质作用使产品变成黑色。加工用水中的微生物指标要求是不允许有任何致病菌及耐热性细菌的存在。一般要求，水中菌落总数不得超过 100 cfu/mL，大肠菌群不得检出。

四、水质对加工品质的影响

普通水中由于含有氯化物、硫酸盐、硝酸盐及碳酸盐等，对加工品的质量有影响。

(一)水的硬度及单位

水的硬度是以 1 L 水中含钙、镁离子多少来衡量的。其单位为 mg/L，也有用德国度(°dH)来表示，硬度 1°dH 相当于 1 L 水中含 CaO 10 mg。

(二)水硬度的具体分类

软水是 8°dH 以下，中等硬水是 8～16°dH，硬水是 16°dH 以上。

(三)水的硬度对加工品质的影响

水的硬度大小对加工品最终品质有影响。如果水的硬度过大，水中含有较多的钙、镁离子会与有机酸结合，产生沉淀物，影响最终品质。严重的会产生苦味，影响风味。如果配制罐头填充液使用硬度过大的水，会使果肉变粗糙。如果用硬度过大的水来处理橘瓣囊衣，会造成囊衣脱出困难。

五、农副产品加工厂厂址选择与水源的关系

为了保证加工用水的清洁卫生，必须注意水源的卫生条件，一般来说，以深井水和上游未受到污染的河水或溪水最为理想。如果河水上游污染严重，虽经净化处理，也不适合用于食品加工。因此，农副产品加工厂厂址的选择必须认真考虑水源卫生条件。同时，加工厂也要考虑生产过程中的废水排放处理，以免污染环境。

任务二　食品添加剂应用

【知识目标】

通过对食品添加剂的学习，使学生掌握食品添加剂的特性及在农副产品加工中的应用方法。

【技能目标】

使学生掌握食品添加剂的使用原则及使用量。

【德育目标】

使学生养成良好的职业道德，树立科学、严谨的工作态度，严格按照标准使用食品添加剂。

【任务实施】

在食品加工中，为使加工品的色、香、味等品质得到保持或提高，可加入适当的食品添加剂。正确理解食品添加剂是每个食品工作者的责任。

一、食品添加剂概念

食品添加剂是指为改善食品品质和色、香、味，以及为防腐和加工工艺的需要而加入食品中的化学合成或者天然物质。

二、食品添加剂的种类及应用范围

食品添加剂的种类很多，按照来源可分为天然食品添加剂和化学合成食品添加剂；按用途可分为防腐剂、着色剂、酸味剂、增稠剂、甜味剂等。

食品添加剂的应用范围相当广泛。合理使用添加剂，能够开发出各种花色的产品并不断创新，以满足消费者的需要。在绿色食品生产、加工过程中，A 级、AA 级的产品视产品本身或生产中的需要，均可使用食品添加剂。在 AA 级绿色食品中只允许使用天然的食品添加剂，不允许使用人工化学合成的食品添加剂，在 A 级绿色食品中可以使用人工化学合成的食品添加剂。

三、常用食品添加剂的特性及使用方法

(一)防腐剂

防腐剂是具有杀灭微生物或抑制其增殖作用的化学物质。

常见防腐剂有有机化学防腐剂和无机化学防腐剂。有机化学防腐剂主要有苯甲酸及苯甲酸钠、山梨酸及山梨酸钾、乳酸等。无机化学防腐剂主要有亚硫酸及其盐类、硝酸盐、亚硝酸盐、次氯酸盐等。

1. 苯甲酸及苯甲酸钠

苯甲酸及苯甲酸钠常用于高酸性水果、浆果、果汁、果酱、榨菜、酱油等酸性食品的防腐保藏,且在使用时应充分考虑其特殊性——抑菌而非杀菌。若原料或食品中的原始菌数太高,即使应用也难取得良好的效果。

2. 山梨酸及山梨酸钾

山梨酸是联合国粮农组织和世界卫生组织推荐的高效安全的防腐保鲜剂。山梨酸钾能有效地抑制霉菌、酵母菌和好氧性细菌的活性,还能防止肉毒杆菌、葡萄球菌、沙门氏菌等,广泛应用于食品、饮料、烟草、农药、化妆品等行业,作为不饱和酸,也可用于树脂、香料和橡胶工业。

(二)着色剂

着色剂是以食品着色为目的的食品添加剂,可分为天然色素和合成色素两大类。天然色素直接来自动植物,除藤黄外,其余对人体基本无毒害。天然色素有姜黄素、红花黄色素、辣椒红素、虫胶色素、红曲米、酱色、甜菜红和 β-胡萝卜素等。国家对每一种天然食用色素也都规定了最大使用量。目前我国允许使用的合成色素有苋菜红、胭脂红、柠檬黄、日落黄和靛蓝。它们一般用于果味粉、果子露、汽水、配制酒、红绿丝、罐头以及糕点表面上彩等,但禁止用于水果及其制品(包括果汁、果脯、果酱、果冻和酿造果酒)等。随着食品工业的发展和人们对食品健康问题的关注,世界各国越来越重视对天然色素的开发和应用。

(三)酸味剂

酸味剂是以赋予食品酸味为主要目的的食品添加剂。酸味剂一般具有防腐、杀菌、辅助抗氧化剂的效用,又有助于溶解纤维素及钙、磷等物质,帮助消化,增加营养。常用的酸味剂有柠檬酸、*L*-苹果酸、酒石酸、乳酸、磷酸等。不同种类的酸对于形成该种类农副产品的特有风味有一定影响。

1. 柠檬酸

柠檬酸有温和爽快的酸味,普遍用于各种饮料、汽水、葡萄酒、糖果、点心、饼干、罐头、果汁、乳制品等食品的制造。在有机酸的市场,柠檬酸市场占有率 70%以上,到目前还没有一种可以取代柠檬酸的酸味剂。无水柠檬酸大量用于固体饮料。柠檬酸的盐类,如柠檬酸钙和柠檬酸铁是某些食品中需要添加钙离子和铁离子的强化剂。

2. *L*-苹果酸

L-苹果酸为天然果汁的重要成分,是人体必需的一种有机酸,也是一种低热量的理想食品添加剂。当 50% *L*-苹果酸与 20%柠檬酸共用时,可呈现强烈的天然果实风味。*L*-苹果酸与柠檬酸相比具有酸度大(酸味比柠檬酸强 20%)、味道柔和、酸味特殊、不损害口腔与牙齿等特点。此外,*L*-苹果酸在代谢上有利于氨基酸吸收,不积累脂肪,是新一代的食品酸味剂,被

生物界和营养界誉为“理想的食品酸味剂”。目前，*L*-苹果酸在老年及儿童食品中广泛应用。

3. 酒石酸

酒石酸酸味重，是柠檬酸酸味的1.2～1.3倍，有收敛性涩味，一般与柠檬酸和苹果酸并用。

有机酸往往是和糖一起共同决定农副产品风味。纯粹的酸不受市场欢迎，酸甜适口才最好。风味是不是好，一要看含糖量，二要看糖酸比，糖酸比对风味更重要，可见酸味所起的重要作用。

（四）增稠剂

增稠剂是指能改善或稳定食品物理性质或组织状态的添加剂，可以增加食品的黏度，赋予食品以黏滑适口的口感，同时具有一定的保水性和成膜性。增稠剂常用于果蔬汁制品和果蔬酱制品中。常用的增稠剂有改性淀粉、琼脂、明胶、海藻酸钠、羧甲基纤维素钠、果胶、魔芋粉等。

（五）甜味剂

甜味剂是以赋予制品甜味为主要目的的物质。按其来源可分为天然甜味剂和人工合成甜味剂；按其营养价值分为营养性甜味剂和非营养性甜味剂；按其化学结构和性质分为糖类甜味剂和非糖类甜味剂。天然甜味剂有蔗糖、果糖、葡萄糖、麦芽糖、淀粉糖浆、麦芽糖醇、山梨酸糖醇、木糖醇等。天然甜味剂多由植物提取或由糖转化而来，安全性较高。特别是糖醇类已广泛用于肥胖症、糖尿病患者的饮食中。人工合成甜味剂有糖精、环己基氨磺酸钠、天门冬酰苯丙氨酸甲酯等。人工合成甜味剂甜度高，价格便宜，但有一定的毒性和副作用，因此，在生产中应严格控制，使用范围和使用量应严格执行食品添加剂使用标准。

日常生活中，甜味剂的使用比较广泛。饮料、酱菜、糕点、饼干、面包、雪糕、蜜饯、糖果、调味料、肉类罐头等，几乎所有常见的食品中都添加了甜味剂。

【知识拓展】

随着现代食品工业的崛起，食品添加剂的地位日益突出，世界各国批准使用的食品添加剂种类也越来越多，其使用水平已成为该国食品现代化程度的重要标志。随着生活水平不断提高，生活节奏显著加快，人们对食品的口感、风味、质量、营养、安全等有了更新、更高的要求。在食品加工制作过程中合理使用食品添加剂，既可以使加工品色、香、味、型及组织结构俱佳，还能保持和增加食品的营养成分，防止食品腐败变质，延长食品保质期，便于食品加工和改进食品加工工艺，提高食品生产效率。随着我国综合国力的迅速提高和科学技术的不断进步，我国的食品工业快速发展，加工食品的比重成倍增加，食品的种类、花色日益繁多，生活中接触到的食品添加剂也随之变得越来越多，食品添加剂给食品安全带来的问题也越来越受到人们的关注。食品添加剂的“滥用”和化学农药、重金属、微生物、多氯联苯等常规污染物一起被列为食品污染源。食品行业从业人员只有掌握食品添加剂的相关知识，科学、准确、合理地使用食品添加剂，才能充分发挥食品添加剂在食品生产中的作用，保证食品安全。美国是目前世界上食品添加剂产值最高的国家，其销售额占全球食品添加剂市场的1/3，其食品添加剂品种也位居榜首。我国《食品安全国家标准　食品添加剂使用标准》(GB 2760—2014)规定许可使用的食品添加剂品种已达23个类别，包括2 325个食品添加剂品种。

一、食品添加剂应用原则

目前，国内外对待食品添加剂均持严格管理、加强评价和限制使用的态度。为确保食品添加剂的食用安全，食品添加剂必须在允许范围和规定限量内使用，且对人体无害，也不应含有其他有毒杂质，对食品营养成分不应有破坏作用。同时，不得使用食品添加剂掩盖食品的缺陷或作为伪造的手段，不得因为使用食品添加剂而改变良好的加工工艺和降低卫生要求。为了确保食品添加剂的使用安全，应遵循以下原则：

(1)经食品毒理学安全性评价证明，在其使用限量内长期使用对人安全。

(2)不影响食品自身的感官性状和理化指标，对营养成分无破坏作用。

(3)食品添加剂应有国家卫生和计划生育委员会颁布并批准执行的使用标准和质量标准。

(4)食品添加剂在应用中应有明确的检验方法。

(5)使用食品添加剂不得以掩盖食品腐败变质或以掺杂、掺假、伪造为目的。

(6)不得经营和使用无卫生许可证、无产品检验合格证及污染变质的食品添加剂。

二、食品添加剂使用方法

食品添加剂的正确使用对于改善食品的质量和提高档次，保持原料乃至成品的新鲜度，提高食品的营养价值，开发研制新产品和改进食品加工工艺等方面有着极为重要的作用。但也必须指出，食品添加剂毕竟是外来成分，如无限量地使用，也可能引起各种形式的毒性表现。因此，必须对食品添加剂进行严格的安全卫生管理，发挥其有益作用，防止不利影响。近年来，随着食品毒理学研究的不断发展，对食品添加剂提出了更高的安全卫生要求，按照GB 2760—2014《食品安全国家标准　食品添加剂使用标准》和《食品添加剂卫生管理办法》的要求严加管理。食品添加剂及其使用方法应符合下列要求：

(1)食品添加剂本身原则上经过规定的《食品安全国家标准　食品安全性毒理学评价程序》证明在使用限量范围内对人无害，也不应含有其他有毒杂质；对食品的营养成分不应有破坏作用。

(2)食品添加剂进入人体后，最好能参加人体正常的物质代谢，或能被正常解毒过程解毒后全部排出体外，或因不能被消化道吸收而全部排出体外。

(3)食品添加剂在达到一定加工目的后，最好能在以后的加工、烹调过程中被破坏或排除，使之不能摄入人体，则更安全。

(4)有害杂质不能超过允许限量。

(5)不得使用食品添加剂掩盖食品的缺陷或作为伪造的手段。

个别生产企业在生产过程中不能严格按照国家GB 2760—2014《食品安全国家标准　食品添加剂使用标准》及《食品添加剂卫生管理办法》的要求使用，有乱加、多加现象。相关执法部门应对其严肃处理。

任务三　加工原料处理

【知识目标】

通过学习使学生掌握加工原料处理的原则，不同原料的处理方法。

【技能目标】

掌握对不同原料进行具体处理的操作技术。

【德育目标】

培养学生一丝不苟、仔细认真的工作态度。

【任务实施】

在加工中要对原料进行适当的处理才能保证加工品质量。如何正确对原料进行处理是产品加工中不可忽视的细节。掌握正确的加工原料处理技术是农副产品加工人员应具备的基本能力。

一、原料处理原则

农副产品加工方法较多，不同制品、不同的加工方法对原料均有不同的要求。优质、高产、低耗的加工产品，除了受加工工艺和加工设备的影响外，还与原料的质量、加工适性以及原料的处理有密切的关系。所以在加工工艺和设备条件一定的情况下，要根据原料种类、品种、成熟度、新鲜度和产品质量的要求，对原料进行适当的处理。

二、原料处理重要性

农副产品加工原料的处理，对其制成品的影响很大。如处理不当，不但会影响产品的质量和产量，而且会对以后的加工工艺造成影响。为了保证加工品的风味和综合品质，必须认真对待加工前原料的预处理。

尽管农副产品的种类和品种各异，组织特性相差很大，加工方法也有很大的差别，但加工前的处理过程却基本相同。

三、原料处理方法

(一)原料的选别、分级

原料在进厂时一般都有杂质，且大小、成熟度有一定的差异，这就给加工带来一定的困难，有必要对其进行处理。

1. 选别

通过选别可以剔除不合乎加工要求的部分，包括未熟或过熟的，已腐烂或长霉的，还有混入原料内的沙石、虫卵和其他杂质，从而保证原料的质量。选别主要通过人工检查，在固定的工作台上或传送带上对原料进行粗选，剔除虫咬、霉变、伤口大的原料，对残、次果进行修整。

2. 分级

农副产品的分级方法包括按大小分级、按成熟度分级和按色泽分级几种，视不同的农副产品种类及这些分级内容对农副产品加工品的影响而分别采用一种或多种分级方法。

在我国，按成熟度分级常采用目视估测的方法进行。桃、梨、苹果、杏、樱桃、豆类、黄瓜、芦笋、竹笋等果蔬常先按成熟度分级，分成高、中、低三级，以便能合理地制定后续工序。

按色泽分级在大部分果蔬中是一致的，一般按色泽的深浅分开。除了在预处理以前分级外，大部分罐藏果蔬在装罐前也要按色泽分级。

按大小分级是分级的主要方法，几乎所有的加工果蔬均需按大小分级。其方法有手工分级和机械分级两种：

(1)手工分级　在生产规模不大或机械设备较差时常用手工分级，同时可配备简单的辅助工具，如圆孔分级板、蘑菇大小分级尺等。圆孔分级板由长方形板上开不同孔径的圆孔制成，孔径的大小视不同的果品种类而定。通过每一圆孔为一级，但不应硬塞入孔内，以免擦伤果皮。同时，果实也不能横放或斜放，以免大小不一。这种分级同样适合于圆形的蔬菜和蘑菇。

除分级板外，还有分级筛，适用于豆类、马铃薯、洋葱及部分水果，分级效率高，比较实用。

(2)机械分级　采用机械分级可大大提高分级效率，且分级均匀一致。目前常用的机械有：

①滚筒式分级机　主要部件为滚筒，是一个圆柱形的筒状筛，用 1.5～2.0 mm 厚的不锈钢板冲孔后卷成。其上有不同孔径的几组漏孔，原料从进口至出口，后组的孔径逐渐比前组增大。每组滚筒下装有集料斗。当果实进入时，小于第一组孔径的果实，从第一级筒筛落入料斗，为一级，其余类推。为使原料从筒内向出口处运动，整个滚筒装置一般有 3°～5°的倾角。滚筒式分级机适用于山楂、蘑菇、杨梅等的分级。

②振动筛　振动筛是常用的果蔬分级机械，多数水果可利用此机分级。本身为带有孔的金属板，孔径由小到大，用铜或不锈钢制成。操作时，机体沿一定方向做往复运动，出料口有一定的倾斜度。因机体摆动和倾斜角的作用，筛面上的果蔬以一定速度向前移动，在移动过程中进行分级。

③分离输送机　分离输送机为一种皮带分级机，其分级部分是由若干组成对的长橡皮带构成，每对橡皮带的间隙由始端至末端逐渐加宽，形成“V”形。果实进入输送带始端，两条输送带以同样的速度带动果实向末端运动，带下装有各档集料斗，小的果实先落下，大的果实后落下，以此分级。此种设备简单，效率高，适合于大多数果品。缺点是调整较费时，分级不太严格。

除了各种通用机械外，果蔬加工中还有许多专用的分级机械，如蘑菇分级机、橘瓣分级机和菠萝分级机等。

(二)清洗

农副产品原料清洗的目的在于洗去产品表面附着的灰尘、泥沙和大量的微生物以及部分残留的化学农药，保证产品的清洁卫生，从而保证制品的质量。洗涤时常在水中加入盐酸、氢氧化钠、漂白粉、高锰酸钾等化学试剂，既可减少或除去农药残留，又可除去虫卵，降低耐热芽孢数量。近年来，也有一些脂肪酸系的洗涤剂，如单甘油酸酯、磷酸盐、糖脂肪酸酯、柠檬酸钠等应用于生产。

农副产品原料的清洗方法可分为手工清洗和机械清洗两大类。

1. 手工清洗

简单易行，设备投资少。本方法适用于任何种类的农副产品原料，但劳动强度大，属非连续化作业，效率低。对于一些易损伤的果品，如杨梅、草莓、樱桃等，此法较适宜。

2. 机械清洗

清洗机械主要有：

(1)滚筒式清洗机　本机适合于质地比较硬和表面不怕机械损伤的李、黄桃、甘薯、胡萝卜等原料。

(2)喷淋式清洗机　本机适合于番茄、柑橘等。

(3)桨叶式清洗机　本机适合于胡萝卜、甘薯、芋头等较硬产品。

此外,还有用途广泛的压气式清洗机等多种类型。应根据生产条件、产品形状、质地、表面状态、污染程度、夹带泥土量以及加工方法而选用适宜的清洗设备。

(三)去皮

凡表皮粗糙、坚硬、具有不良风味或在加工中容易对产品质量有影响的果蔬原料必须去皮。除叶菜类外,大部分果蔬外皮较粗糙、坚硬,虽含有一定的营养成分,但口感不良,对加工制品有一定的不良影响。去皮有利于加工和提高品质。去皮以去除皮层为度,只要求去掉不可食用或影响制品品质的部分,不可过度,否则会增加损耗。但对果汁、果酒及某些果脯类,因为要打浆、压榨等才不用去皮。腌渍菜类,可不用去皮。

果蔬去皮的方法主要有:手工去皮、机械去皮、碱液去皮、热力去皮、酶法去皮、冷冻去皮、真空去皮。

1. 手工去皮

手工去皮是应用特别的刀、刨等工具人工削皮,应用范围较广。其优点是去皮干净、损失率少,并兼有修整的作用,还可去心、去核、切分等同时进行。在果蔬原料质量差异较大的条件下能显示出其优点。但手工去皮费工、费时,生产效率低,不适合大规模生产。

2. 机械去皮

机械去皮采用专门的机械进行,常用的去皮机主要有下述 3 种类型:

(1)旋皮机　主要原理是在特定的机械刀架下将果蔬皮旋去,适合于苹果、梨、柿、菠萝等大型果品。

(2)擦皮机　利用内表面有金刚砂,表面粗糙的转筒或滚轴,借摩擦力的作用擦去表皮。适用于马铃薯、甘薯、胡萝卜、芋头等原料,效率较高,但去皮后的表面不光滑。此种方法常与热力去皮法结合使用,如甘薯去皮即先行加热,再喷水擦皮。

(3)专用去皮机　青豆、黄豆等去皮采用专用的去皮机来完成,菠萝也有专门的去皮、切端通心机。

机械去皮比手工去皮的效率高、质量好,但是损耗较大。一般要求去皮前原料有较严格的分级。另外,用于果蔬去皮的机械,特别是与果蔬接触的部分应用不锈钢制造,否则会使果肉褐变,且由于器具被酸腐蚀而增加制品内的重金属含量。

3. 碱液去皮

碱液去皮是果蔬原料去皮中应用最广的方法。桃、李、杏、苹果、胡萝卜等果蔬,外皮由角质、半纤维素等组成,果肉为薄壁细胞组成,果皮与果肉之间是中胶层,富含果胶物质,将果皮与果肉连接。当果蔬原料与碱液接触时,果皮的角质、半纤维素易被碱液腐蚀而变薄乃至溶解,中胶层的果胶被碱液水解而失去胶凝性,而果肉的薄壁细胞膜比较抗碱。因此,碱液处理能使果蔬的表皮剥落而保存果肉。

碱液去皮常用的碱为氢氧化钠,其腐蚀性强且价廉;也可用氢氧化钾或氢氧化钠与氢氧化钾的混合液,但氢氧化钾较贵。有时也用碳酸氢钠等碱性较弱的碱。

为了帮助去皮也可加入一些表面活性剂和硅酸盐,因它们可降低果蔬的表面张力,使碱液分布均匀,促进碱液渗透,加强去皮效果。该方法在甘薯、苹果、梨中有应用。

碱液去皮时碱液的浓度、处理时间和碱液温度为 3 个重要参数,应根据不同的果蔬原料种类、成熟度和大小而定。碱液浓度高、处理时间长及温度高会增加皮层的松离及腐蚀程度。适当增加任何一项，都能加速去皮作用。故生产中必须根据具体情况灵活掌握，以处理后经轻度摩擦或搅动能脱落果皮，且果肉表面光滑为适度的标志。

经碱液处理后的果蔬必须立即在冷水中浸泡、清洗，而且要反复换水。同时，淘洗除去果皮渣和黏附的余碱，漂洗至果块表面无滑腻感，口感无碱味为止。漂洗必须充分，否则有可能导致果蔬制品，特别是罐头制品的 pH 偏高，如杀菌不足，会使产品败坏，同时口感也不良。

碱液去皮的处理方法有浸碱法和淋碱法两种：

(1)浸碱法　可分为冷浸与热浸，生产上以热浸较常用。将一定浓度的碱液装在特制的容器中，将果实浸泡一定时间后取出搅动、摩擦去皮、漂洗即成。

简单的热浸设备常为夹层锅，用蒸汽加热，手工浸入果蔬、取出、去皮。大量生产可用连续的螺旋推进式浸碱去皮机或其他浸碱去皮机械。

(2)淋碱法　将热碱液喷淋于输送带的果品上，淋过碱的果品送入转筒内，在水冲的情况下与转筒的边翻滚摩擦去皮。杏、桃等果实常用此法。

碱液去皮优点较多，首先，该法的适应性广，大部分果蔬均可应用碱液去皮，且对表面不规则、大小不一的原料也能达到良好的去皮效果；其次，碱液去皮方法得当，损失率较少，原料利用率较高；最后，此法可节省人工、设备等。但必须注意碱液的强腐蚀性，注意安全，设备容器等必须是不锈钢制成或用搪瓷、陶瓷，不能使用铁或铝制品。同时要注意碱液用后的环保处理，以免污染环境。

4. 热力去皮

果蔬先用短时间的高温处理，使之表皮迅速升温而松软，果皮膨胀破裂，与内部果肉组织分离，然后迅速冷却去皮。此法适用于成熟度高的桃、杏、番茄、甘薯等。

热力去皮的热源主要有蒸汽与热水。蒸汽去皮时一般采用近 100 ℃处理，这样可以在短时间内使外皮松软，便于分离。具体的蒸汽处理时间，可根据原料种类和成熟度而定。

用热水去皮时，少量的可用夹层锅内加热的方法。批量生产时，采用带有传送装置的沸水槽进行。果蔬经短时间的热水浸泡后，用手工剥皮或高压水冲洗。如番茄即可在 95～98 ℃的热水中热烫 10～30 s，取出冷水浸泡或喷淋，然后手工剥皮；桃可在 100 ℃的蒸汽下处理 8～10 min，然后边喷淋冷水边用毛刷辊或橡皮辊刷洗。

除上述两种热处理方法外，科研上还有用火焰进行加温的火焰去皮法、红外线加温去皮法等。据报道，将番茄在 1 500～1 800 ℃的红外线高温下加热 4～20 s，用冷水喷射即可除去外皮，效果较好。

热力去皮原料损失少，色泽好。但该法只适用于皮层易剥离、充分成熟的原料，对成熟度低的原料不适用。

5. 酶法去皮

利用果胶酶的作用，能使果胶水解，使果皮和果肉分离。例如，柑橘的囊瓣，在果胶酶(主要是果胶酯酶)的作用下，可使果胶水解，脱去囊衣。如将橘瓣放在 1.5%的 703 果胶酶溶液中，在 35～40 ℃、pH 1.5～2.0 的条件下处理 3～8 min，可达到去囊衣的目的。酶法去皮温度要求较低，产品质量好。其关键是要掌握酶的浓度及酶的最佳作用条件，如温度、时间、pH 等。

6. 冷冻去皮

将果蔬放在冷冻装置内让其达到轻度表面冻结，然后解冻，使皮层松弛后去皮。此法适用于桃、杏、番茄等。

7. 真空去皮

将成熟的果蔬先行加热，使其升温后果皮与果肉易分离；接着进入有一定真空度的真空室内，适当处理，使果皮下的液体迅速"沸腾"，皮与肉分离；然后破除真空，冲洗或搅动去皮。此法适用于成熟的果蔬，如桃、番茄等。

综上所述，果蔬去皮的方法很多，且各有其优缺点，可根据实际生产条件、果蔬的状况而采用适合的方法。无论哪种方法，都以达到除去外皮不可食部分、保持果蔬去皮后外表光洁为好。可多种方法结合使用，如碱液去皮时，为缩短浸碱或淋碱时间，可将原料预先进行热处理，再进行碱处理等。

(四)去核、去心

核果类原料加工前需去核，仁果类原料则需去心。枣、金柑、梅等加工蜜饯时需划缝、刺孔等。通常使用挖核器、通核器，生产上可根据实际情况灵活选用合适的工具。

(五)切分、修整、破碎

体积较大的果蔬原料在罐藏、干制、腌制及果脯、蜜饯加工时，为了保持适当的形状，需要适当地切分。切分的形状应根据原料的形状、性质和加工要求而不同。罐头或果脯、蜜饯加工时为了保持良好的外观形状，需对果块在装罐前进行修整，以便除去果蔬碱液未去净的皮、部分黑色斑点和其他病变组织。果酒、果蔬汁等制品，加工前需破碎，使之便于压榨或打浆，提高取汁率。

手工操作时所使用的工具除一般刀具外，还有许多专用的小工具，如管状的去核器，匙形的去核器，金柑、梅的刺孔器等。

规模生产常用多种专用机械，主要有：

1. 劈桃机

用于将桃切半，主要利用圆盘锯将桃锯成两半。

2. 多功能切片机

多功能切片机为目前采用较多的切分机械，可用于果蔬的切片、切块、切条等。设备中装有可换式组合刀具架，可根据要求选用刀具。

3. 专用的切片机

在蘑菇生产中常用蘑菇定向切片刀，除此之外，还有菠萝切片机、青刀豆切端机、甘蓝切条机等。

果蔬的破碎常由破碎打浆机完成。刮板式打浆机也常用于打浆、去籽。制造果酱时果肉的破碎也可采用绞肉机进行。果泥加工可用磨碎机或胶体磨。

(六)硬化处理

硬化处理的目的主要是提高产品的硬度，保持产品形状。硬化处理可使糖制品在糖制时增加耐煮性，防止软烂。常用的硬化剂有石灰、氯化钙、明矾等。可将原料浸于石灰或氯化钙溶液中。使用量要适宜，一般制蜜饯时石灰用量为0.5%～2%，罐头中氯化钙应控制在0.05%以下。过量会生成过多的果胶物质钙盐或引起部分纤维素钙化，影响果实对糖分的吸收，使制品质地粗糙，质量下降。

(七)烫漂

果蔬的烫漂，生产上常称预煮，即将已切分的或经其他预处理的新鲜果蔬原料放入沸水或热蒸汽中进行短时间的热处理。

1. 烫漂的主要目的

(1)钝化酶活性、防止酶褐变。果蔬受热后氧化酶类等可被钝化，从而停止其本身的生化活动，防止品质的进一步败坏，这在速冻、干制、罐藏中尤为重要。一般认为抗热性较强的氧化还原酶可在 71～73.5 ℃、过氧化酶可在 90～100 ℃的温度下一定时间内失去活性。

(2)软化或改进组织结构。烫漂后的果蔬体积适度缩小，组织变得适度柔韧，罐藏时便于装罐。同时，由于部分脱水，易保证有足够的固形物含量。干制和糖制时由于改变了细胞膜的透性，水分易蒸发，糖分易渗入，不易产生裂纹和皱缩，干制时加碱液烫漂后效果会更好。热烫过的干制品也较容易复水。

(3)排除原料组织内部空气、稳定或改进色泽。空气的排除，有利于罐头制品保持适宜的真空度；对于含叶绿素的果蔬，色泽更加鲜绿；不含叶绿素的果蔬则变成半透明状态，更加美观。

(4)除去部分辛辣味和其他不良风味。对于苦涩味、辛辣味或其他异味重的果蔬原料，经过烫漂处理，上述味道可适度减轻，有时还可以除去一部分黏性物质，提高制品的品质。如罐藏青刀豆通过烫漂可除去部分可溶性含氮物质，避免苦味并减少容器的腐蚀。

(5)降低果蔬中的污染物和微生物数量。由于烫漂时加热，可部分杀灭微生物，减少对原料的污染，这对于速冻制品尤为重要。

2. 烫漂的常用方法

果蔬烫漂常用的方法有热水和蒸汽两种。热水烫漂温度一般不低于 90 ℃，时间 2～5 min。热水烫漂的优点是物料受热均匀，升温速度快，方法简便；缺点是可溶性固形物损失多。在热水烫漂过程中，其烫漂用水的可溶性固形物浓度随烫漂的进行不断加大，以后则损失逐渐减少，故在不影响烫漂外观效果的条件下，不应频繁更换烫漂用水。但是，烫漂同时要损失一部分营养成分，热水烫漂时，果蔬视不同的状态要损失部分可溶性固形物。如切片的胡萝卜用热水烫漂 1 min，约损失矿物质 15%，整条的也要损失 7%。另外，维生素 C 及其他维生素同样也有一定损失。蒸汽烫漂其温度一般在 100 ℃左右。蒸汽烫漂的优点是加热时间短，营养损失少；缺点是加热中的产品受热不均匀，设备较复杂。

此外，加工罐头用的果品也常用糖液烫漂，同时兼有排气作用。为了保持绿色果蔬的色泽，常在烫漂水中加入碱性物质，如碳酸氢钠、氢氧化钙等。但此种物质使维生素 C 损失较大。葡萄干常用碳酸钾、氢氧化钠和植物油的混合液或亚硫酸盐与植物油的混合液进行烫漂。豌豆常在 0.08%～0.1%的叶绿素铜钠染色液中烫漂兼染色。

果蔬烫漂可用手工在夹层锅内进行。现代化生产常采用专门的连续化预煮设备，依其输送物料的方式，目前主要的预煮设备有链带式连续预煮机和螺旋式连续预煮机等。

3. 烫漂的判断标准

烫漂的判断标准，应根据果蔬的种类、块形、大小、工艺要求等条件而定。

(1)从外表上看，果实烫至半生不熟，组织较透明，失去新鲜果蔬的硬度，但又不像煮熟后那样柔软即被认为适度。

(2)过氧化物酶活性检查,可用0.1%的愈创木酚酒精溶液(或0.3%的联苯胺溶液)及0.3%的过氧化氢溶液作试剂。方法是将试样切片后,随即浸入愈创木酚或联苯胺溶液中,或在切面上滴几滴上述溶液,再滴上0.3%的过氧化氢数滴,数分钟后,愈创木酚变褐色、联苯胺变蓝色即说明酶未被破坏。采用不同温度与不同时间进行处理,用同样方法进行检验,直到没有呈色反应为止,说明烫漂程度已够。

烫漂后的果蔬要及时浸入冷水中冷却,防止过度受热,组织变软。对果蔬的热烫研究很多,美国有些厂家应用热风加蒸汽的方法钝化酶,效果很好。方法是将果蔬置于温度高达150 ℃、风速107 m/s的热风隧道中短时间处理。此法的优点是无常规烫漂所排入的大量废水,成本低30%,且果蔬营养成分保存得很好。

【知识拓展】

胡萝卜含有丰富的β-胡萝卜素,它在小肠内可以转化成维生素A。维生素A对皮肤的表皮层有保护作用,可使人的皮肤柔润、光泽、有弹性,因此又被称为"美容维生素"。此外,胡萝卜还含有维生素B_1、维生素B_2、维生素C、维生素D、维生素E、维生素K、叶酸、钙质及食物纤维等。胡萝卜表面有一层蜡质层,其主要成分是果胶。在加工时蜡质层需要去除,用手工方法去皮干净、损失率低,并可有修整的作用,但这种方法费工、费时,生产效率低。因此,现在大量采用化学去皮方法。复合磷酸盐法去皮实际也是碱液去皮的一种,因为磷酸氢二钠和磷酸钠都是碱性物质。它的原理是通过碱液使表皮内的中胶层溶解,从而使果皮分离。

任务四 农副产品加工中的护色及效果观察

【知识目标】

通过对农副产品加工中护色内容的学习,掌握产品加工护色的原理和方法。

【技能目标】

使学生掌握护色的具体操作技术。

【德育目标】

培养学生食品安全理念、创新能力和科学、严谨的工作作风。

【任务实施】

农副产品在加工中容易出现原料变色或褪色现象,色泽是判定产品质量的重要指标。如何保持原料原有色泽是产品加工中的重要内容。掌握农副产品加工中的护色方法非常必要。

一、原料护色的目的

原料在去皮和切分后,与空气接触迅速变成褐色,不仅影响外观和风味,还会造成营养损失。因此,护色的主要目的就是防止加工变色,保持产品原有的风味和品质,以免影响产品质量。

二、原料护色的原则

（1）根据作用对象色素的性质与结构形式进行护色。

（2）防止加工变色，应以不影响外观和风味为原则。

（3）要有针对性地选择护色剂，并考虑护色剂的加入对产品呈色是否有负面影响。

（4）注意各种护色剂之间的相互影响（增效或相悖作用）。

三、原料护色的具体方法

果蔬去皮和切分之后，与空气接触会迅速变成褐色，从而影响外观，也破坏了产品的风味和营养品质。其原因是发生了褐变，这种颜色变化对产品外观有影响，必须尽可能地防止。这种褐变主要是酶促褐变，由果蔬中的多酚氧化酶氧化具有儿茶酚类结构的酚类化合物，最后聚合成黑色素所致。其关键的作用因子是酚类底物、酶和氧气。一般护色措施均从排除氧气和抑制酶活性两方面着手，方法主要有下述几种。

（一）烫漂护色

烫漂可钝化酶的活性，防止酶褐变，稳定或改进色泽。

将已切分的或其他预处理的新鲜原料放入沸水或蒸汽中进行短时间的处理，可以钝化酶的活性，软化组织，稳定或改进色泽，除去果蔬的部分辛辣味和其他不良气味，降低果蔬中污染物和微生物的数量。

为了保护绿色果蔬的色泽，常在烫漂的水内加入碱性物质，如碳酸氢钠、氢氧化钙等，但维生素 C 损失较大。果蔬烫漂的程度应根据果蔬的种类、块形、大小、工艺要求等条件而定。烫漂后的果蔬要及时浸入冷水中，防止过度受热，组织变软和营养损失。

（二）食盐溶液护色

1. 护色原理

将去皮或切分后的果蔬浸于一定浓度的食盐溶液中可护色。其原理是：

（1）食盐对酶的活性有一定的抑制和破坏作用。

（2）在盐水中氧气的溶解度比空气中小，有一定的护色效果。

2. 护色方法

果蔬加工中常用 1%～2%的食盐水护色。桃、梨、苹果及食用菌类均可用此法。但蘑菇要用近 30%的高浓度盐渍并护色。用此法护色应注意漂洗净食盐，特别是对于水果尤为重要。例如在苹果罐头制作中，苹果切分后用 1%盐水进行护色，效果较好，方便、经济、实用。

（三）亚硫酸盐溶液护色

亚硫酸盐既可防止酶褐变，又可抑制非酶褐变，效果较好。常用的亚硫酸盐有亚硫酸钠、亚硫酸氢钠和焦亚硫酸钠等。罐头加工时应注意采用低浓度，并尽量脱硫，否则易造成罐头内壁产生硫化斑。但干制等可采用较高的浓度。常用方法为浸泡法，即将原料直接浸泡于一定浓度的亚硫酸盐溶液中一定时间。例如，采用亚硫酸盐对蘑菇进行护色处理，可以洁净菇体、淡化损伤部位褐变和起到洁白的作用，用 0.09%～0.18%亚硫酸盐溶液处理 10～30 min，即可取得较好的效果，硫残留量和含水量均符合国家标准。

(四)有机酸溶液护色

有机酸溶液既可降低 pH、抑制多酚氧化酶活性,又可降低氧气的溶解度而兼有抗氧化作用,大部分有机酸还是果蔬的天然成分,所以优点甚多。常用的有机酸有柠檬酸、苹果酸、抗坏血酸,但后两者成本较高,故除了一些名贵的果品或速冻果品外,生产上一般都采用柠檬酸,浓度为 0.5%～1%。

(五)抽空护色

某些果蔬如苹果、番茄等,组织较疏松,含空气较多,对加工特别是罐藏不利,易引起氧化变色,需进行抽空处理。抽空是将原料置于糖水或盐水等介质里,在一定的真空状态下,使内部的空气释放出来。果蔬的抽空装置主要由真空泵、气液分离器、抽空罐等组成。果蔬抽空的方法有干抽法和湿抽法两种。

1. 干抽法

将处理好的果蔬装于容器中,置于 90 kPa 以上的真空罐内抽去组织内的空气,然后吸入规定浓度的糖水或水等抽空液,使之淹没果面 5 cm 以上。当抽空液吸入时,应防止真空罐内的真空度下降。

2. 湿抽法

将处理好的果实,浸没于抽空液中,放在抽空罐内,在一定的真空度下抽去果肉组织内的空气,抽至果蔬表面透明为止。果蔬所用的抽空液常为糖水、盐水、护色液 3 种,视种类、品种、成熟度而选用。原则上抽空液的浓度越低,渗透越快;浓度越高,成品色泽越好。如糖水草莓罐头护色是将抽空母液倒入真空预抽罐中,再倒入草莓,并用竹帘将果实轻轻压入抽空母液中,密封罐盖,开始抽空,真空度达 76 kPa,时间 20～30 min。一般而言,果实呈微透明状、组织较硬、色泽鲜红为终点。抽空母液中要加入适量保硬剂,防止加热杀菌时使果实变软。果实与抽空母液体积之比为 1∶1.5,以浸没为准。

【知识拓展】

切割果蔬亦叫半加工果蔬,它是指新鲜水果、蔬菜原料经清洗、修整、去皮、切分等步骤,最后用塑料薄膜袋,或以塑料托盘盛装,外覆塑料膜包装,供消费者食用或餐饮业使用的果蔬鲜食加工产品。

切割果蔬的变色除了酶促褐变和非酶褐变以外,还有色素引起的变色。果蔬中所含色素分为水溶性色素和非水溶性色素。一般水溶性色素为广义的类黄酮类化合物,包括花色素和花黄素,非水溶性色素为类胡萝卜素和叶绿素。这些色素性质不稳定,极易变色或褪色。其原因有以下几个方面。

(1)花色素在酸性到中性的范围变化时,会由红色逐渐趋向于紫色。花色素遇铁会变成灰紫色,遇锡会变成紫色。

(2)花黄素在碱性条件下,生成查耳酮类物质,呈现出黄色至褐色。花黄素在酸性条件下如遇铁离子,变绿色或蓝色。花黄素还有与铝螯合的作用,造成颜色发暗。在芦笋和洋葱的制品生产中如使用铝制器具,会见到这种色泽变暗的现象发生。

(3)类胡萝卜素引起的变色。例如,β-胡萝卜素在酸性时不稳定,弱碱性时较稳定。在低浓度时呈橙黄色至黄色，高浓度时呈橙红色。重金属离子，特别是铁离子可使其褪色。

【师徒共研】

1. 加工用水标准掌握不够严格，导致产品质量下降。

在加工过程中要根据不同加工品对水的不同要求而选用不同硬度的水。

2. 水的软化中由于软化剂使用时间过久，软化剂易失效。

必须定时检查，及时更换软化剂以免失效。

3. 实际生产中没有按照相关标准进行，添加剂加入量往往超过标准。

只要按照标准来生产，时刻为消费者着想就能达到。

4. 碱液去皮处理不当，不是去皮不彻底，就是去皮过度。

解决的办法就是要先进行试验后才能确定，掌握好碱液的浓度、温度、时间。

5. 烫漂处理不好，造成加工品变褐或软烂。

解决的办法就是要掌握好标准，根据不同果蔬的块形、大小等条件而定。

6. 去核、去心不彻底，有残留。

只要耐心、细致、认真并严格检查就可以避免。

7. 烫漂护色如果不彻底，加工中仍会有褐变发生。

解决方法就是根据不同产品烫漂不同的时间，避免处理不彻底，存在酶活性，使产品产生褐变。

【案例1　水的硬度测定】

一、原料准备

在具体操作之前需配制以下溶液：0.02 mol/L EDTA 标准溶液，NH_3-NH_4Cl 缓冲溶液（pH≈10），10% NaOH 溶液，钙指示剂，铬黑 T 指示剂。

二、实施过程

1. 总硬度测定

量取澄清的水样 50 mL 放入 250 mL 或 500 mL 锥形瓶中，加入 5 mL NH_3-NH_4Cl 缓冲溶液，摇匀，再加入 3～4 滴铬黑 T 指示剂。此时溶液呈淡红色，用 0.02 mol/L EDTA 标准溶液滴定至呈纯蓝色，即终点。

若水样不是澄清的，必须过滤，过滤所用的仪器和滤纸必须是干燥的，最初和最后的滤液宜弃去，一般不用纯水稀释水样。

如果水中有铜、锌、锰等离子存在，则会影响测定结果。铜离子存在时会使滴定终点不明显；锌离子参与反应使结果偏高；锰离子存在时加入指示剂后马上变成灰色，影响滴定。遇铜离子，可在水样中加入 1 mL 2% Na_2S 溶液，使铜离子生成 CuS 沉淀，再过滤；锰的影响可加盐酸羟胺溶液消除；若有 Fe^{3+}、Al^{3+} 存在，可用三乙醇胺掩蔽。

2. 钙硬度测定

量取澄清的水样 100 mL，放入 250 mL 锥形瓶中，加 4 mL 10% NaOH 溶液，摇匀，再加入 0.1 mol/L 的 EDTA 标准溶液滴定至呈纯蓝色，即终点。

3. 镁硬度测定

从总硬度中减去钙硬度就是镁硬度。

【案例2　色素拼色】

某些食品的加工过程中，由于天然色的不足，需要通过添加色素进行人工着色。适宜的调色，首先考虑食品本身的天然色，如红葡萄酒多呈紫红色；其次根据现有的基本色素原料进行调色和着色。

合成色素中，基础色有 8 种，红色 4 种、蓝色 2 种、黄色 2 种。

由红、黄、蓝 3 种基础色可调配出不同的调配色：

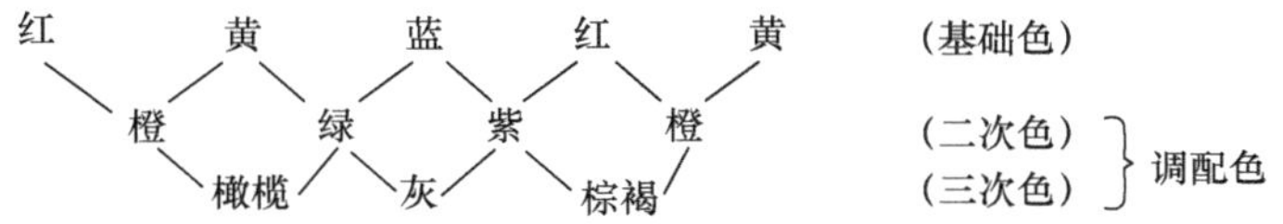

一、原料准备

试管，滴管，0.01%胭脂红，0.005%靛蓝，0.1%柠檬黄。

二、实施过程

(1)取 2 支试管，各加入胭脂红溶液 5 mL，再向第一支试管中逐滴加入靛蓝溶液，使其成紫色，并记下滴数；向第二支试管中逐滴加入柠檬黄溶液，使其成橙色，记下滴数。

(2)取 2 支试管，各加入靛蓝溶液 5 mL，然后向第一支试管中逐滴加入柠檬黄溶液，使其成绿色，记下滴数；向第二支试管中逐滴加入胭脂红溶液，使其成紫色，记下滴数。

(3)取 2 支试管，各加入柠檬黄溶液 5 mL，然后向第一支试管中逐滴加入胭脂红溶液，使其成橙色，记下滴数；向第二支试管中逐滴加入靛蓝溶液，使其成绿色，记下滴数。

(4)仿照上述方法，再拼出橄榄色、灰色和棕褐色。

【案例3　几种不同果蔬碱液去皮方法】

一、原料准备

桃、马铃薯、胡萝卜；氢氧化钠、盐酸(柠檬酸)；温度计、不锈钢锅、刀、烧杯、橡胶手套、盆、勺、托盘天平等。

二、实施过程

1. 热碱液的准备

在不锈钢锅内加水 1 000 mL 煮沸，称取氢氧化钠，配成 10%的溶液，维持 95 ℃左右温度。

2. 原料预热

在另一不锈钢锅中加入 1 500～2 000 mL 水，加热至 60～70 ℃，将要去皮的原料放入，均匀受热，处理 2～5 min。

3. 碱液处理

(1)将桃放入大烧杯中，倒入碱液，浸没处理 1～2 min，温度 95 ℃左右。

(2)将马铃薯放入热碱溶液中处理 2～3 min，温度 95 ℃左右。

(3)在碱液内加入 800 mL 水，使碱液浓度在 5%左右，温度 95 ℃左右，将胡萝卜放入处理 1～2 min。

(4)漂洗：每次处理完迅速用冷水浸泡、漂洗、搓擦表皮、淘洗，并反复换水，直至除去碱液，亦可用 0.1%～0.2%盐酸或 0.25%～0.5%柠檬酸液浸泡(除碱、护色)。

(5)每种原料做 2 次，找出去皮适度的参数——碱液浓度、温度、时间。

三、实验结果分析讨论

实验结果对照表见表 2-1。

表 2-1　实验结果对照表

类别	碱液浓度	碱液温度	处理时间	处理结果
桃				
马铃薯				
胡萝卜				

【案例4　农产品加工中的护色及效果观察】

一、原料准备

苹果、梨、马铃薯、菠菜、莴苣叶等；电炉、不锈钢锅、水果刀、漏勺、搪瓷盘、烘箱、分析天平；0.1%柠檬酸、1% NaCl、2% Na_2SO_3、0.5% $NaHCO_3$、0.5% CaO、0.1% HCl。

二、实施过程

1. 酶褐变观察

苹果、梨、马铃薯人工去皮，切成 3 mm 厚薄片，裸露于空气中，观察颜色变化。

2. 酶褐变抑制

热烫：高温可使氧化酶失活，生产中常利用热烫防止酶褐变。将苹果、马铃薯、梨投入沸水即开始计时，每隔 1 min，分别取出一片苹果、马铃薯、梨，用 1.5% 愈创木酚和 3% 过氧化氢滴在切面上，观察其变色程度和速度，直至取出的果片不再变色为止，将剩余果片投入冷水中及时冷却，再观察颜色有无变化。

化学试剂抑制酶褐变：取同样果片放入 1% NaCl、0.1% 柠檬酸、2% Na_2SO_3 溶液中，护色 20 min，取出观察其色泽。

将上述 3 类果片同时放入 55～60 ℃烘箱中，恒温干燥，观察经处理和未经处理果片干燥前后色泽变化，并记录。

实验结果对照表见表 2-2。

表 2-2 实验结果对照表

原料名称	对照		沸水热烫		1% NaCl		2% Na_2HSO_3		0.1%柠檬酸	
	烘前	烘后	烫后	烘后	浸后	烘后	浸后	烘后	浸后	烘后
苹果										
梨										
马铃薯										

3. 叶绿素变化及护绿

(1)将洗净的蔬菜 15 条，分别在 0.5% $NaHCO_3$、0.5% CaO、0.1% HCl 溶液中各放 5 条，浸泡 30 min，沥干明水；

(2)将经以上处理的原料放在沸水中 2～3 min，取出放入冷水中冷却，沥干明水；

(3)将洗净的蔬菜放沸水中 2～3 min，取出冷水冷却，沥干明水；

(4)准备洗净的原料 3～4 条；

(5)将经以上处理的原料放入 60 ℃烘箱恒温干燥，观察不同处理产品的色泽变化，并记录。

实验结果对照表见表 2-3。

表 2-3 实验结果对照表

原料名称	对照		0.5% $NaHCO_3$		0.5% CaO		0.1% HCl		0.5% $NaHCO_3$		0.5% CaO		0.1% HCl	
	烘前	烘后	浸后	烘后	浸后	烘后	浸后	烘后	烫后	烘后	烫后	烘后	烫后	烘后

项目三

果品蔬菜加工

任务一　果蔬干制

【知识目标】

明确干制品对原料的要求，能解释果蔬干制保藏的原理及干制品的质量控制方法；了解影响果蔬干制速度的各种因素；理解果蔬干制过程的特性及各种物理和化学变化。

【技能目标】

掌握干制工艺及操作要点，能正确地操作使用各种干燥设备；能运用所学知识制作果蔬干制品；能解决果蔬干制品制作过程中出现的问题；能对果蔬干制品质量进行准确评价。

【德育目标】

培养学生节约意识，提高果蔬资源的利用率。

【任务实施】

人类日常生活中每天都需摄入一定量的新鲜水果和蔬菜，以补充必要的营养元素和维持身体各项机能的正常运转。但新鲜果蔬的水分含量较高，大多在85%以上，其中游离水占大部分，因此易为微生物感染，又因为鲜菜体积大，组织脆，所以给贮藏和运输带来一定的困难。

人们想到在夏秋果品与蔬菜生产的旺季对果品与蔬菜进行干制加工，来补充冬季果品蔬菜供应不足的问题。

果品蔬菜的干制，目的在于将果蔬中的水分减少，从而将可溶性物质的浓度提高到微生物不能利用的程度，同时，抑制果蔬中所含酶的活性，使果蔬产品生命活动停止，从而使产品能够长期保存，但还能尽量保持果蔬原有的色、香、味及营养成分。因此，必须了解原料的特性，干制中水分的变化规律，干燥介质中空气温度、湿度、气流循环等对果蔬干制的影响。

一、干制概念

干制：也称干燥、脱水，是指在自然或人工控制的条件下促使食品中水分蒸发，脱出一定水分，而将可溶性固形物的浓度提高到微生物难以利用程度的一种加工方法。一般而言，干制包括自然干制和人工干制。

1. 自然干制

自然干制指利用自然条件如太阳、热风等使农副产品干燥。自然干制又分为：将原料直接用日光曝晒至干，称为晒干或日光干燥；用自然风力干燥，称为阴干、风干或晾干。

2. 人工干制

人工干制指在人工控制的条件下使食品水分蒸发的工艺过程，如烘房烘干、滚筒干燥、隧道干燥、热空气干燥、真空干燥、冷冻升华干燥、喷雾干燥、远红外干燥、微波干燥等。

二、果蔬干制原理

新鲜果蔬腐败主要是微生物侵染的结果。微生物新陈代谢依赖水分，它是靠本身细胞的渗透压大于其生存环境的渗透压去摄取养料，其实它的生长基质是水溶液。果蔬中含有65%～95%的水，同时含有各种营养物质，如糖、蛋白质、有机酸和维生素，因此果蔬是微生物天然的培养基，遇到适宜机会就会侵入，造成果蔬腐烂。另外，果蔬本身存在着各种酶，支配果蔬的新陈代谢，果蔬在采收后即使不被微生物所侵染，营养物质也会逐步消耗，甚至变得不宜食用。

果蔬干制就是在自然条件或人工控制条件下，促使果蔬中水分蒸发，通过蒸发将果蔬中的可溶性物质浓度提高到微生物难以利用程度的一种果蔬加工方法。由于水分下降，酶的活性受到抑制，制品就可以得到较长期的保藏。

(一)果蔬中水分的存在状态

果蔬中所含的水分状态，对控制水分蒸发极为重要。新鲜果品含水量为70%～90%，蔬菜为75%～90%。果蔬中的水分以游离水、胶体结合水和化合水3种状态存在。

1. 游离水

游离水存在于果蔬众多的毛细管中，占果蔬水分总量的绝大部分。游离水的特点是在组织中呈游离状态，对可溶性固形物起溶剂的作用；流动性大，不仅易从表面蒸发，而且借毛细管作用和渗透作用可以向外或向内移动，因此在干燥时容易被排除。

2. 胶体结合水

胶体结合水是指和细胞原生质、淀粉等结合成为胶体状态的水分。由于胶体的水合和溶胀作用，围绕着胶粒形成一层水膜。结合水对游离水中易溶解的物质不表现溶剂的作用，在低温下不易结冰，甚至在−40 ℃以下也不结冰。这部分水比重大(1.02～1.45)，相当于受750个大气压的水的密度，热容比小(为0.7)。干燥时，组织中的游离水被干燥后，胶体结合水才少量被排除。

3. 化合水

化合水是指存在于果蔬化学物质中，与物质分子呈化合状态的水。化合水极稳定，不能因干燥作用而被排除。

(二)平衡水分和水分活度

果蔬中的水分，还可根据干燥过程中可被除去与否而分为平衡水分与自由水分。

平衡水分　某一种原料与一定温度和湿度的干燥介质相接触，排出或吸收水分，当原料中排出的水分与吸收的水分相等时，只要干燥介质的情况不发生变化，那么原料中所含水分保持不变，并不会因与干燥介质接触的时间延长而发生改变。此时，果蔬组织所含的水分，即该干燥介质条件下的平衡水分或平衡湿度。在一般情况下，如果干燥介质的温度、湿度不变，那么在这个条件下，原料的平衡水分就是这种原料可以干燥的极限。

自由水分　在干燥作用中能排除的水分，是果蔬所含有的高于平衡水分的水分，这一部分水分称为自由水分。自由水分主要是果蔬中的游离水，也有很少一部分胶体结合水。水分活度 A_W 又称水分活性，它是溶液中水的蒸汽压与同温度下纯水的蒸汽压之比。

$$A_W=\frac{P}{P_0}=\frac{\mathrm{ERH}}{100}$$

式中：A_W 为水分活度；P 为溶液中水的蒸汽压；P_0 为纯水的蒸汽压；ERH 为平衡相对湿度。

不含任何物质的纯水 $A_W=1$，如食品中没有水分，水蒸汽压为 0，$A_W=0$。A_W 值高到一定值时，酶活性才能激活，并且随着 A_W 值增高，酶活性增强。

大多数新鲜食品的水分活度在 0.99 以上，这类食品中最先引起变质的微生物是细菌。当 A_W 为 0.80～0.90 时，霉菌和酵母都能旺盛生长。

当 A_W 为 0.80～0.85 时，几乎所有食品还会在 1～2 周内迅速腐败变质，此时霉菌成为常见腐败菌。若将 A_W 降低到 0.65 以下，能生长的微生物种类极少，食品可贮藏 1～2 年。干制食品的水分活度在 0.60～0.75。

（三）果蔬干燥过程

1. 干燥过程的三个阶段

（1）初期加热阶段　初期加热阶段中，其温度迅速上升至热空气的湿球温度，物料水分沿曲线逐渐下降，而干燥速率则由零增至最高值。

（2）恒速干燥阶段　在此阶段的干燥速度稳定不变，故称恒速干燥阶段，水分按直线规律下降，向物料提供的热量全部消耗于水分蒸发，此时物料温度不再升高。

（3）减速干燥阶段　当物料干燥到一定程度后，干燥速率逐渐减少，物料温度上升，直至达到平衡水分，干燥速度为零，物料温度则上升到与热空气干球温度相等。

2. 果蔬干燥的水分蒸发过程

果蔬干制时，水分的蒸发是依赖水分的外扩散和内扩散作用完成的。

（1）水分外扩散　是水分在果蔬表面的蒸发，表面越大、空气流动越快、温度越高以及空气相对湿度越小，则水分从果蔬表面蒸发的速度越快。

（2）水分内扩散　当表面水分低于内部水分时，造成原料内部与表面水分之间的水蒸气分压差，水分由内部向表面转移，进行水分内扩散，这种扩散作用是借助湿度梯度使水分在原料内部由水分高的部位向水分低的部位移动。湿度梯度差异越大，水分内扩散速度就越快。所以，湿度梯度是物料干燥的动力之一。

在干燥过程中，有时采用升温、降温、再升温、再降温的方法，使温度上下波动。即先将温度升到一定程度，使物料内部受热，然后再降低物料表面的温度，这样物料内部温度高于表面温度，形成温度梯度，水分借助温度梯度沿热流方向向外移动而蒸发。因此，温度梯度是物料干燥的另一动力。

（四）影响果蔬干燥速度的因素

干燥速度的快慢对成品的品质起决定性的作用。当其他条件相同时，干燥越快，越不容易发生不良变化，干制品的品质就越好。影响果蔬干燥速度的因素有干燥介质的温度和相对湿度、空气流速、大气压力或真空度、原料的种类和状态、原料装载量等。

1. 干燥介质的温度和相对湿度

果蔬干制时，广泛应用热空气作为干燥介质。干燥介质的绝对湿度不变时，温度越高，则空气湿度饱和差越大，干燥速度就越快；温度越低，空气湿度饱和差越小，干燥速度就越慢。

但在果蔬干制时，特别是初期，一般不宜采用过高的温度，否则因骤然高温，水分含量很高的果蔬组织中的汁液迅速膨胀，易使细胞壁破裂，内容物流失；原料中糖分和其他有机物常因高温而分解或焦化，有损成品外观和风味；初期的高温低湿还易造成“结壳”现象，反而影响水分的扩散。但温度过低，干燥时间延长，会使原料变色、生酸、发霉等，降低产品的营养成分及风味。

在空气温度不变的情况下，相对湿度越低，空气的湿度饱和差越大，相对湿度每减少10%，饱和差增加100%，原料干燥速度就越快。

当升高温度同时又降低相对湿度时，不但干燥迅速，而且制品含水量可降至更低的程度。

2. 空气流速

增加空气流速，能将聚集在果蔬表面附近的饱和湿空气带走，还能及时使干热空气不断地接触果蔬，使果蔬接触的热空气量增加，从而显著加速果蔬水分的蒸发。空气流速越大，越容易带走原料附近的湿空气，有利于原料水分的蒸发，干燥速度越快。

3. 大气压力或真空度

气压越低，水的沸点越低。若温度不变，气压降低，则水的沸腾加剧。因此，在真空室内加热干制时，就可以在较低的温度下进行。如采用与正常大气压下干燥时相同的加热温度，则将加速果蔬的水分蒸发，还能使干制品具有疏松的结构。对热敏性果蔬采用低温真空干燥，可保证其产品具有良好的品质。

4. 原料的种类和状态

原料种类不同，所含化学成分及其组织结构不同，即使是同一种果蔬，品种不同，其成分及结构也有差异，因而干燥速度也各不相同。原料切分的大小与干燥速度也有直接关系。物料切分成片状或小颗粒后，缩短了热量向物料中心传递和水分从物料中心向外扩散的距离，增加了比表面积，干燥速度加快。

5. 原料装载量

单位烤盘面积上装载原料越多，厚度越大，越不利于空气流动和水分蒸发，干燥速度越慢。故干燥过程中可以随着原料体积的变化，改变其厚度，干燥初期薄些，干燥后期可以厚些。

三、果蔬速冻工艺要点

(一)原料选择

果蔬干制的原料应选择干物质含量高、水分少、可食部分比例大、风味良好、粗纤维含量少的种类和品种。对成熟度的要求应根据果蔬种类而异，果品要求充分成熟，蔬菜则要求干制后不致纤维粗糙。

(二)原料处理

1. 拣选与分级

剔除霉烂及有病虫害、畸形、成熟度不一致、破碎或机械损伤的果蔬，按果蔬大小、质量、色泽等进行分级。

2. 清洗

常用软水洗涤。用稀盐酸溶液、高锰酸钾溶液或漂白粉溶液在常温下浸泡 5～6 min，再用清水洗涤，除去残留的农药。洗时用流动水，或使果蔬振动摩擦，提高洗涤效果。

3. 去皮、去核、切分

用人工、机械、热力或碱液法去皮。去皮后去核、去心，剔除不适宜干制的原料，再将大物料切分成适宜的尺寸。

4. 烫漂

(1)烫漂的作用　烫漂可以杀死或钝化酶活性，减少氧化变色；可以使细胞内原生质发生凝固、失水并与细胞壁分离，增加细胞膜的透性，促使细胞组织内水分蒸发加快，提高干燥速度；使干制品复水时易重新吸水，并可使组织柔韧，不易破碎，同时因组织中空气被排除，含叶绿素原料的色泽更加鲜艳，不含叶绿素的原料变成半透明状，使成品美观；去除某些果蔬的不良味道；杀灭虫卵和部分微生物。

(2)烫漂温度、时间的确定　烫漂可采用热水或蒸汽处理。烫漂的温度和时间应根据原料种类、品种、成熟度及切分大小不同而异。一般情况下，烫漂水温为 80～100 ℃，时间为 2～8 min，以烫透而不软烂为宜。要注意，白洋葱、荸荠等原料如果热烫不完全，变色的程度比未烫的还要严重。

5. 浸碱脱蜡

对于果皮上含有蜡质的果蔬，应进行浸碱处理，以除去附着在表面的蜡质，利于水分蒸发，促进干燥。浸碱可用氢氧化钠、碳酸钠或碳酸氢钠。碱液处理的时间和浓度依果实附着蜡粉的厚度而异，葡萄一般用 1.5%～4.0%的氢氧化钠处理 1～5 s，李子用 0.25%～1.50%的氢氧化钠处理 5～30 s。

6. 护色

护色处理对于干制过程中易于褐变的原料尤为重要。

(1)护色方法

热处理护色　为了保持绿色蔬菜的绿色，可在热烫水中加入 0.5%的碳酸氢钠，或者采用其他方法使水呈中性或微碱性。

浸泡护色　用 1%～5% 柠檬酸、0.5%～1% 抗坏血酸、0.1%～0.3% *L*-半胱氨酸等进行原料浸泡，抑制酶褐变，但原料种类不同，处理的浓度与时间也不尽相同。

硫处理护色　用 0.2%～0.5%(以有效 SO_2 计)亚硫酸盐浸泡，或用硫黄(每 1 000 kg 原料用硫黄 2～4 kg，时间约 0.5 h)进行熏硫。

(2)硫处理的作用

硫处理能增强细胞膜透性，促进水分蒸发，因而缩短了干燥的时间；因 SO_2 具有强还原性，与原料中的氧化合，抑制氧化变色；提高营养物质，特别是维生素 C 的保存率；抑制微生物活动。

(三)干制过程的管理

1. 干燥过程中温度控制

果蔬一般干制温度为 40～90 ℃。富含维生素 C、挥发油及糖分的原料宜用低温，以 60～70 ℃较为适宜。温度控制有低温—较高温—低温、高温—较高温—低温、恒定较低温 3 种方式。

(1)低温—较高温—低温　在整个干燥期间，烘房的初始温度较低(50～60 ℃)，中期温度较高(68～70 ℃，不超过 75 ℃)，后期采用较低温度(50～55 ℃)直至干燥结束。这种方法耗能较低，制品品质好，成品率较高，主要适用于可溶性物质含量高或不切分的整个果蔬的干制，如红枣、柿饼等。

(2)高温—较高温—低温　先将烘房温度急剧升高到 90～95 ℃，原料进入烘房后由于吸收大量热量而使烘房降温(一般降低 25～30 ℃)，继续增大火力使温度维持在 70 ℃左右，然后逐渐降温至干燥结束。这种方法干燥时间短，成品质量优良，但耗能高，主要适用于可溶性物质含量较低或切成薄片、细丝的果蔬，如金针菜、辣椒、苹果、杏等。

(3)恒定较低温　整个过程温度始终维持在 55～60 ℃，直到干燥结束。这种方法成品质量好，但耗能较高，对于封闭不严密、升温设备差、升温较困难的烘房可采用，适用于大多数果蔬的干制。

2. 干燥过程中湿度控制

果蔬干制时大量水分蒸发，使烘房内湿度急剧升高，一般当烘房内相对湿度达到 70%以上时，应打开进排气窗通风，通风排湿的方法和时间，应根据室内相对湿度的高低和外界风力的大小来决定。一般每次通风排湿的时间 10～15 min。人工干制红枣时，整个烘烤期间排湿 6 次。

3. 倒换烘盘

为使烘房内上下、前后、左右被烘烤的原料受热均匀，干燥程度一致，以获得干燥程度一致的产品，应在干燥过程中及时倒换烘盘位置，同时注意翻动烘盘内的物料。当烘房温度最高、物料的水分蒸发最快时，应将烘盘进行第一次调换，把烘架最下部的第 1～2 层烘盘与中部的第 4～6 层烘盘调换位置。以后间隔一定时间进行调换一次，直到干燥结束。在调换烘盘的同时还应翻动物料，使物料受热均匀。

4. 掌握干燥时间

干燥时间取决于物料的干燥程度。烘至其标准成品含水量时，结束干燥。

(四)包装

果蔬干制品包装前要经过回软、分级、压块等前处理。

1. 回软

回软即均湿、发汗。经干燥所得的干制品之间的水分含量并不一致，即使同一块干制品，内部及表面的含水量也不均匀，常需进行均湿处理，使产品含水量均匀一致，以便包装和贮存。非真空干燥产品在干燥后要进行回软处理。回软的方法是把干燥后的产品稍冷却，装入大塑料袋或铁桶中密封，菜干 1～3 d，果干 2～5 d。

2. 分级

为了符合规定标准，产品按干制品分级标准分为标准品、未干品和废品。分级过程中要剔除软烂、破损、变色、霉变等不良品，并用磁铁吸除金属杂质。

3. 压块

压块可使干制品体积缩小 3～7 倍，便于包装和运输，也减少与空气的接触，降低氧化。压块一般采用螺旋压榨机，也可采用专门的水压机或油压机，压力为 70 kg/cm^2，维持 1～3 min。

4. 产品包装

经过处理品后的果蔬干制品，宜尽快包装。包装宜在低温、低湿、清洁和通风的环境中进行，包装材料要求符合食品卫生要求，能严格密封，有效防止干制品吸湿回潮、结块和长霉，在贮藏、搬运、销售过程中不易破损。常用的包装有木箱、纸箱、纸盒、无毒 PE 塑料袋、铝箔复合薄膜袋、马口铁罐等。

(1)普通包装　用于自然干制和热风干制品的包装。采用纸盒、纸箱或 PE 袋。

(2)不透气包装　用于真空干燥、真空油炸、真空冻结干燥、喷雾干燥制品的包装。采用不透气的铝箔复合薄膜袋，小包装的脱氧剂与干制品同时密封于不透气的铝箔复合薄膜袋中。

(3)充气包装　用于真空干燥、真空油炸、真空冻结干燥制品的包装。采用 PE 袋或铝箔复合薄膜袋将干制品装入后，充入二氧化碳、氮气等气体，抑制微生物和酶的活性。

(4)真空包装　用于含水量较高的红枣等干制品的包装。制品装入后，用真空泵抽出容器内的空气，使袋内形成真空环境，延长保存时间。

(五)贮存

贮存环境要求温度 0～2 ℃，不超过 10～14 ℃，相对湿度约 30%，通风、避光。贮存环境中注意清洁、防鼠、防虫。

(六)干制品复水

脱水食品在食用前一般都应当复水。复水就是将干制品浸在水里，经过相当时间，使其尽可能地恢复到干制前的状态。

脱水蔬菜的复水方法：将干制品浸泡在 12～16 倍量的冷水里，经 30 min 后，再迅速煮沸并保持沸腾 5～7 min。复水以后，再烹饪食用。

【知识拓展】

一、果蔬干制技术的发展

(一)自然干制

自然干制方式有两种。一种是日光干燥，即让原料直接接受阳光照射，比较简便的做法是将原料直接放置在晒场曝晒，或者放在席箔上晒制；另一种是阴干，即让原料在通风良好的室内或棚下以自然通风吹干。自然干制的主要设备为晒场、晒干用具(如晒盘、席箔)和运输工具等，以及必要的建筑物，如工作室、贮藏室、包装室等。目前，在果蔬干制加工中，我国广大农村采用最多的仍是利用阳光和风力的自然干制。

优点：方法简便，设备简单，成本低。

缺点：受气候条件影响大，干燥时间长，产品质量不能保证。

(二)人工干制

人工干制是人为控制干燥条件和干燥过程而进行干燥的方法。人工干制要具有良好的加热装置及保温设备，保证干制时所需的较高而均匀的温度；要有良好的通风设备，以及时排除原料蒸发的水分；有较好的卫生条件和劳动条件，以避免产品污染，便于操作管理。

优点：人工控制条件，可有效地缩短干燥时间，获得较高质量的产品。

缺点：人工干制机操作复杂，成本较高。

1. 烘灶

烘灶是最简单的人工干制设备，结构简单，生产成本较低，但生产能力低，干燥速度慢，操作劳动强度大。

2. 烘房

烘房形式很多，但基本结构相似，主要由烘房主体、升温设备、通风排湿设备和装载设备组成。

3. 人工干制机

人工干制机是一种功效较高的热空气对流式设备，可以根据需要控制空气的温度、湿度和流速。因此，干燥时间短，制品质量好。

人工干制机类型很多，包括隧道式干燥机、混合式干燥机、滚筒式干燥机、带式干燥机、喷雾干燥机等。例如，马铃薯干燥可采用大型滚筒干燥机，洋葱干燥可采用三级输送带式干燥机，番茄干燥可采用真空泡沫干燥机。在主流热风干燥技术方面，目前我国大量的脱水蔬菜厂采用的设备为各种隧道式干燥机（顺流、逆流和混合流），而未来，效率更高、温度控制更好的托盘式干燥机、多级输送带式干燥机和滚筒干燥机将得到采用。

4. 远红外干燥

利用远红外辐射元件发出远红外线，为物料吸收变为热能而达到干燥。远红外线发射波长与物料吸收波长相匹配，这样干燥效果最佳。远红外线发射有效距离为 1 m 以内，远红外线像可见光一样，也可被物体吸收、折射或反射，物体吸收了远红外线后，温度升高。一般的加热干燥法只能使物体表面受热后再逐步传导到内部，而远红外线能穿过相当厚的不透明物体，在物体内部自发地产生热效应。因此，远红外干燥能使物体中每一层都受到均匀的干燥作用。远红外线干制速度较快，制品质量更好，且节约能源。

5. 微波干燥

利用微波加热的方法使物料中水分得以干燥。微波的特点：似光性，像光线一样的传播并易集中；穿透性，照射于介质物体时能够深入物质内部；非电离性，微波量子能量不大，还不足以改变物质分子内部结构或分子间的键。微波是指频率在 300 MHz 至 300 GHz，波长为 0.001～1.0 m 的无线电波。常用加热频率为 915 MHz 和 2 450 MHz。可用于加热、杀菌、消毒和解冻冷藏食物，促进新酒老熟陈化。微波干燥使加热物从内部直接产生热，避免引起外焦内湿现象。利用微波加热原料，使内部水分蒸发，比远红外干燥的速度更快，时间更短，效率更高，而且加热温度可以比普通加热干燥法降低 20 ℃。

6. 减压干燥

将物料置于减压条件下，使水分气化、溢出，能源消耗少，加热温度低，营养损失少，品质变化少。因此，目前国内外减压干燥除了用于谷物的干燥和杀虫外，也应用于蔬菜、水果的干制。

7. 冷冻干燥

冷冻干燥又称为冷冻升华干燥或真空冷冻升华干燥。其原理是先将原料冷冻至冰点以下，使其中大部分水结成冰，再在较高的真空状态下使冰直接升华气化为水蒸气而被排除。干燥终了，立即向干燥室充入干燥空气或干燥氮气，恢复常压，进行包装。

物料处在冰点低温下干燥脱水，能够非常好地保持原有的色泽、风味及营养成分，避免加热干燥法对产品品质的不良影响，冻干蔬菜容易复水。此法主要用于医疗药物、珍贵食品的干燥。用此方法生产的食品叫真空冻干食品，冻干食品在国际市场的价格是热风干燥食品的

4～6倍，是速冻食品的7～8倍。

近几年来，由于冷冻干燥工艺技术的提高，相关设备也已能被国内多家企业所生产。虽然设备投资较大，运行成本费用较高，但能得到高品质的干制品，经济效益非常可观，因此冷冻干燥仍为有实力企业的首选。

8. 联合干燥

Litvin S.（1998）联合应用冷冻干燥、微波加热及热风或真空干燥胡萝卜片。初期冷冻干燥的搁板温度为30 ℃，经2 h后搁板温度为55 ℃，2 h后胡萝卜片水分含量约为40%；接着微波处理50 s；最后用热风或真空干燥至水分含量为5%。终期为热风干燥时，胡萝卜片的质量特性（如颜色、复水比）与单独冷冻干燥相似，但胡萝卜片的干燥时间与完全冷冻干燥相比，缩短了3 h；终期为真空干燥时，提高了胡萝卜的颜色质量，复水后总的质量与新煮的胡萝卜片相似。

9. 太阳能干燥

利用热箱原理建造太阳能干燥室，将太阳的辐射能转变成热能，用以干燥物料中的水分，这种方法称作太阳能干燥。太阳能干燥是国内外能源科学技术研究的一个重要内容，利用太阳能干燥食品具有极为重要的意义。世界各国都在努力研究太阳能的利用。

二、果蔬干制过程中发生的变化

果蔬干制过程中发生的变化可以分为两类：物理变化和化学变化。

（一）物理变化

干制时出现的物理变化常有干缩、重量减轻、体积缩小、表面硬化等。果蔬组织细胞失去活力后，仍能不同程度地保持原有的弹性。但是受力过大，超过弹性极限，即使外力消失，它再也难以恢复原来状态。干缩正是物料失去弹性时出现的一种变化，是食品干制时最常见、最显著的变化之一。弹性完好并呈饱满状态时的物料全面均匀地失水时，物料将随着水分的消失均衡地线形收缩，即物料大小均匀地按比例缩小。实际上物料的弹性并非绝对的，干制品块片内的水分也难以均匀排除，故干制时均匀干缩极为少见。

食品干制后，重量减轻为原料的20%～30%，体积缩小为原料的20%～35%。表面硬化是食品物料表面收缩和封闭的一种特殊现象。如果物料表面温度过高，就会因内部水分未能及时转移到物料表面而使表面迅速形成一层硬壳，影响水分的蒸发。这种现象常出现在一些含高浓度糖和可溶性固形物的果蔬中，而在另一些果蔬中并不常见。食品内的水分因受热汽化而以蒸汽形式向外扩散，并让溶质残留下来。块片状和浆质物料还常存在大小不一的气孔、裂缝和微孔，小的可细到与毛细管相同。故食品内的水分也会经微孔、裂缝或毛细管上升，其中不少能上升到物料表面蒸发掉，以致它的溶质残留在表面上。干燥初期某些水果表面上积有糖黏质渗出物，其原因就在于此。这些物质就会将干制时正在收缩的微孔和裂缝加以封闭。在微孔收缩和被溶质堵塞的双重作用下会出现表面硬化。此时，若降低食品表面温度使物料缓慢干燥，一般就能延缓表面硬化。

（二）化学变化

干制时出现的化学变化主要有营养成分（包括水分、糖、蛋白质和维生素）的变化及色泽的变化。

1. 水分

果蔬在干制过程中水分主要会发生蒸发和转移两种变化。

蒸发是指其中的水分由液态变为气态而散失，这种变化会造成原料和产品在水分含量方面的巨大差异。蒸发的发生是由于果蔬的温度或压力（只有真空冷冻干燥是这个原因，它利用环境的高真空度而使水分升华）与环境的差异，造成了其中的水蒸气压与环境的水蒸气压不相同。当果蔬中的水蒸气压也大于环境的水蒸气压时，为了达到二者的平衡，果蔬中的水分就会蒸发，由液态转为气态散出去，果蔬水分减少；反之，当果蔬中的水蒸气压小于环境的水蒸气压时，果蔬制品会吸湿，造成产品回潮。

转移是水分从食品的某一部位转移到另一部位，食品总的含水量不变，但有的部位水分含量减少了，有的部位水分含量增加了，转移造成了食品中水分分布状况的改变。转移是由食品内部的水分梯度造成的。

2. 糖

自然干燥温度较低，速度缓慢，酶的活性不能很快得到抑制，呼吸作用仍在进行，消耗糖分，干制时间越长，糖分损失越多。同时，糖分还会和有机酸反应而出现褐变，要用硫处理才可以有效地加以控制。人工干制时，虽然很快抑制酶的活性和呼吸作用，干制时间又短，可减少糖分的损失，但所采用的温度和时间对糖分有很大影响。一般来讲，糖分的损失随温度的升高和时间的延长而增加。

3. 蛋白质

对果蔬原料进行持续不断的高温处理，会对产品的蛋白质情况产生巨大的影响。

蛋白质是一种热敏性物质，因此对某些物料而言，过度的加热处理会造成蛋白质效率降低，使其不能再被人体利用；同样，有些有重要生理活性的氨基酸，如赖氨酸和蛋氨酸，在高温下会发生快速反应。冷冻干燥对蛋白质的损失最小。

4. 维生素

多数的果蔬干制品中，维生素C基本都被破坏了。脂溶性维生素，如维生素A、维生素E在干制过程中也会损失，主要由于这些维生素同由脂类所形成的过氧化物和自由基发生反应。干制过程的时间、温度和氧气量是造成维生素损失的关键因素。同时，不同的果蔬和不同的维生素，其损失情况都不相同。如洋葱和豌豆在干制过程中维生素C不会损失，但是玉米和甘薯损失比较大；硫胺素（维生素 B_1）在干制过程中损失较小，而胡萝卜素则会损失较大。

任务二　果蔬糖制

【知识目标】

通过对果蔬糖制品加工的学习，能够说出果蔬糖制品的品种和分类；能够说出果蔬糖制品加工的工艺流程和工艺要点；能够解释果蔬糖制品的腌制保藏原理；能够运用果蔬糖制品的质量标准，掌握质量控制措施。

【技能目标】

能根据原料性质合理选用原料预处理方法;能熟练地进行果蔬原料硬化和硫化处理操作;能熟练地操作果蔬糖制品加工工具和设备;能运用所学知识制作果脯和蜜饯。

【德育目标】

节约能源、注重原料的综合利用,注重农业的可持续发展。

【任务实施】

果脯、果酱是市场上常见的果品加工制品,这些产品的加工过程、加工原理与具体加工方法,要认真掌握。

一、概念

果脯类:以果蔬为主要原料,经或不经糖熬煮或浸渍,干燥后制成的基本保持果蔬形状的干态糖制品,如苹果脯、蜜枣、糖姜片等。

蜜饯类:以水果为主要原料,经糖(蜜)熬煮或浸渍,制成带有湿润糖液面或浸渍在浓糖液中的湿态制品,如樱桃蜜饯、糖渍无花果等。

糖衣果脯:果蔬糖制并经干燥后返砂,或包裹糖衣,表面带有糖霜的干态糖制品,如冬瓜条、金橘饼、柚皮糖等。

凉果:用盐坯为主要原料,经脱盐晒干,加配料蜜制,再干燥而成的甘草制品。外观保持原果形,表面干燥,皱缩,低糖,如陈皮梅、话梅、橄榄等。

二、原理

(一)果蔬糖制原理

糖制品本身无生命力,其保藏主要依靠食糖来抑制微生物的活动。食糖可提高糖制品的品质,其作用非常重要。

果蔬糖制采用的食糖,本身对微生物无害。低浓度糖液有利于微生物生长和繁殖。食糖的保藏作用在于其高浓度糖液的高渗透压,使微生物细胞的原生质脱水而失去活性。因而,食糖只是一种食品保藏剂,只有在较高浓度下才能产生足够的渗透压。1%的蔗糖溶液约有70.9 kPa的渗透压。大多数微生物细胞渗透压为307～615 kPa。50%的糖溶液能抑制大多数酵母的生长,而65%以上的含糖量能有效地抑制细菌和霉菌的生长。所以糖制品一般最终糖浓度都在65%以上。如果是中、低浓度的糖制品,则是利用糖的渗透压或辅料产生抑制微生物的作用,使制品得以保存。

(二)食糖的保藏作用

食糖的保藏作用主要体现在高渗透压、抗氧化和降低水分活性三个方面。

1. 食糖的高渗透压

糖溶液有一定的渗透压,当糖溶液浓度达65%以上时,所产生的渗透压大于微生物吸收营养的渗透压,从而抑制微生物的生长,使制品得以保存。

2. 食糖的抗氧化作用

糖溶液中的含氧量比纯水低,在20 ℃时60%的蔗糖溶液溶解氧的能力仅为纯水的1/6,

因此高糖制品可减少氧化。

3. 食糖溶液水分活性低

微生物吸收营养要在一定的湿度条件下，就是要有一定的水分活性。糖浓度越高的溶液，其水分活性越低，微生物就越不易获得所需的水分和营养。新鲜水果的水分活性大于0.99，而糖制品的水分活性为0.75～0.80，具有较强的抑菌作用。

(三)糖的性质

糖制品所用糖类有蔗糖、饴糖、淀粉糖浆、果葡糖浆和蜂蜜等。蔗糖纯度高，风味好，色泽浅，使用方便和保藏作用强，在糖制中广泛应用。

糖制品质量与所用糖的性质有极大关系。糖的性质包括化学性质和物理性质两方面。化学性质有甜度、蔗糖的转化等。物理性质有渗透压、溶解度与结晶、吸湿性等。

1. 糖的甜度

糖的甜度影响糖制品的甜度和风味，通常用人的味觉来进行判断。糖的相对甜度是以蔗糖为标准(计100)，其他种类糖与蔗糖相同浓度下的甜度比较值见表3-1。

表3-1 糖的相对甜度

糖的种类	麦芽糖	淀粉糖浆（葡萄糖值）	葡萄糖	蔗糖	果葡糖浆（转化率40%）	蜂蜜（转化率75%）	转化糖	果糖
相对甜度	50	70	74	100	100	120	130	173

不同种类的糖，其甜度有很大的区别，风味各异，并且在口中留甜的时间长短有差异。不同的糖在不同的温度下也有一定的变化，如5%的果糖液和10%的蔗糖液。当温度为50 ℃时，果糖液与蔗糖液的甜度相等；当温度低于50 ℃时，果糖液甜于蔗糖液；当温度高于50 ℃时，蔗糖液甜于果糖液。

糖制品的风味不单纯与甜味有关，与酸、咸、香味等合理配比才能达到良好效果。

2. 糖的溶解度与结晶

每100 g水中能溶解糖的克数，称为糖的溶解度。糖的溶解度一般随溶液的温度增高而增大。表3-2为蔗糖溶解度。

表3-2说明：同一种糖随温度升高，溶解度加大。在常温条件下蔗糖即可达到65%的浓度，所以应用蔗糖时可煮制，也可以腌制。蔗糖的晶体溶于水中成溶液，浓度达到过饱和状态时，从溶液中析出的现象称“结晶”。蔗糖溶液最易结晶。纯正的麦芽糖也能从溶液中结晶，但一般糖制品常含麦芽糖40%～60%，混有不同程度的糊精成分，所以都为溶液状态。含糊精成分能阻止晶体形成，故常利用这一特性，使之与蔗糖混合使用，从而阻止蔗糖在制品中结晶。淀粉糖浆称为“糖稀”，也有不同程度的糊精，通常用来阻止蔗糖“返砂”，使制品保持一定的柔韧性。

3. 糖的吸湿性

一般情况下，高浓度的砂糖在空气相对湿度不超过60%的条件下，不会吸湿发潮，但纯度差时，其晶体表面有少量的非糖物质，易吸收空气中的水分而潮解，甚至使晶体溶解。糖制品吸湿后，糖的浓度和渗透压都因水分增多而下降，削弱糖的保藏作用，引起制品的变质和败坏。糖的种类不同，吸湿性也不同，其中果糖最强，其次是葡萄糖，蔗糖最弱。

表 3-2 蔗糖溶解度

温度/℃	含糖百分比/%	每一份水的糖量	温度/℃	含糖百分比/%	每一份水的糖量
0	64.18	1.792	56	73.58	2.785
2	64.45	1.813	58	74.00	2.817
4	64.73	1.835	60	74.43	2.911
6	65.24	1.877	62	74.86	2.978
8	65.44	1.893	64	75.29	3.047
10	65.65	1.911	66	75.72	3.119
12	65.87	1.930	68	76.15	3.193
14	66.11	1.951	70	76.59	3.271
16	66.37	1.973	72	77.02	3.350
18	66.63	1.997	74	77.45	3.435
20	66.92	2.023	76	77.88	3.521
22	67.21	2.050	78	78.31	3.610
24	67.52	2.079	80	78.74	3.703
26	67.84	2.109	82	79.16	3.800
28	68.16	2.141	84	79.59	3.899
30	68.50	2.175	86	80.01	4.002
32	68.85	2.210	88	80.43	4.110
34	69.21	2.248	90	80.85	4.221
36	69.58	2.287	91	81.05	4.277
38	69.95	2.328	92	81.25	4.335
40	70.33	2.370	93	81.46	4.394
42	70.72	2.415	94	81.66	4.454
44	71.11	2.462	95	81.87	4.515
46	71.51	2.510	96	82.07	4.578
48	71.92	2.561	97	82.27	4.641
50	72.33	2.614	98	82.47	4.705
52	72.74	2.668	99	82.67	4.770
54	73.16	2.726	100	82.87	4.837

4. 糖的沸点

糖溶液的沸点与温度之间有一定的关系，糖溶液的沸点温度随着糖溶液浓度的增大而升高。可以根据糖溶液温度的高低来测定出糖溶液的浓度，从而控制煮制时间和制品可溶性固形物总量。蔗糖沸点与溶液浓度关系见表 3-3。

表 3-3 蔗糖沸点与溶液浓度关系

沸点/℃	100.4	100.6	101.0	101.5	102.0	103.6	105.6	112.0	113.8
浓度/%	10	20	30	40	50	60	70	80	90

5. 蔗糖的转化

蔗糖属于双糖，在酸性溶液中或在转化酶的作用下转化成等量的葡萄糖和果糖，这个过程称为蔗糖的转化，所生成的葡萄糖和果糖的混合物称为转化糖。蔗糖的转化可以提高制品中蔗糖溶液的饱和度，抑制蔗糖的结晶；增大制品的渗透压，提高制品的保藏性；增加制品的柔韧性，并能增进制品的甜度。蔗糖的转化需要较低的 pH 和较高的温度。最适宜的 pH 为 2.5；转化温度越高，作用时间越长，蔗糖转化的数量越多。所以糖煮时要控制制品最终转化糖的含量，必须处理好 pH、煮制时间和煮制温度三者的关系。

对于含酸量偏高的原料，糖煮不宜过度，以免生成过多的转化糖而出现流糖现象，使保藏性降低。

三、糖制品加工要点(以果脯加工工艺为例)

(一)原料的选择

果脯产品加工要进行煮制，为防止软烂发生，应选择果蔬产品中组织致密、硬度较高的为原料。原料的种类和品种不同，适合不同的加工。根据糖制品加工要求，正确选择加工原料，是保证产品质量的基本条件。

(二)原料处理

按照制品加工要求对原料进行必要的选别。原料分级常以大小为依据，目的是达到产品质量一致，便于加工。

(三)洗涤

保证原料清洁卫生，洗去产品表面污物、残留农药等。

(四)去皮

果皮对产品质量有不利影响。对原料进行去皮，根据原料特点可采用擦皮、削皮、刮皮及剥皮等方法。

(五)切分、去心、划缝

为便于糖煮和糖制加工，使原料透糖快，对个体较大原料应进行切分。应按食用习惯和产品特点进行切分。用手工或机械的方法去除果心、果核。划缝是果脯加工中的特殊工艺，可增加成品外观的纹路，使产品美观，又加速糖制中的制品透糖。可以手工或用划纹机进行划缝，要求划缝纹络均匀、深浅一致。

(六)保脆硬化

为提高果脯原料硬度，增强耐煮性，在糖煮前要进行硬化处理。将原料投入含有石灰、明矾、氯化钙或氢氧化钙等的水溶液中进行短时间的浸渍，达到硬化目的。使用的盐类含有的钙和铝离子能与果胶物质形成不溶性的盐类，使组织硬化耐煮。硬化剂的选择、用量和处理时间要适当。用量过高会生成过多的果胶酸钙，或引起部分纤维素钙化，从而降低原料对糖的吸入量，使产品粗糙，品质下降。硬化剂的使用浓度：明矾溶液为 0.4%～2%，亚硫酸氢钙溶液为 0.5%左右，石灰水溶液为 0.1%～5%。可用 pH 试纸贴到产品中心断面上，若试纸全部变蓝色，表示浸泡已到中心部位，否则继续浸泡。浸泡后用清水漂洗。

(七)护色与染色

1. 护色

果脯的原料大多数需要护色处理，主要是抑制氧化变色，使制品色泽鲜明。用 SO_2 也有防腐、抗菌的功能。其方法主要有两种，即熏硫和浸硫。

熏硫是在熏硫室或熏硫箱中进行。要求能密封，又可方便开启，以便熏硫时通风。熏硫时，将分级、切分的原料装盘送入熏硫室，分层码放。

用硫熏蒸，一般 1 t 原料用硫黄 2 kg，或 1 m^3 容积用 200 g。熏制时间因品种而异：梨 16～18 h；苹果 16～20 h；杏 8～10 h；樱桃 14～16 h；桃 16～20 h；李 12～14 h；青榄 16～24 h。

浸硫是先配制好 0.2%～0.6%的亚硫酸或亚硫酸氢钠溶液，然后将原料置入该溶液中浸泡 10～30 min，取出立即在流水中冲洗。

2. 染色

制品在糖制过程中易使原有色素有所损失，发生色泽变化。为恢复原有的外观，可以用染色法染色。所用色素有两类：一是天然色素，二是人工合成色素。目前，可供糖制品着色的天然色素有：红紫色的苏木色素、玫瑰茄色素，黄色的姜黄色素、栀子色素，绿色的叶绿素铜钠盐(可用微量)。人工合成色素有柠檬黄、胭脂红、苋菜红和靛蓝等。色素使用量一般不能超过 0.05 g/kg。

染色时，原料先用 1%～2%的明矾溶液浸泡，然后糖渍或把色素液调成糖渍液进行染色。或在最后制成糖渍品时以淡色溶液在制品上着色。染色以达到固有色泽为宜，切勿过度。

(八)糖制

糖制是果脯加工工艺中最重要的环节。糖制方法有蜜制和煮制。

1. 蜜制

蜜制是我国果脯制作中一种传统的糖制方法。此法适于肉质疏松、不耐煮制的原料。其特点是分次加糖，不加热。糖有一定的黏稠度，在常温下渗透速度慢，所以产品加工时间较长，制品能保持原有的色、香、味，保持完整的外形及质地，营养损失较少。

蜜制的具体方法是先用原料重量 30%的干砂糖与原料拌均匀，经 12～14 h 后，再补 20%的干砂糖翻拌均匀。放置 24 h，再补加 20%的干砂糖腌渍。由于糖渗透压的存在，原料本身含有较多的水分，经腌制后组织中水分大量渗出，使原料体积收缩到原来的一半左右，透糖速度降低。糖制时间 1 周左右，最后将原料捞出，沥干表面糖液或洗去表面糖液，即成制品。

2. 煮制

产品组织致密的原料采用煮制法，可迅速完成加工过程，只是制品在色、香、味、维生素 C 上有所损失。煮制法分为敞煮法和真空煮制法两种。敞煮法又分为一次煮成法和多次煮成法。在具体应用中又细分为下列几种方法。

(1)一次糖煮法　对于组织疏松易于透糖的原料，将原料与糖液一起加热煮制，最初使用糖液浓度 40%，一直加热蒸发浓缩到结砂为止。这种一次糖煮完成的方法称为“一次糖煮法”。

(2)逐次糖煮法　开始糖煮时，采用浓度为 30%的糖液。糖煮沸腾后分次加入少量的冷糖液，使糖液浓度逐渐增加。在加冷糖液时也可加干砂糖，可以缩短煮制时间。但该法整个加工中始终加热，所以称“逐次糖煮法”。优点是制品组织比较细致紧密，透糖好；缺点是时间延长，易引起颜色加深，维生素C损失多。

(3)一次间歇糖煮法 原料短时间与糖液煮沸后，停止加热，放置一段时间，使组织内外的糖液浓度有较长时间来达到扩散平衡。然后又加热沸腾，使糖液达到一定浓度后又停止加热，放置一段时间。达到浓度梯度平衡后，继续煮沸蒸发，提高糖液浓度，重复放置。如此反复几次，前后完成糖煮，称为"一次间歇糖煮法"。

(4)逐次间歇糖煮法 不用煮沸浓缩的方法增加糖液浓度，而是采用逐次补加砂糖来增加浓度，或是在上法的基础上在煮沸糖液浓缩时，把原料移出，糖液浓缩后再加入浸渍以达平衡的方法。此法平衡所需要时间由数小时至数日。其优点是透糖可有充分平衡时间，又可以利用工作间隙处理；缺点是加工时间长。

(5)变温糖煮法 利用温差悬殊的环境，使原料受到冷热交替的变化，组织内部的水蒸气分压有增大和减小的变化，迫使糖液透入组织，加快组织内外糖液的平衡，缩短煮制时间，称为"变温糖煮法"。由于此方法操作较复杂，生产上应用较少。

(6)减压糖煮法 在较高真空度下进行糖煮，可以使其沸点降低。因为在减压下糖煮，所以组织内的蒸汽分压随真空度的变化而反复收缩，促使组织内外糖液浓度加速平衡，缩短糖煮时间，使产品品质稳定，制品色泽鲜明、风味纯正。减压糖煮法一般所用的真空度是80～87 kPa，温度为60 ℃。减压糖煮法需要在真空设备中进行，常采用真空锅或真空罐。用30%～40%浓度的糖液，加热到60 ℃时，开始抽真空减压，使糖液沸腾，同时进行搅拌；沸腾约5 min后可改变真空度，使糖加速渗透；最后使糖液浓度达到60%～65%时解除真空，完成糖煮过程。全部时间仅需1 d左右。

(九)干燥、上糖衣

1. 干燥

果脯要求保持完整和饱满状态，不皱缩、不结晶、质地紧密而不粗糙，水分一般不超18%～20%，因此要进行干燥处理，即烘干或晾晒。烘干在烘房中进行，人工控制温度，升温速度快，排湿通气好，卫生清洁，原料受热均匀，烘烤中注意通风排湿和产品调盘，烘烤时间在12～24 h。烘烤到手感不黏、不干硬为宜。晾晒在晒场进行，设有专门的晾架，晒到产品表面干燥或萎蔫皱缩为止。此法受自然条件影响大，产品容易不卫生。

2. 上糖衣

制作糖衣果脯，可在干燥后上糖衣。上糖衣是用配制好的过饱和糖液处理干态果脯，干燥后使其表面形成一层透明状糖质薄膜。上糖衣不仅外观好，且保藏性增强，可以减少果脯保藏期中吸湿和"返砂"。上糖衣用的过饱和糖浆一般以三份蔗糖、一份淀粉糖浆和二份水配制而成，混合后煮沸到113～114.5 ℃，离火冷却到93 ℃。将已干燥的果脯浸入糖液中1 min，取出放置筛面上，于50 ℃下晾干即成。也可将干燥的果脯浸于90 ℃的含有1.5%食用明胶和5%白糖的溶液中，取出在35 ℃左右温度下干燥即成。

(十)整形、回软和包装

果脯由于在加工中进行一系列的处理而使原料出现收缩、破碎、折断等现象，在包装前要进行整形、回软。

1. 整形

按原有产品的形状、食用习惯和产品特点进行大小分级和整形。

2. 回软

许多产品在干燥后，其内部含水量不均匀。为使其含水量均匀，产品质量一致，需要回软。方法为将产品堆放在干燥的环境下，回软大约1周时间。

3. 包装

果脯包装的一个重要目的是防潮防霉，一般可先用塑料薄膜包装，再用其他包装，可用大包装或小包装。包装以利于保藏、运输、销售为原则。

【知识拓展】

我国糖制加工的起源是蜜饯类。早在我国古代，已有不少果品种类用来制成丰富多彩的糖制品。此外还有一类盐坯制品称为凉果或甘草香料制品。

我国最古老的传统蜜饯类，最初是用自然产的蜂蜜进行糖制。到有饴糖生产以后，用饴糖进行糖制。到唐朝有蔗糖生产以后，又用蔗糖进行糖制。从古到今，这类制品统称蜜饯。因此“蜜饯”一语沿用至今。

果蔬糖制品色、香、味、形俱佳，并且提高了果蔬的经济价值，同时也改善了果蔬的品质，使果蔬的食用种类增加；便于运输和贮藏，给人们生活带来更多食用产品的选择。果蔬糖制加工原料广泛、制品繁多、风味独特、销路广阔，有其特有优点。

一、果蔬糖制的优点

(一)扩大利用自然资源

果蔬糖制能改进果蔬的食用价值及提高经济价值。果蔬糖制不仅对好果进行加工，同时对酸果、未成熟果、伤果等进行有效的利用，能够大大改进食用品质并可提高经济价值，增加自然资源的利用。

(二)改进食用品质，增加花色品种

某一种水果、蔬菜单供鲜食，风味单一。若制成糖制品，则由于糖制工艺的多样化，大大改进食用品质，增加花色品种。如山楂鲜食味酸，食用口味单一，经糖制可制成山楂糕、山楂片、山楂果丹皮等，花色增加，口味多样。

(三)可长期贮存

调节市场供应；体积缩小，便于运输。

新鲜果蔬的生产具有很强的季节性，且不能长期贮存。若制成糖制品，可长期贮存。果蔬糖制品，加工中脱去水分60%～80%，从而大大地缩小了体积与重量。制品含水量低，便于包装及贮藏，从而为外销创造了良好的条件。

二、果脯蜜饯的分类

(一)按加工工艺分

可分为干态蜜饯、返砂蜜饯类、糖渍蜜饯类、凉果类、甘草制品类。

(1)干态蜜饯　干态蜜饯是不带糖液的蜜饯，即果品在糖制后，进行晾干或烘干的制品。干态蜜饯一般含糖量在65%～68%；有时为了改进产品外观，在它外面沾敷上一层透明或干燥结晶的糖衣。

(2)返砂蜜饯类　与果脯制法类似，只是原料煮制时，直接煮至糖返砂结晶，或是煮到一定程度后将原料捞出。冷却到90 ℃后，淋上煮到108 ℃左右的糖液，拌凉后即成为表面有一层

糖霜的产品。

(3)糖渍蜜饯类　与果脯制法类似,在煮制后,不再烘干或晒干,产品表面附一层似蜜的浓糖汁,为半干性成品。

(4)凉果类　其糖制不经蒸煮等加热过程,直接以干鲜果品或经过漂洗的果胚浸、拌以辅料,之后晾晒即成。

(5)甘草制品类　与凉果类基本相同,其辅料为甘草汁,多为半干态产品。

(二)按生产地域分

由于各地果品原料不同,习俗各异,产品在加工方法上不尽相同。长期实践中产品逐渐形成了"四大系",即京式、苏式、广式、闽式。

(1)京式　主要以果脯类产品为主,保持了原果风味,外观呈半透明状,含糖量高,柔软而有韧性,口味浓甜,代表品种有苹果脯、桃脯、杏脯等。

(2)苏式　起源于苏州,产品表面微有糖液,色鲜肉脆,清香可口,原果风味浓郁,色、香、味、形俱佳。代表产品有糖制梅、雕梅、糖佛手等。

(3)广式　起源于广州汕头、潮州一带,以凉果产品和糖衣类产品为代表。因以甘草为矫味或甜味剂,故称为甘草制品。产品表面干燥,味多酸甜或酸咸甜适口,入口余味悠长。代表品种有奶油话梅、陈皮梅、甘草杨桃等。

(4)闽式　主要产于福建漳州、泉州一带,以橄榄制品为代表。其最大特点是含糖量低,表面干燥或半干燥,微有光泽感,肉质细腻而致密,香味突出,爽口而有回味。主要代表品种有大福军、丁香榄、十香果等。

三、糖制品的包装

糖制品的包装对于糖制品的运输、贮存和销售起到重要的作用,同时包装对于产品有一定的宣传和美化作用。

果蔬糖制品包装的目的:

(1)保护产品不受污染,符合卫生要求;

(2)保护成品品质不受外界环境的影响;

(3)延长产品的货架寿命;

(4)方便食用、携带、销售及转运;

(5)美化成品,提高商品价值。

糖制品种类较多,要根据其成品特点,采用各种包装形式对成品进行包装。

糖制品贮存,要在低温、低湿、无尘、无异味的环境中进行;要防止虫、鼠危害。

任务三　果蔬罐藏

【知识目标】

通过对罐藏加工理论的学习,能解释果蔬罐藏的基本原理及罐头食品的质量控制方法;了解果蔬罐头对果蔬原料的要求;掌握果蔬罐头的加工工艺过程;掌握果蔬罐头加工的具体操作方法。

【技能目标】

能熟练地对原料进行预处理；掌握罐藏加工工艺及操作要点；能解决罐头制品在制作过程中的常见问题；能正确评价糖水水果罐头的质量；能够运用所学知识独立制作糖水水果罐头。

【德育目标】

注重食品安全，养成良好职业道德。

【任务实施】

果蔬罐头食品具有耐贮藏、易携带、品种多、食用卫生的特点。在常温下保存，加工良好的果蔬罐头食品可保存1～2年不变质，是军需、旅游、航空和野外工作中优良而方便的食物，且能常年供应市场，不受季节影响。果蔬罐头食品可以直接食用，它基本上能保持果蔬原有的风味和营养，并且有些罐头的风味胜于鲜果，如菠萝罐头、板栗罐头等。由于密封于容器中，不受外界环境的影响和微生物感染，果蔬罐头便于携带、运输，不同季节都可以食用。在国外，果蔬罐头食品已成为人们的日常食品。

一、概念

罐藏食品是食品原料经预处理后，装入能密封的容器内，再进行排气、密封、杀菌，最后制成别具风味、能长期保存的食品。

二、原理

罐制品之所以能长期保藏，主要是借助罐藏条件(排气、密封、杀菌)杀灭罐内引起败坏、产毒、致病的微生物，破坏或钝化原料组织中酶的活性，并保持密封状态，使罐制品不再受外界微生物的污染来实现。

所以，在整个罐制品加工工艺当中，排气、密封和杀菌是最重要的三个工艺环节。

(一)罐制品的排气

罐制品在保藏期间发生的产品变质、品质下降以及罐内壁腐蚀等不良变化，与罐内残留的氧气有关，所以在罐制品生产工艺中，排气对罐制品的质量有着至关重要的作用。

排气是指产品装罐后、密封前，将罐内顶隙间和原料组织内的空气尽可能从罐内排除，从而使密封后罐制品顶隙内形成一定真空度的过程。

常采用的排气方法有加热排气法、真空排气法和蒸汽密封排气法。

排气达不到要求，容易促使需氧菌特别是其芽孢的生长发育，从而使罐制品质量下降而不能较长时间保存。过多的氧也对食品的色、香、味及营养物质保存产生影响。

(二)罐制品的密封

密封是与排气工艺紧密结合，在排气后立即将罐体封闭严实的操作。密封的作用是使罐内与罐外实现隔离；达到罐内一定的真空度；减少罐内氧化发生。

罐制品之所以能长期保存，除杀灭罐内的腐败菌和致病菌外，主要是依靠罐藏容器的密封，使罐内食品与罐外环境完全隔离，不再受到外界环境及微生物污染。罐制品的密封性直接影响着罐制品保藏期的长短，不论何种包装容器，如果未能获得严格的密封，就不能达到较长期保存的目的。因此，罐制品生产过程中要严格控制密封的操作，保证罐制品的密封效果。

(三)罐制品的杀菌

杀菌是在排气、密封后杀灭罐内的致病菌和腐败微生物的操作。

常采用的杀菌方法有常压杀菌法、高压杀菌法等。

罐制品通过加热杀死罐内引起罐制品败坏的微生物。要了解高温对微生物的影响以及热能在杀菌时的传递方式,然后制订出合理的杀菌公式。

在兼顾杀菌的同时,要最大限度地减少罐头内营养物质的损失。

(1)杀菌的目的　一是杀死引起罐制品败坏和产生毒素的微生物;二是起到加热作用,改进制品品质和风味,便于食用。

罐制品的杀菌不同于细菌学上的灭菌,前者是在罐藏条件下杀死造成食品败坏的微生物,即达到“商业无菌”状态,后者是达到完全无菌状态。

(2)杀菌对象菌的选择　由于原料的种类、来源、加工方法和加工卫生条件的不同,罐制品在杀菌前存在着不同种类和数量的微生物,人们不可能也没有必要对所有不同种类的细菌进行耐热性试验。生产上总是选择最常见的耐热性最强并具有代表性的腐败菌,作为主要的杀菌对象菌。

罐制品的酸度(pH)是确定杀菌对象菌的重要因素。不同 pH 的罐制品中,腐败菌的耐热性各不相同。一般情况下,pH 4.5 以下的酸性或高酸性食品,将耐热性低的霉菌和酵母菌作为杀菌对象,生产上容易控制和杀灭。而 pH 4.5 以上的低酸性罐制品,杀菌的主要对象是厌氧性细菌,这类细菌的芽孢抗热力很强。罐制品用产生毒素的肉毒梭状芽孢杆菌的芽孢作为杀菌对象菌。

(3)杀菌公式　杀菌工艺条件主要是确定杀菌温度和时间。其原则是在保证罐制品安全性的基础上,尽可能缩短杀菌时间,以减少热力对罐制品品质的影响。

杀菌温度的确定是以主要对象菌的热力致死温度作为标准。杀菌时间的确定受多种因素的影响,在综合考虑的基础上,通过计算确定。

试验证明,细菌被热力致死的速率与被加热体系内现存细菌数量成反比。这表明热致死速率按对数递减。它意味着在恒定热力条件下,在相等时间间隔内,细菌被杀死的百分比是相等的,即在一定致死温度下,若第一分钟杀死原始菌数的 90%的细菌,第二分钟杀死剩余细菌数的 90%,依次类推。据此,我们给出“D 值”概念,即在一定的环境和一定热致死温度条件下,杀死 90%原有微生物芽孢或营养体数所需要的时间。D 值的大小,与微生物的耐热性有关,D 值越大,它的耐热性越强。

杀菌条件确定后,通常用“杀菌公式”的形式来表示,即把杀菌温度、杀菌时间排列成公式的形式。一般杀菌公式为:

$$\frac{T_1 - T_2 - T_3}{t}$$

式中:T_1 为升温时间(min);T_2 为恒温杀菌时间(保持杀菌温度时间,min);T_3 为降温时间(min);t 为杀菌温度(℃)。

(4)影响杀菌效果的因素　影响罐制品杀菌的因素很多,主要包括以下方面。

①微生物的种类和数量　不同的微生物抗热能力有很大的差异,如嗜热性细菌耐热性最强,芽孢又比营养体更加抗热。而果蔬中所污染的细菌数量,尤其是芽孢数越多,在同样的致死温度下所需的时间越长。

②罐制品的酸度(pH) 制品的酸度对微生物耐热性的影响很大,对于绝大多数微生物来说,它们在pH中性范围内耐热性最强,pH升高或降低都会减弱它们的耐热性。特别是偏酸性条件,促使微生物耐热性减弱作用更明显。

因为罐制品的酸度对微生物及其芽孢的耐热性的影响十分显著,所以果蔬酸度与微生物耐热性这一关系在罐头杀菌的实际应用中具有相当重要的意义。低酸性食品一般采用高温高压杀菌;酸性食品则采用常压杀菌。

③罐制品中的化学成分 罐制品中的糖、淀粉、蛋白质、盐等对微生物的耐热性也有不同程度的影响。糖浓度越高,杀灭微生物芽孢所需的时间越长,而浓度很低时,对微生物耐热性的影响很小;淀粉、蛋白质能增强微生物的抗热性;低浓度的食盐对微生物的抗热性具有保护作用,高浓度的食盐对微生物的抗热性有削弱作用。

④热的传递方式和传热速度 罐制品杀菌时,热的传递主要是以热水或蒸汽为介质,因此杀菌时必须使罐制品都能直接与介质接触。此外,热量由罐的外表传至罐制品中心的速度,对杀菌有很大影响。影响罐制品传热速度的因素主要有罐藏容器的种类和型式、制品的种类和装罐状态、罐制品的初温、杀菌锅的型式和罐制品在杀菌锅中的位置等几个方面。

三、罐制品加工要点

(一)原料的选择

1. 原料基地

罐制品生产是现代机械化程度很高的产业。必须有充足的原料、适宜的品种才能保证罐制品生产的数量与质量。正规罐头厂,要维护其生产顺利进行,必须有可靠的原料基地,以提供生产需要的品种和数量。

2. 原料的选择

罐制原料的选择是保证罐制品质量的关键。一般原料要求:具备优良的质地和色、香、味,糖酸含量高,比例适当,含粗纤维少,无异味,大小适中,形状整齐,耐高温等。

果品常用的罐制原料种类:苹果、梨、桃、杏、柑橘、菠萝等。

蔬菜有:菜豆、番茄、竹笋、石刁柏、荸荠、蘑菇、甜玉米等。

(二)空罐准备

罐藏容器在加工、运输和存放中常附有灰尘、微生物、油脂等污物。因此,使用前必须对容器进行清洗和消毒,以保证容器卫生,提高杀菌效率。

一般金属罐先用热水冲洗,玻璃罐先用清水(或热水)浸泡,然后用毛刷刷洗或用高压水喷洗。不论哪类容器,清洗、冲洗后都要用100 ℃沸水或蒸汽消毒30～60 min,然后倒置沥干水分备用。罐盖也进行同样处理,或用75%酒精消毒。洗净消毒后的空罐要及时使用,不宜长期搁置,以免生锈或受微生物污染。

(三)填充液配制

果蔬罐藏时,除了液态和黏稠态食品(如果酱等)外,一般都要向罐内加注汁液,称为罐液。果品罐头的罐液一般是糖液,蔬菜罐头的罐液多为盐水。

1. 填充液作用

填充液能填充罐内原料以外的空隙。目的在于以下方面:排除空气,减少加热杀菌时的膨胀压力，防止封罐后容器变形；减少氧化对内容物带来的不良影响，保持或增进果蔬风味；提高初温，并加强热的传递效率。

2. 糖液配制

所配糖液的浓度，依水果种类、品种、成熟度、果肉装量及产品质量标准而定。我国目前生产的糖水果品罐头，一般要求开罐糖度为 14%～18%。每种水果罐头加注糖液的浓度，可根据下式计算：

$$Y=\frac{W_3Z-W_1X}{W_2}$$

式中：Y 为需配制的糖液浓度（质量分数，%）；W_1 为每罐装入果肉质量（g）；W_2 为每罐注入糖液质量（g）；W_3 为每罐净重（g）；X 为装罐时果肉可溶性固形物质量分数（%）；Z 为要求开罐时的糖液浓度（质量分数，%）。

生产中常用折光仪或糖度计来测定糖液浓度。由于液体密度受温度的影响，通常其标准温度多采用 20 ℃，所测糖液温度高于或低于 20 ℃，则所测得的糖液浓度还需加以校正。

配制糖液的主要原料是蔗糖，其纯度要在 99%以上。配糖液有两种方法：直接法和稀释法。

直接法就是根据装罐所需的糖液浓度，直接按比例称取砂糖和水，置于溶糖锅中加热搅拌溶解并煮沸，过滤待用。例如，直接法配 30%的糖水，按砂糖 30 kg、清水 70 kg 的比例入锅加热配制。

稀释法就是先配制高浓度的糖液，也称为母液，一般浓度在 65%以上，装罐时再根据所需浓度用水或稀糖液稀释。用十字交叉法计算。

例如，用 65%的母液配 35%的糖液。

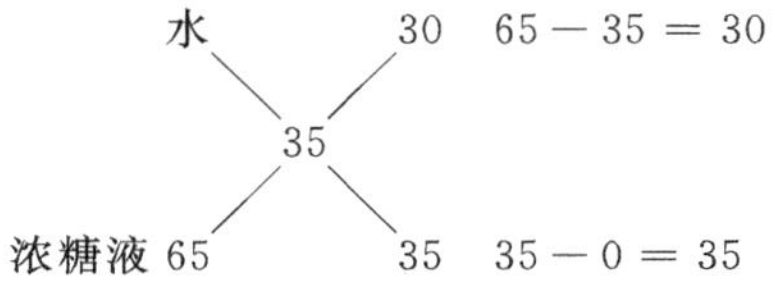

大数减去小数即需用的浓糖液及水的量。上式中，水 30 份、65%浓糖液 35 份，即 6∶7（重量比）混合后就得浓度为 35%的糖液。

糖液配制时要煮沸过滤，因为使用硫酸法生产的砂糖中会有 SO_2 残留，糖液配制时若煮沸一定时间（5～15 min），就可使糖中残留的 SO_2 挥发，以避免 SO_2 对果蔬色泽的影响。煮沸还可以杀灭糖中所含微生物，减少罐头内的原始菌数。糖液必须趁热过滤，滤材选择要得当。另外，对于大部分糖水果品罐头都要求糖液维持一定的温度（65～85 ℃），以提高罐制品的初温，确保后续工序的效果。而个别生产品种如梨、荔枝等罐头所用的糖液，加热煮沸过滤后应急速冷却到 40 ℃以下再行装罐，以防止果肉变红。糖液中需要添加酸时，注意不要过早加入，应在装罐前添加，以防止蔗糖转化而引起果肉变色。

3. 盐液配制

所用食盐应选用精盐，氯化钠含量在 98%以上。配制时常用直接法按要求称取食盐，加水煮沸过滤即可。蔬菜罐制品所用盐水浓度为 1%～4%。

4. 调味液的制备

调味液的种类很多，但配制的方法主要有两种：一种是将香辛料先经一定的熬煮制成香料液，再与其他调味料按比例制成调味液；另一种是将各种调味料、香辛料（可用布袋包裹）一次煮制配成调味液。

（四）装罐

装罐前要对原料进行必要的分选，以保证每瓶产品的质量，力求大小、色泽、形态大致均匀，及时剔除变色、软烂及带病斑的原料。

装罐后将罐头倒置，控水 10 s，以沥净罐内水分。内销一般原料装量 55%，外销 65%。及时加入填充液，装罐量要求误差±3%。装罐速度要快，半成品不应堆积过多，以减少微生物污染机会。

装罐时一定要留顶隙。顶隙是指罐制品内容物表面与罐盖之间所留间隙的距离，一般要求为 3～8 mm。顶隙若过大，会造成内容物装量不足，或排气不足，使罐制品氧化，或排气过足，使罐内真空度过大，杀菌后出现罐盖（体）过度凹陷，造成瘪罐。顶隙过小，在杀菌时罐内制品会受热膨胀，内压过大，而造成罐盖外凸，甚至造成密封性不良，或者形成物理性胀罐。

装罐时要注意卫生，严格操作，保证产品质量。

果蔬罐制品，因其原料及成品形态不一，大小、排列方式各异，多采用人工装罐，对于流体或半流体制品（果汁、果酱）可用机械装罐。装罐时一定要保证装入的固形物达到规定重量。

（五）排气

排气应达到一定的真空度。罐制品真空度是指罐外大气压与罐内残留气压的差值，一般要求在 26.7～40 kPa（200～400 mmHg）。罐内残留气体越多，它的内压越高，而真空度就越低。罐制品内保持一定的真空，能使罐盖维持平坦或微内陷状态，这是正常良好罐制品的外表特征，常作为检验罐制品质量的一个指标。

影响排气效果的因素主要有排气温度和时间、罐内顶隙的大小、原料种类及新鲜度、酸度等。

排气方法有热力排气、真空密封排气、蒸汽密封排气 3 种。

热力排气采用热膨胀原理，有热装罐排气和加热排气两种。热装罐排气适用于流体、半流体或组织形态不会因加热搅拌而受到破坏的制品。加热排气是将装罐后的制品送入排气箱，在具有一定温度的排气箱内经一定时间的排气，使罐头的中心温度达到要求温度（一般在 80 ℃左右）。加热排气的设备有链带式排气箱和齿盘式排气箱。

真空密封排气是借助于真空封罐机将罐头置于真空封罐机的真空仓内，在抽气的同时进行密封的排气方法。此法排气，真空度可达到 33.3～40 kPa。

蒸汽密封排气是一种蒸汽喷射排气方法，它是在罐制品密封前的瞬间，向罐内顶隙部位喷射蒸汽，由蒸汽将顶隙内的空气排除，并立即密封，目前未普及。

（六）密封

罐制品密封是保证其长期不变质的重要环节。罐制品密封的方法和要求视容器的种类而异。

金属罐采用专门的封口机，其主要工艺是使罐身和罐盖相互卷合、压紧而形成紧密重叠卷边的过程。

玻璃瓶有卷封式和旋封式两种，现多采用旋封式密封。

复合塑料薄膜袋采用热熔合方法密封。

(七)杀菌

罐制品密封后，应立即进行杀菌。常用杀菌方法有常压杀菌和高压杀菌。

1. 常压杀菌

杀菌温度在 100 ℃或 100 ℃以下，适合于果品罐制品(酸性)，采用的杀菌介质为热水或热蒸汽。

2. 高压杀菌

杀菌温度为 115～121 ℃，适合于低酸性的蔬菜罐制品，一般用高压杀菌锅。

(八)冷却

杀菌后，应立即冷却，以确保产品的质量。冷却不及时，会对产品造成热处理时间加长，内容物色泽、风味、组织结构均受到影响。

冷却分为常压冷却和反压冷却。

常压杀菌的铁罐制品，杀菌结束后可直接将铁罐取出放入冷却水池中进行冷却；玻璃罐则采用分段冷却，每段温差 20 ℃。高压杀菌须采用反压冷却，即向杀菌锅内注入高压冷水或高压空气，以水或空气的压力代替热蒸气的压力，既能逐渐降低杀菌锅内的温度，又能使内部的压力保持均衡的消降。制品冷却至 38～43 ℃即可。

(九)检验

果蔬罐制品的检验方法及检验规则如下：

1. 保温检验

在 20 ℃时常温保存 7 昼夜或 25 ℃条件下保存 5 昼夜，保温后按质量标准进行检验，合格产品包装。

2. 感官指标检验

在室温下将罐制品打开，将内容物倒入白瓷盘中观察色泽、组织、形态是否符合标准；检验是否具有该产品应有的滋味与气味，并评定其滋味和气味是否符合标准。

3. 理化指标检验

净含量按 JJT 1070—2005 标准检验；可溶性固形物含量、酸含量和重金属含量(测定锡、铜、铅、砷)按 NY/T 1047—2021 规定的方法检验；氯化钠含量按 GB/T 5009.44—2016 规定的方法检验；微生物按 GB 4789.26—2013 规定的方法检验。

4. 检验规则

罐头制品应符合相应产品的国家标准、行业标准或企业标准，如《罐头食品检验规则》(QB/T 1006—2014)、《梨罐头》(QB/T 1379—2014)、《热带、亚热带水果》(QB/T 1380—2014)、《葡萄罐头》(QB/T 1382—2014)《糖水李子罐头》(QB 1383—1991)、《杏罐头》(QB/T 1611—2014)、《竹笋罐头》(QB/T 1406—2014)、《绿色食品　水果、蔬菜罐头(NY/T 1047—2021)等。

【知识拓展】

一、罐藏加工的发展历史

罐藏技术自1804年法国的尼古拉·阿培尔发明以来，经过200多年的历史，已发展成为当代保藏食品的重要手段。当初由于对引起食品腐败变质的主要因素——微生物还未认识，其技术上发展较慢，到1864年法国人巴斯德发现了微生物，为罐藏技术发展奠定了理论基础，使罐藏技术得到较快发展，并成为食品工业的重要部分。在我国，罐头工业始于1906年。改革开放以来，罐制品行业的规模、产量和品种均有了很大的发展，果蔬罐制品的出口量很大。我国果蔬罐制品出口形成了蘑菇、橘子、芦笋、番茄酱争雄国际市场的格局，这些产品在国际市场上占有较大市场份额且增长速度迅猛。我国加入WTO后，果蔬罐制品面临新的机遇和挑战。采用新技术、新工艺、新设备，如采用国际上先进的良好作业规范(GMP)及危害分析和关键控制点(HACCP)技术质量管理系统，已成为我国罐制品生产企业的当务之急。今后我国罐制品将在加大科技投入和培育集团方面有重大突破。

二、常见质量问题及解决途径

罐制品生产过程中，原料处理不当、加工不合理、操作不慎、成品贮藏条件不适宜等，往往会使罐制品发生败坏。

(一)胀罐

合格的罐制品，其底部、盖部中心部位略平或呈凹陷状态。当罐制品内部的压力大于外界空气压力时，会造成罐制品底盖鼓胀，称为胀罐或胖听。胀罐分物理性胀罐、化学性胀罐、细菌性胀罐3种。

1. 物理性胀罐

(1)原因　罐制品内容物装得太满，顶隙过小；加压杀菌后，降压过快，冷却过速；排气不足或贮藏温度过高等。

(2)防止措施　严格控制装罐量；注意装罐时顶隙大小要适宜，控制在6～8 mm；提高排气时罐内中心温度，排气要充分，封罐后能形成较高的真空度；加压杀菌后反压冷却速度不能过快；控制罐制品适宜的贮藏温度。

2. 化学性胀罐(氢胀罐)

(1)原因　高酸性制品中的有机酸与金属容器内壁起化学反应，产生氢气，导致内压增大而引起胀罐。

(2)防止措施　罐体宜采用涂层完好的抗酸全涂料钢板制作，以提高罐体对酸的抗腐蚀性能；防止空罐内壁受机械损伤而出现露铁现象。

3. 细菌性胀罐

(1)原因　杀菌不彻底或密封不严使细菌重新侵入而分解内容物，产生气体，使罐内压力增大而造成胀罐。

(2)防止措施　罐藏原料充分清洗或消毒，严格注意加工过程中的卫生管理，防止原料及半成品的污染；在保证罐制品质量的前提下，对原料进行热处理，以杀灭产毒致病的微生物；在预煮水或糖液中加入适量的有机酸，降低罐制品的pH，提高杀菌效果；严格封罐质量，防止密封不严；严格杀菌环节，保证杀菌质量。

（二）罐内壁腐蚀

（1）影响因素　影响罐内壁腐蚀的主要因素有氧气、酸、硫及硫化物、贮藏环境的相对湿度。氧气是金属的强氧化剂，罐制品内残留氧的含量，对罐藏容器内壁腐蚀起决定性作用，氧气量越多，腐蚀作用越强；含酸量越多，腐蚀性越强；当硫及硫化物混入罐制品中，易引起硫化斑；贮藏环境相对湿度过大，易造成罐外壁生锈、腐蚀等。

（2）防止措施　排气要充分，适当提高罐内真空度；注入罐内的填充液要煮沸，以除去填充液中的 SO_2；对于含酸或含硫高的内容物，容器内壁一定要采用抗酸或抗硫涂料；贮藏环境相对湿度不能过大，保持在 70%～75%及以下为宜。

（三）罐内汁液混浊与沉淀

（1）原因　加工用水中钙、镁等离子含量过高，水的硬度大；原料成熟度过高，热处理过度；贮藏不当造成内容物冻结，解冻后内容物松散、破碎；杀菌不彻底或密封不严，微生物生长繁殖等。

（2）防止措施　加工用水进行软化处理；控制温度不能过低；严格控制加工过程中的杀菌、密封等工艺条件；保证原料适宜的成熟度等。

任务四　蔬菜腌制

【知识目标】

了解蔬菜腌制品的分类和各种腌制品的特点，掌握蔬菜在腌制过程中色、香、味的形成机理。

【技能目标】

能熟练地对蔬菜腌制原料进行预处理；掌握各类蔬菜腌制品的加工工艺；能解决蔬菜腌制品腌制过程中的常见问题；能够运用所学知识制作出合格的蔬菜腌制品。

【德育目标】

注重食品安全，养成良好职业道德。

【任务实施】

蔬菜腌制是我国蔬菜加工历史中应用最普遍、方法最古老的蔬菜加工方法。其制法简单、成本低廉、保存容易、风味佳美，一直以来受到人们的欢迎，如重庆涪陵榨菜、四川泡菜、东北酸菜、北京八宝酱菜等。其原理是利用食盐渗入蔬菜组织内部，降低其水分活度，提高其渗透压，有选择地控制微生物的发酵，同时能够抑制有害微生物的生长，增强保藏性能，并添加各种配料，保持其食用品质。其制品称为蔬菜腌制品。发酵蔬菜、泡菜、榨菜都是蔬菜腌制品。

一、蔬菜腌制品的分类

蔬菜腌制品的种类繁多，根据腌制工艺和食盐用量的不同、成品风味等的差异，可分为发酵性腌制品和非发酵性腌制品两大类。

(一)发酵性腌制品

这类腌制利用低浓度的盐分,在腌制过程中,经过乳酸菌发酵,并伴有轻微的酒精发酵,利用乳酸菌发酵所产生的乳酸与加入的食盐及调味料等一起达到防腐的目的,保藏蔬菜并改善或增进其风味。这一类的代表产品为泡菜和酸菜等。

发酵性腌制品,根据发酵原料、配料的含水量不同,一般分为湿态和半干态发酵两种。湿态发酵是原料在一定的卤水条件下进行腌制,如酸菜。半干态发酵是让水分失去一半左右,再用食盐及配料混合后腌渍,如榨菜。由于这类腌制品本身含水量较低,保存期较长。

(二)非发酵性腌制品

此类制品在腌制过程中,不经发酵或微弱发酵,主要利用高浓度的食盐、糖及其他调味品进行保藏和增进风味。非发酵性腌制品依所含配料及风味不同,分为咸菜、酱菜和糖醋菜三大类。

(1)咸菜类　咸菜是一种腌制方法比较简单,大众化的腌制品。咸菜类主要利用较高浓度的食盐溶液来保藏,并通过腌制改变蔬菜的风味,由于味咸,称为咸菜。代表品种有咸萝卜、咸雪里蕻、咸大头菜等。

(2)酱菜类　将蔬菜经盐渍成咸坯后,再经过脱盐酱渍而成的制品称为酱菜类,如什锦酱菜、北京八宝菜、酱黄瓜等。制品不仅具有原产品的风味,同时吸收了酱的色泽、营养和风味,酱的质量和风味对酱菜质量有极大影响。

(3)糖醋菜类　是将蔬菜制成咸坯并脱盐后,再经盐糖醋渍而成。糖醋汁不仅有保藏作用,同时使制品酸甜可口,如南京糖醋萝卜、北京白糖蒜等。

二、原理

蔬菜腌制主要是利用食盐的高渗透、微生物的发酵作用及蛋白质的分解作用等一系列的生物化学作用,达到抑制有害微生物的活动。

(一)食盐的保藏作用

食盐是蔬菜腌制中的重要辅料,除具有调味作用外,更重要的是具有防腐保鲜作用,具体有以下几个方面:

1. 高渗透压作用

食盐溶液具有较高的渗透压,1%的食盐可产生 0.18×10^5 Pa 的渗透压,腌渍时食盐用量在 4%～15%,能产生 $(24.72\sim92.71)\times10^5$ Pa 的渗透压。大多数微生物细胞渗透压为 $(3.54\sim16.92)\times10^5$ Pa,食盐溶液渗透压大于微生物细胞渗透压,微生物细胞内的水分会外渗产生生理脱水现象,造成质壁分离,从而使微生物活动受到抑制,甚至会由于生理干燥而死亡。不同种类的微生物具有不同的耐盐能力,一般对腌制有害的微生物对食盐的抵抗力较弱。表 3-4 列出了几种微生物能忍耐的最大食盐浓度。

从表 3-4 中看出,霉菌和酵母菌对食盐的耐受力比细菌大得多,酵母菌的耐盐性最强,达到 25%,而大肠杆菌和变形杆菌分别在 6%和 10%的食盐溶液中就可以受到抑制。这种耐受力均是溶液呈中性时测定的,若溶液呈酸性,则所列的微生物对食盐的耐受力就会降低。如酵母菌在中性溶液中对食盐的最大耐受浓度为 25%,但当溶液的 pH 降到 2.5 时,只需 14%的食盐浓度就可抑制其活动。

表 3-4 几种微生物能忍耐的最大食盐浓度 %

菌种名称	食盐浓度	菌种名称	食盐浓度
植物乳杆菌	13	肉毒杆菌	6
短乳杆菌	8	变形杆菌	10
发酵菌	8	醛酵母	25
甘蓝酸化菌	12	霉菌	20
大肠杆菌	6	酵母菌	25

2. 抗氧化作用

与纯水相比，食盐溶液中的含氧量较低，对防止腌制品的氧化具有一定的作用。食盐可以减少腌制时蔬菜周围氧气的含量，抑制好氧微生物的活动；同时通过高浓度食盐的渗透作用，可排除组织中的氧气，从而抑制氧化作用的发生。

3. 降低水分活度的作用

食盐溶于水就会电离成 Na^+ 和 Cl^-，每个离子都迅速和周围的自由水分子结合成水合离子状态。随着溶液中食盐浓度的增加，自由水的含量会越来越少，水分活度会下降，这大大降低了微生物利用自由水的程度，使微生物生长繁殖受到抑制。此外，食盐溶于水后离解出的 Na^+，能和细胞中原生质的阴离子结合，因而对微生物有毒害作用，并且随着 pH 的降低，Na^+ 的毒害作用加强。

总之，食盐的防腐效果随浓度的提高而加强。但如果浓度过高，会延缓有关的生物化学变化，当盐量达到 12%时，就会感到咸味过重且风味不佳。因此，用盐量必须合适。生产上，人们使用食盐，结合压实、隔绝空气、促进有益菌群快速发酵等措施来共同抑制有害微生物的活动，从而生产出优质蔬菜腌制品。

(二)微生物的发酵作用

在腌制品中都有不同程度的微生物发酵作用。有利于保藏的发酵作用如乳酸发酵，不但能抑制有害微生物的活动，还能使制品形成特有风味。也有不利于保藏的有害发酵作用，如丁酸发酵等，要尽量加以抑制。

1. 乳酸发酵

乳酸菌将原料中的糖分分解生成乳酸及其他物质的过程称为乳酸发酵。一般认为，凡是能产生乳酸的微生物都可称为乳酸菌。一般发酵性蔬菜腌制品都有乳酸发酵过程。乳酸菌一般以单糖(葡萄糖、果糖等)和双糖(蔗糖、麦芽糖等)为原料，主要生成物为乳酸。乳酸发酵的最适温度为 25～32 ℃。乳酸菌多为杆菌和球菌。常见的乳酸菌有植物乳杆菌、德氏乳杆菌、肠膜明串珠菌、短乳杆菌、小片球菌等。

(1)乳酸发酵的类型

①正型乳酸发酵　又称同型乳酸发酵，总反应式如下：

$$C_6H_{12}O_6(\text{单糖}) \xrightarrow{\text{正型乳酸发酵}} 2CH_3CHOHCOOH(\text{乳酸})$$

这种乳酸发酵只生成乳酸，而且产酸量高。参与正型乳酸发酵的有植物乳杆菌和乳酸片球菌等，在合适条件下可积累乳酸量达 1.5%～2.0%。

②异型乳酸发酵　是发酵六碳糖产生乳酸及其他产物的过程。例如，肠膜明串珠菌发酵

除生成乳酸外，还生成乙醇和二氧化碳。

$$C_6H_{12}O_6 \xrightarrow{\text{异型乳酸发酵}} CH_3CHOHCOOH + C_2H_5OH(\text{乙醇}) + CO_2\uparrow$$

蔬菜腌制前期，由于蔬菜内含有空气，并存在大量微生物，异型乳酸发酵占优势，中后期以正型乳酸发酵为主。

(2)影响乳酸发酵的因素

腌制品是以乳酸发酵占主导地位。要想充分利用好乳酸菌，从而达到保藏产品、提高质量的目的，必须满足乳酸菌生长所需要的环境条件。影响乳酸发酵的因素很多，主要有以下几个方面。

①食盐浓度　食盐溶液可以起到防腐作用，对产品的风味有一定的影响，也影响到乳酸菌的活动能力。经过实验证明，随食盐浓度的增加，乳酸菌的活动能力下降，产生乳酸量减少。在3%～5%的盐水浓度时，发酵产酸量最为迅速，乳酸生成量多。盐水浓度在10%时，乳酸发酵作用大为减弱，乳酸生成较少。盐水浓度达15%以上时，发酵作用几乎停止。所以，腌制发酵性制品一定把握好食盐的用量。

腌制中用盐的计算方法：

A. 用盐水腌制：

$$S = \frac{P(Y+W)}{100-P}$$

式中：S 为 100 kg 原料应加入干盐量；P 为预计腌制后蔬菜组织中食盐浓度所达百分率；Y 为原料含水量；W 为腌菜 100 kg 所预计加入清水量。

B. 用干盐腌制：

$$S = \frac{P \cdot Y}{100-P}$$

②温度　乳酸菌的生长适宜温度是26～30 ℃，在此温度范围内，乳酸发酵快，产酸高。但此温度也利于腐败菌的繁殖，因此，发酵温度最好控制在15～20 ℃，使乳酸发酵更安全。

③酸度　微生物的生长繁殖均要求有一定的pH。如表3-5所示，乳酸菌较耐酸，在pH<3时不能生长，霉菌和酵母虽抗酸，但缺氧时不能生长。因此，发酵前加入少量酸卤水，并注意密封，可减少制品的腐败和变质。

表 3-5　几种主要微生物发育的最低 pH

种类	腐败菌	丁酸菌	大肠杆菌	乳酸菌	酵母	霉菌
最低 pH	4.4～5.0	4.5	5.0～5.5	3.0～4.4	2.5～3.0	1.2～3.0

④空气　乳酸发酵需要在嫌气条件才能正常进行，这种条件能抑制霉菌等好气性腐败菌的活动，也能防止原料中维生素C的氧化，所以在腌制时，要压实密封，还应注意盐水淹没原料以隔绝空气。

⑤含糖量　乳酸发酵是将蔬菜原料中的糖转变成乳酸。1 g糖经过乳酸发酵可生成0.5～0.8 g乳酸，一般发酵性腌制品中含乳酸应为0.7%～1.5%。蔬菜原料中的含糖量常为1%～3%，基本可满足发酵的要求。有时为了促使发酵作用，发酵前可加入少量糖。

2. 酒精发酵

在蔬菜腌制过程中同时伴有微弱的酒精作用。酒精发酵是由于酵母菌将蔬菜中的糖分分

解而生成酒精和CO_2,其反应式如下:

$$C_6H_{12}O_6 \longrightarrow 2CH_3CH_2OH + 2CO_2\uparrow$$

葡萄糖　　　　乙醇(酒精)

蔬菜腌制中所生成的乙醇,除直接由酵母菌产生外,还包括由大肠杆菌和肠膜明串珠菌等活动所生成的一部分乙醇。在蔬菜腌制初期,由于原料淹没在水中引起的无氧呼吸,也可产生微量的乙醇。乙醇的积累对腌制品在后熟期中发生脂化反应生成芳香物质是很重要的。

3. 醋酸发酵

在蔬菜腌制中也有微量的醋酸形成。极少量的醋酸不但无损于腌制品的品质,反而有利。只有过多时才会影响成品的品质。醋酸主要是由醋酸菌氧化乙醇而生成。这一作用称为醋酸发酵,其反应式如下:

$$2CH_3CH_2OH + O_2 \longrightarrow 2CH_3COOH + 2H_2O$$

乙醇　　　　　　　醋酸

醋酸菌仅在有空气存在的条件下才可能使乙醇氧化变成醋酸。因此,腌制品要及时装罐封口,隔离空气,避免醋酸产生。

总之,在蔬菜腌制过程中微生物发酵作用主要是乳酸发酵,其次是酒精发酵,醋酸发酵极轻微。制作泡菜和酸菜时,要利用乳酸发酵;制作咸菜及酱菜时,则必须抑制乳酸发酵。

在腌制过程中常出现不正常现象,如"生花""长霉"等,这些都是有害发酵的结果,在腌制中要严格控制。它们多为酒花菌和丁酸发酵所致,要严格按工艺要求,控制好环境条件,从而保证腌制品的质量。

(三)蛋白质分解作用

蛋白质的分解作用及其产物氨基酸的变化是腌制过程中的生化作用,它是腌制品色、香、味的主要来源。蛋白质在蛋白酶作用下,逐步被分解为氨基酸。而氨基酸本身具有一定的鲜味和甜味。如果氨基酸进一步与其他化合物作用,就可以形成复杂的产物。蔬菜腌制品色、香、味的形成都与氨基酸有关。蛋白质分解反应式如下:

$$\text{蛋白质} \xrightarrow{\text{蛋白酶}} \text{多肽} \xrightarrow{\text{肽酶}} RCH(NH_2)COOH\text{(氨基酸通式)}$$

1. 鲜味的形成

除了蛋白质水解生成的氨基酸具有一定的鲜味外,其鲜味主要来源于谷氨酸与食盐作用生成谷氨酸钠。反应式如下:

$$HOOC—CH_2—CH_2—CH(NH_2)—COOH + 2NaCl \longrightarrow$$

谷氨酸

$$NaOOC—CH_2—CH_2—CH(NH_2)—COONa + 2HCl$$

谷氨酸钠(味精)

除了谷氨酸有鲜味外,另一种鲜味物质天冬氨酸的含量也较高,其他氨基酸如甘氨酸、丙氨酸、丝氨酸等也有助于鲜味的形成。

2. 香气的形成

氨基酸、乳酸等有机酸能与发酵过程中产生的醇类相互作用，发生酯化反应，形成具有芳香气味的酯。如氨基酸和乙醇作用生成氨基丙酸乙酯；乳酸和乙醇作用生成乳酸乙酯。氨基酸还能与戊糖的还原产物4-羟基戊烯醛作用，生成含有氨基类的烯醛类香味物质，都为腌制品增添香气。此外，乳酸发酵过程除生成乳酸外，还生成具有芳香味的双乙酰；十字花科蔬菜中所含的黑芥子苷在酶的作用下分解产生的黑芥子油，也给腌制品带来芳香。

3. 色泽的形成

蛋白质水解生成氨基酸，氨基酸能与还原糖作用，发生非酶褐变，形成黑色物质；酪氨酸在酪氨酸酶或微生物的作用下，可氧化生成黑色素，这是腌制品在腌制和后熟过程中色泽变化的主要原因。腌制和后熟时间越长，温度越高，制品颜色越深。另外，腌制过程中叶绿素也会发生变化而逐渐失去鲜绿的色泽，特别是在酸性介质中，叶绿素发生脱镁，呈黄褐色，也使腌制品色泽改变。

（四）脆度的变化

腌制品一般要求保持一定的脆度。腌制过程处理不当会使腌菜变软。蔬菜脆度主要与鲜嫩细胞和细胞壁的原果胶变化有密切关系。腌制初期蔬菜失水萎蔫，细胞膨压下降，脆性减弱。在腌制过程中，盐液的渗透平衡，又能使细胞恢复一定的膨压而保持脆度。腌制前原料过熟，会使原果胶被蔬菜本身的果胶酶水解，或在腌制中一些微生物分泌的果胶酶水解生成果胶酸，失去黏结作用，结果腌制品的硬度下降，甚至软烂。

保脆的方法：一是防止霉菌生长引起的腐烂；二是在溶液中加入 $CaCl_2$、$CaCO_3$ 等保脆剂，用量为菜重的0.05%。

总之，蔬菜腌制加工，虽没有进行杀菌处理，但由于食盐的高渗透压作用和有益微生物的发酵作用，许多有害微生物的活动被抑制，加之本身所含蛋白质的分解作用，不仅能使制品得以长期保存，而且形成一定的色泽和风味。在腌制加工过程中，掌握好食盐浓度与微生物活动及蛋白质分解各因素间的相互关系，是获得优质腌制品的关键。

三、常见蔬菜腌制加工

原料选择总的要求是组织致密，质地脆嫩，含纤维少，含糖较高，以利于发酵。不同的蔬菜种类有不同的规格要求。

（一）酸菜的发酵

腌制酸菜原料在入缸发酵前要适当晾晒，脱除部分水分使菜体收缩，组织柔软。晒好后可热烫或直接入缸，可在菜层间少量放盐或不放，并用重物压紧压实菜体，加清水没过菜体，在15～20 ℃下发酵。

（二）泡菜的发酵

将处理好的原料稍加晾晒后入坛并压紧，装至整坛容量的3/5左右，加入配料及6%～8%浓度的盐水，进行发酵，同时注意密封槽中水位，及时添加。

（三）咸菜的盐渍

晾晒1～2 d，使原料失去部分水分，经过清洗将蔬菜入缸（或池内），根据原料含水量不同，可采用干盐和盐水两种方法腌制。

(四)酱菜的酱渍

酱渍是原料经过处理、盐腌、脱盐后用酱料腌制。酱菜的质量与酱的品质有密切关系。

(1)制酱　原料不同,酱的质量会有一定差异。酱有豆酱和面酱两种,制作工艺基本相同。

(2)豆酱的制作　将黄豆洗净,用凉水浸泡约 24 h,捞出蒸煮约 3 h,豆粒熟软后取出冷却,每 100 kg 黄豆拌入面粉约 50 kg 捣碎,制成坯子,切成小块接上种曲,拌匀后堆置在木盘等容器内,移入室内使其长霉。室温保持 26～28 ℃,品温在 38～40 ℃,待坯子表面长满大量黄色菌时取出,刷去霉菌孢子,搓碎入缸,加入食盐水并充分搅拌均匀,即可曝晒或人工加温酿制。食盐水的配制比例约为 100 kg,加盐 50 kg。晒制或酿制时,要随时搅拌并注意防尘、防蝇、保持清洁卫生。待制品显出棕黄酱色,散发出特有的酱香时即成熟。

(3)酱渍　经过盐腌的半成品,在清水中泡 1～2 d,进行脱盐,以除去组织中过多的盐分与不良气味,使咸坯盐分含量在 10%,沥干水分后即可浸入酱内进行酱制。酱制有 3 种方法:一是直接将原料放于酱中;二是原料与酱层积;三是较小的原料用布袋包装后放于酱中。

(五)糖醋菜的糖醋渍

经盐腌、脱盐的菜坯,用糖醋液浸泡即制成糖醋菜。糖醋液的配制方法很多,选用较习惯的配方进行加工。

(六)腌制品的包装和贮存

腌制包装容器主要有坛、篓,小型包装可用罐藏容器,也可采用多层复合塑料袋。

包装的目的是利于产品的保藏,便于运输,并对产品起到一定宣传作用。应根据不同腌制品的特点,采用适宜包装。

腌制品较易贮存,一般不采用特殊设备,但宜贮存在阴凉干燥处,严防日晒雨淋等。

【知识拓展】

一、蔬菜腌制产品的发展历史

蔬菜腌制在我国具有悠久的历史,最早可追溯到周朝,距今有 3 000 多年。

据《周礼·天官》记载:“大羹不致五味,铏羹加盐菜。”所谓羹就是用肉或咸菜做成的汤。这是我国关于酱腌菜最早的文字记载。

《诗经》是我国最早的诗集,它记载了公元前 10 世纪至公元前 6 世纪黄河流域的民歌,其中有“中田有庐,疆场有瓜,是剥是菹,献之皇祖”的诗句。庐和瓜是指蔬菜,剥和菹是腌渍加工的意思。

据汉代许慎《说文解字》解释:“菹菜者,酸菜也。”菹菜是经过乳酸发酵的酸菜。酸菜可以是盐或盐水渍菜,也可以是清水渍菜,现在都统称为渍菜。

秦汉时期由于豆麦酱的出现,蔬菜由腌制逐步发展到酱渍,而我国人民在公元前就掌握的曲霉技术,进一步促进了酱腌菜加工工艺的发展。

1971 年在湖南长沙马王堆西汉古墓出土的大量殉葬品中,有酱也有豉,还有豆豉姜,这是我国迄今发现的最早的酱菜实物证据,它可以说是世界上贮藏最久的酱菜。酱和豉只是形状不同,实质一样,因此可以说豆豉姜就是酱姜。直到现在,湖南还有豆豉姜这种酱渍菜。据此推断，我国酱渍菜可能起源于2 000多年前。

在东汉的《四民月令》中有“正月可作诸酱，上旬炒豆，中旬煮之，以碎豆作末都，至六七月之交，分以藏瓜”的记载。隋代杜台卿注：“末都，酱属也。”这是我国迄今发现的用豆酱做酱瓜的最早例证。

经过长期的实践，我国蔬菜腌制的生产技术和花色品种由少到多，由简单到复杂，逐步发展起来。到了南北朝时期，各种类型的腌制产品相继出现。

北魏时期，我国历史上伟大的农学家贾思勰在他的《齐民要术》一书中记载了许多不同品种的酱菜的制作方法，例如用酱油做酱菜，用酒糟做糟菜，用食醋做酸酱菜，用糖蜜做甜酱菜等。《齐民要术》是当时对古代腌菜、酸菜、酱菜的种类和制作方法记载最为全面和详细的一本书，其中有些品种现在已经失传。

《诸病源候论》中记载有“盐苜蓿，茭白”，苜蓿又叫金花菜，茭白是菰的新芽，菰即菇。《唐代地理志》载有“兴元府土贡夏蒜、冬笋糟瓜”。所谓糟瓜，就是现在的糟渍菜。

宋朝《东京梦华录》对酱腌菜记载得更详细。据称当时汴京的两家张姓酒店“唯以好淹藏菜蔬，卖一色好酒”。所谓淹藏菜蔬品种繁多，主要有姜辣萝卜、生腌木瓜、广芥瓜儿、杏片、梅子姜、西京笋、芥辣瓜儿、糖荔枝、越梅等。故当时的爱国诗人陆游写有“菘芥可菹芹可羹”的诗句。

经过长期生产实践，蔬菜腌制生产发展到明清时，其工艺和品种都已经有了很大的进步。很多古籍，如明代刘基所撰写的《多能鄙事》、清代袁枚所著的《随园食单》等对酱腌菜都有详尽的记载，其加工工艺、酱菜品种一直流传至今，目前很多酱菜的做法基本沿袭传统制法。

明朝《便民图纂》中记有香萝卜的制作方法，其法是“切作骰子状，盐腌一宿，晒干，用姜丝、桔丝、莳萝、茴香，拌匀煎滚”。这跟现代生产的五香萝卜干相似。

蔬菜的腌制传沿到清朝，品种更是丰富多彩。诸如北京、天津、山西、陕西、河南、江苏等地都有各具风味的酱菜。浙江的五香大头菜，四川的冬菜、榨菜，安徽九华山的糖冰姜等，已经形成独特的风格，成为大众喜爱的佐餐副食品。《随园食单》记载：“腌冬菜黄芽菜，淡则味鲜，咸则味恶。然欲久放非盐不可。常腌一大坛三伏时开之，上半截虽臭烂，而下半截香美异常，色白如玉。”

蔬菜腌制产品是我国各族人民喜欢的调味副食品之一。由于具有鲜甜脆嫩或咸鲜辛辣等独特香味，又具有一定的营养价值，酱腌菜深得群众青睐，成为人们日常生活中不可缺少的调味副食品。

二、蔬菜腌制生产过程中的质量控制和质量管理

(一)生产场所的卫生要求

蔬菜腌制加工首先必须具备符合食品卫生条件的生产场所，必备的生产设备和设施，保证产品质量安全的必备条件。生产场所的卫生条件必须严格按照《食品安全国家标准　食品生产通用卫生规范》(GB 14881—2013)的标准执行，员工必须养成良好的卫生习惯，工厂日常的卫生管理制度不能流于形式，必须贯彻落实到日常管理工作中去。

(二)原辅料选购的质量要求

1．蔬菜腌制产品

质量安全取决于原料蔬菜的选购，包括选用的蔬菜新鲜程度是否满足工艺的需要，蔬菜在采购、盛放、运输、加工、贮藏过程中是否受到过污染。

2. 蔬菜腌制加工

所用到的各种基本调味料(食盐、酱油、辣椒面、植物油、味精等)是否符合质量要求等也是需要生产企业高度重视的问题。如果原辅材料中涉及已纳入 SC 管理的产品,必须采购有证企业生产的合格产品。

(三)食品添加剂使用和管理制度

严格按照《食品添加剂使用标准》(GB 2760—2014)的要求,正确使用食品添加剂。上述标准明确规定,在低盐腌制产品中可以使用防腐剂(最大使用量:苯甲酸≤0.5 g/kg、山梨酸≤0.5 g/kg),食盐含量在9%以上的高盐腌制菜中不可以使用苯甲酸、山梨酸作为防腐剂。食盐含量在9%以下的低盐腌制菜,可以限量使用防腐剂。但是,不论是低盐腌制菜还是高盐腌制菜,都可以使用脱氢乙酸防腐剂,脱氢乙酸的最大使用量≤0.3 g/kg。此外,腌制菜允许使用阿斯巴甜(又名甜味素),这是一种可在各类食品(罐头食品除外)中按生产需要适量使用的甜味剂,但必须在阿斯巴甜名称后面标明"(含苯丙氨酸)"字样。腌制菜中不允许使用着色剂(柠檬黄、日落黄),更不允许使用苏丹红等工业染料,只可以使用姜黄,姜黄的最大使用量≤0.01 g/kg。

(四)生产用水的质量要求

如果腌菜用水的水质不好,不符合《生活饮用水卫生标准》(GB 5749—2022)的要求,比如井水或地下水中含有亚硝酸盐,会造成腌制品中硝酸盐和亚硝酸盐增加。此外,不符合要求的水中的重金属(铅)也会严重影响产品质量。因此,使用井水或地下水作为生产用水的企业,必须每半年主动将生产用水取样送检一次,避免水质受到污染,只有符合 GB 5749—2022 要求的水质,才能继续用于生产。

(五)生产过程的质量控制

在腌制过程中,腌制工艺的控制使亚硝酸盐含量符合国家标准要求也是质量控制的关键。在腌制过程中,如果加入的盐量不足或者环境温度过高,有害生物的侵染会加速亚硝酸盐的形成,致使咸菜中亚硝酸盐增加。腌制品中亚硝酸盐的含量,在腌制过程中有一个明显的增长高峰,待这个高峰过去后,亚硝酸盐的含量就会逐渐降低,直至消失。由此看来,酱腌菜中的亚硝酸盐含量是完全可以控制的。腌制菜生产企业要特别注意。此外,在灭菌、成品包装等工序中也要加强管理,才能使产品的大肠菌群、致病菌等卫生指标符合要求。

三、过量食用蔬菜腌制品的危害

(一)大量吃腌菜容易引起人体维生素 C 缺乏和结石

蔬菜在腌制过程中,维生素 C 被大量破坏。腌制后,维生素 C 几乎"全军覆灭"。大量吃腌菜,人体维生素 C 缺乏。因此,适当吃腌菜可以调节胃口,增加食欲,但若过量食用,则是不可取的。如果长期食用,还可能引起其他疾病。

(二)可能含有致癌物质亚硝酸胺

腌制类食品应限食的原因,是其在加工过程中会加入很多盐,盐分中含有杂质,如亚硝酸盐、硝酸盐等,可能产生亚硝酸胺等有害物质。在腌制的过程中,腌制食品易被细菌污染。如果加入食盐量少于15%,蔬菜中的硝酸盐可能被微生物还原成亚硝酸盐。腌制1 h后亚硝酸盐含量增加,亚硝酸盐可持续2～3周。亚硝酸盐在体内遇到胺类化合物时,会生成一种致癌物质亚硝酸胺。因而常吃腌制类食品对身体不利。

(三)盐分过高,影响黏膜系统

食品在腌制过程中,需要大量放盐,这会导致此类食物钠盐含量超标,造成进食者肾脏的负担加重,患高血压的风险增高。

世界卫生组织建议正常人每人每日盐摄入量不超过 5 g,中国营养学家建议不超过 6 g。在我国,北方人平均每日食盐量 15～20 g,高血压患病率为 10%;南方人平均每日食盐量 12～13 g,高血压患病率为 5%～7%。

当吃得太咸时,体内摄入大量盐分,盐分透过肠黏膜首先进入血液循环之中,血液中的盐分过高,必须要吸收水分来稀释,所以人会觉得口干,于是便大量喝水。这些水分进入血液中,便使得血液的量增多。如果血液中没有过量的盐,水分便不能在血液中保留,很快经肾脏排泄出去;而血液中盐分过高时则不同,盐把水分保留在血液中,增高了血压。

任务五 果蔬速冻

【知识目标】

掌握果蔬速冻原料的选择和预处理方法;掌握果蔬速冻制品的加工工艺过程;通过对果蔬速冻原理的学习,掌握速冻对果蔬速冻制品质量的影响。

【技能目标】

能熟练地对果蔬速冻制品原料进行预处理;能掌握各类速冻设备的操作;能解决果蔬速冻制品制作过程中的常见问题。

【德育目标】

根据产品速冻工艺,确保产品质量。

【任务实施】

果蔬速冻虽然在 20 世纪 30 年代才开始出现,但由于速冻效果好,能较好地保持果蔬的色、香、味和新鲜状态,且保存时间长,可随时供应,食用方便,发展速度较快。特别是近 20 年来,随着人们生活水平的提高,冷链运输和家用冰箱的普及,速冻果蔬的发展更为迅猛,而国际市场的需求也在不断增加,速冻果蔬已成为发展前景广阔的方便食品。

速冻产品质量控制是关键,必须从原料、速冻工艺、冷冻贮藏、流通食用等多个环节进行综合控制,根据冷冻食品生产的实践和现代食品加工的要求采取综合措施,才能保证产品质量。同时,要定期对生产车间及环境进行杀菌消毒,保证速冻加工品的卫生和质量安全。

一、概念

果蔬速冻加工:就是将新鲜果蔬经加工处理后,以迅速结晶的理论为基础,采用各种办法加快热交换,在 30 min 或更少的时间内,于－35 ℃以下速冻,使果蔬快速通过冰晶体最高形成阶段而冻结,包装后贮藏于－18 ℃以下冷冻库中,达到长期保存目的的过程。

二、原理

果蔬速冻是现代食品冷冻的最新技术和方法。

(一)低温对微生物的影响

微生物生长、繁殖都有适宜的温度范围,其生长繁殖最快的温度称为最适温度,高于或低于此温度,微生物活动即受到抑制、停止甚至死亡。多数微生物在低于 0 ℃的温度下生长即被抑制,其繁殖的临界温度是－12 ℃。因此冷冻食品的冻藏温度一般要求低于－12 ℃,通常为－18 ℃或更低温度。

(二)低温对酶的影响

多数酶的适宜活动温度是 30～40 ℃,低温只能使酶活动减慢,不能完全抑制。防止微生物繁殖的临界温度(－12 ℃),也不足以有效地抑制酶的活性及各种生物化学反应。要有效地抑制酶的活性及各种生物化学反应,还要低于－18 ℃。一般,温度在－18 ℃以下,酶的活性受到显著抑制,因此冻藏温度以－18 ℃较为适宜。

(三)冷冻速度对产品质量的影响

在冷冻过程中,晶体形成的大小与晶核的数目直接相关,而晶核数目的多少又与冷冻速度有关。冷冻速度对速冻产品质量十分重要。

当进行缓慢冻结时,在细胞与细胞之间首先出现晶核,而且形成的晶核少。随着冷冻的进行,水分在少数晶核上结合,冰晶体体积不断增大。冰晶体首先在细胞间隙中增长扩大,造成细胞的机械损伤破裂。解冻后产品脱汁现象严重,质地腐软,风味劣变,影响产品质地。

快速冻结则不同,水果蔬菜在较短时间内通过最大晶核生成区(－5～－1 ℃),由于冻结速度快,细胞内外同时达到形成冰晶的温度条件,此时在细胞内外同时产生晶核,晶核在细胞内外广泛形成,形成的晶核数目多,分布广,这样每个冰晶体较小。这种细小晶体全面、广泛的分布使细胞内外压力一样,细胞膜稳定,不损伤细胞组织,解冻后可恢复植物组织原来的状态,保持原有的色、香、味和质地。

冻结速度一般与品温、产品大小、与冷却介质接触面积及冷却介质导热快慢有关,在实际生产过程中要综合考虑。

(四)速冻方法和设备

1. 鼓风冷冻法

鼓风冷冻法是利用低温空气在鼓风机推动下形成一定速度的气流对产品冻结。一般多采用隧道式鼓风冷冻机,产品放在传送带或筛盘上以一定速度通过隧道,冷空气由一鼓风吹过冷凝管道再送入隧道穿流于产品之间,产品与冷风逆流而行。这种冷冻法通常采用的冷空气温度为－34～－18 ℃,风速在 30～100 m/min。

主要设备:隧道式鼓风冷冻机、螺旋式连续速冻器。

2. 流化冷冻法

流化冷冻法进行冷冻时,将颗粒产品放在一个有孔眼的网带上或有扎眼的盘子上,铺放厚度为 2.5～12.5 cm,冷空气以足够的速度由网带下方向上强烈吹送,将产品吹起,但不带走,风速至少 375 m/min,冷冻温度为－34 ℃。这种方法增加了冷空气与物料的接触面积,冷却迅速、均匀,冷冻速度快,一般几分钟至十几分钟就可冻结。这种方法适用于小型单体产品的速冻，如青豌豆、甜玉米、蘑菇、草莓以及各种切分成小块的蔬菜。

主要设备：带式流化速冻装置。

3. 间接接触冷冻法

间接接触冷冻法是利用被制冷剂冷却的金属空心平板与物料密切接触而达到冷冻降温。主要方法是在绝热的厢厨内装置可以移动的空心金属板，制冷剂在平板的空心内部流动，产品则放置在上下两空心平板之间紧密接触，进行热交换，一般的冷冻温度在－45 ℃。这种方法适用于小型的产品加工，要求产品应扁平，厚度要薄。

主要设备：间隙式接触冷冻厢、半自动接触冷冻厢、全自动接触冷冻厢。

4. 浸渍冷冻法

浸渍冷冻法是将产品直接浸渍于液体制冷剂中进行冻结。液体是热的良导体，在浸渍冷冻中与产品接触面积最大，冷冻速度最快。常用的液体制冷剂有氯化钠、氯化钙、甘油-冰水等。这种方法主要适用于包装食品，否则会影响制品的风味。

5. 低温冷冻法

低温冷冻法是将制冷剂直接喷淋于产品上，产品在这种沸点很低的制冷剂进行相变的条件下(液态变为气态)获得迅速冷冻的方法。其原理是制冷剂在沸腾相变过程中需要吸收大量的热，这些热量由产品中吸取而使其降温。通常的制冷剂是液态氮，沸点为－195.81 ℃，其次是干冰，沸点是－78.5 ℃，1～3 mm 厚的物料，在 1～5 min 即可冻至－18 ℃以下，而且冻结范围广，冻结过程中无氧化现象发生，冻结产品质量高。

主要设备：液氮快速冻结装置。

三、果蔬速冻工艺要点

(一)原料的选择

选择适宜冷冻加工的果蔬品种，即含纤维少，蛋白质高、淀粉多，含水量低，对冷冻抵抗力强的品种，按食用成熟度采收。原料要求新鲜、规格整齐，无病虫害，农药残留、微生物等指标符合 HACCP 要求。

(二)预处理

预处理包括对原料的挑选、清洗、切分及有些果蔬的驱虫、保脆、护色处理。

1. 挑选

即对原料进行逐个挑选，按大小、长短分级，去除老叶、黄叶等不可食部分。

2. 清洗

通过漂洗槽洗去果实表面的泥沙、尘土及污物。为了除去果皮上附着的农药，可用 0.5%～1%盐酸浸洗后以水冲净。对质地柔软的果品如草莓、葡萄、西瓜等可用 0.5‰的高锰酸钾消毒 5～10 min。

3. 切分

根据产品要求进行去皮切分，使长短、粗细、块形符合产品标准要求，剔除不合格品。

4. 驱虫、保脆

对一些易遭虫害的蔬菜如菜豆等，采用 2%～3%的盐水浸泡 20～30 min 进行驱虫处理。对一些速冻后脆性明显减弱的果蔬，一般采用将原料浸泡在 0.5%～1%的碳酸钙或氯化钙溶液中 10～20 min，以增加其硬度和脆度。

5. 护色

有些原料如马铃薯、苹果，在去皮后常常会引起褐变，这类产品在去皮切分后应立即浸泡在溶液中进行护色。常使用 0.2%～0.4%的 SO_2 溶液、2%的盐水溶液、0.3%～0.5%的柠檬酸溶液等，既可抑制氧化，又可降低酶促反应。

(三)烫漂

最初，将蔬菜冷冻加工是在蔬菜新鲜状态下进行的。后发现，在－18 ℃条件下贮藏几周后，蔬菜的风味、色泽均明显变劣。研究发现，新鲜蔬菜冷冻后品质变劣与酶活性有关。蔬菜在低温状态下，－73 ℃仍然保持某些酶的活性。20 世纪 20 年代末，美国首先提出把蔬菜在沸水和蒸汽中处理，以降低酶活性，杀灭微生物，这个过程称为烫漂，一直沿用到现在。现在烫漂采用 95 ℃以上热水或蒸汽，热烫 2～3 min，品温要达到 70 ℃以上。

(四)冷却、沥干

烫漂后的原料，应立即浸入冷水中，否则产品易变色，水温越低，冷却效果越好。一般水温在 5～10 ℃，也有用冷水喷淋装置和冷风冷却。冷却后应将水沥干或甩干。

(五)速冻

果蔬产品的速冻，要求速冻温度为－35～0 ℃，当产品中心温度降至－18 ℃时，结束冻结。而后在－18 ℃左右的温度下长期冻结贮藏。

(六)包装

通过对速冻果蔬包装，可以有效地控制速冻果蔬在长期贮藏过程中发生的冰晶升华，即水分由固体的冰蒸发而造成产品干燥；防止产品长期贮藏接触空气而氧化变色；便于运输和销售；防止污染，保持产品卫生。

(七)冻藏

产品贮于冷库内，要求贮温控制在－18 ℃以下，而且要求温度稳定，少波动，防止重结晶发生。

【知识拓展】

一、常见问题及解决途径

(一)变色

在低温状态下，某些酶仍然保持活性，因此在长期冻藏中产品发生变色。

防止方法：提高热烫温度和延长热烫时间，对原料进行护色处理。

(二)流汁

解冻后，融化的水不能被细胞吸收，大量汁液流失，组织软烂，口感、风味、品质下降。

防止方法：提高冻结速度，减少温度波动。

(三)干耗

速冻品表面升华所致。

防止方法：加冰衣、改善包装。

二、速冻对果蔬的影响

(一)相互结合的细胞引起分离

在冷冻过程中,细胞间隙中的游离水一般含可溶性物质较少,其冻结点高,所以首先形成冰晶,而细胞内的原生质体仍然保持过冷状态,细胞内过冷的水分比细胞外的冰晶体具有较高的蒸汽压和自由能,因而促使细胞内的水分向细胞间隙移动,不断结合到细胞间隙的冰晶核上去。此时,细胞间隙所形成的冰晶体越来越大,产生机械性挤压,使原来相互结合的细胞分离,解冻后不能恢复原来的状态,不能吸收冰晶融解所产生的水分而流出汁液,组织变软。

(二)细胞受到破裂损伤

果蔬组织的细胞内有大的液泡,水分含量高,易冻结成大的冰晶体,产生较大的"冻结膨胀压",而果蔬组织的细胞具有的细胞壁缺乏弹性,因而易被大冰晶体刺破或胀破,即细胞受到破裂损伤,解冻后组织软化流水。冷冻处理增加了细胞膜或细胞壁对水分和离子的渗透性。

在缓慢冻结的情况下,冰晶体主要在细胞间隙中形成,细胞内水分不断外流,原生质体中无机盐浓度不断上升,使蛋白质变性或不可逆地凝固,造成细胞死亡,组织解体,质地软化。

(三)细胞中溶解的微量气体膨胀

组织细胞中溶解于液体中的微量气体,在液体结冰时发生游离而使体积增加数百倍,这样会损害细胞和组织,引起质地的改变。

果蔬的组织结构脆弱,细胞壁较薄,含水量高,当冻结进行缓慢时,就会造成严重的组织结构的改变。

(四)蛋白质变性

产品中的结合水是与原生质、胶体、蛋白质、淀粉等结合,在冻结时,水分从其中分离出来而结冰。这也是一个脱水过程,该过程往往是不可逆的,尤其是缓慢的冻结,其脱水程度更大,原生质胶体和蛋白质等分子过多失去结合水,分子受压凝集,结构破坏;或者由于无机盐过于浓缩,产生盐析作用而使蛋白质等变性。这些情况都会使这些物质失去对水的亲和力,以后水分即不能再与之重新结合。

(五)酶的变化

大多数酶在冻结中仍有活性。果蔬在冻结和贮藏过程中出现的化学变化,一般都与酶的活性和氧的存在相关。果蔬在冻结前及冻结冻藏期间,由于加热、H^+、叶绿素酶、脂肪氧化酶等作用,发生色变,如叶绿素变成脱镁叶绿素,由绿色变为灰绿色等。

(六)营养成分得到保护

冷冻过程对果蔬的营养成分也有影响。一般来说,冷冻对果蔬营养成分有保护作用,温度越低,保护作用越强,因为有机物化学反应速率与温度呈正相关。

三、质量标准

国家质检总局、国家标准委于 2014 年 10 月 10 日发布了《速冻水果和速冻蔬菜生产管理规范》国家标准,从加工、设备设施、卫生、生产过程和质量控制等方面对水果和蔬菜速冻产品加工提出了具体的规范和要求,该标准于 2015 年 3 月 11 日正式实施。

任务六　果蔬制汁

【知识目标】

明确果蔬制汁对原料的要求，清楚果蔬汁制品加工工艺过程；掌握果蔬汁制品加工的基本原理；理解果蔬汁制作过程中果胶、糖、pH 对果蔬汁制品质量的影响。

【技能目标】

明确果蔬制汁对原料的要求，能熟练地对果蔬汁制品原料进行预处理；掌握果蔬汁制品加工的基本原理；能解决果蔬汁制品制作过程中的常见问题；能够运用所学知识独立加工出合格的果蔬汁。

【德育目标】

节约能源，提高果蔬的综合利用率。

【任务实施】

果蔬汁是由优质的新鲜水果和蔬菜（少数采用干果为原料），经挑选、洗净、榨汁或浸提等方法制得的汁液。这种汁液实际上是整个果蔬各部分或局部细胞中的汁液，其主要成分是水、有机酸、糖、维生素、矿物质、芳香物质、色素、油类，另外含有少量的单宁酸和含氮有机物等，具有诱人的色泽、可口的芳香、怡人的味道、丰富的营养，易被人体吸收，有液体水果、液体蔬菜之称。

果蔬汁的发展具有澄清果蔬汁向混浊果蔬汁发展、一般果蔬汁向浓缩果蔬汁发展、单一果蔬汁向复合型果蔬汁发展的趋势。澄清果蔬汁一般是将原料经过预处理、榨汁或浸提、澄清过滤、均质、脱气、成分调整、包装和杀菌等步骤制造而成。混浊果蔬汁则不经过澄清过滤。若制取浓缩果蔬汁，应增加一道浓缩工序。果汁经真空浓缩和脱水干燥后，可制成固体的果汁粉。

一、概念

果蔬原汁：从果蔬原料榨出的原果汁未经发酵、稀释、浓缩的果蔬汁，含原果蔬汁 100%。

浓缩果蔬汁：由果蔬原汁浓缩而成，不加糖或用少量糖调整，使产品符合一定的规格，浓缩倍数为 1～6 倍。

果汁粉：又称果汁型固体饮料，由原汁或浓缩果汁脱水而成，含水量 1%～3%，一般需加水冲溶后饮用。

果蔬汁饮料：果蔬原汁经加糖和柠檬酸调配后制成的饮料，其中含果蔬原汁 10%～40%。

复合果蔬汁：用两种或两种以上果蔬榨汁复合调配而成的果蔬汁。

二、果蔬汁制品分类

天然果蔬汁按照生产工艺、状态的不同，可以分为以下几类。

(一)透明果蔬汁

新鲜果蔬直接榨出的汁(浆)液,经澄清、过滤,除去果肉微粒、蛋白质、果胶物质等而呈澄清透明状态。如葡萄汁、苹果汁常制成透明态。这类果蔬汁制品的稳定性较高,但其营养成分有所降低,风味和色泽不及混浊果蔬汁。

(二)混浊果蔬汁

新鲜果蔬直接榨出的汁(浆)液,经均质、脱气处理,外观呈混浊均匀状态,果蔬汁中含有果肉微粒,且均匀分散在汁液中,含果胶物质。如柑橘汁、番茄汁常制成混浊态果汁,这类果蔬汁制品能较好地保持原果蔬的风味、色泽和营养,只是稳定性稍差。

(三)浓缩果蔬汁

由新鲜果蔬直接榨出的汁(浆)液直接浓缩而成,要求可溶性固形物达到 40%～60%,含有较高的糖分和酸分。一般浓缩 3～6 倍,如浓缩橙汁、浓缩苹果汁等。这类制品的营养价值高且体积缩小,便于运输和保存。

三、果蔬汁加工工艺要点

(一)原料选择

加工果蔬汁原料要求具有良好的风味和香味,无异味,色泽好而稳定,糖酸比合适,并且在加工贮藏中能保持这些优良的品质,出汁率高,取汁容易。果蔬汁加工对原料的果形大小和形状虽无严格要求,但对成熟度要求较严,严格说,未成熟或过熟的果蔬均不合适。

常见的制汁原料有橙类、苹果、梨、猕猴桃、菠萝、葡萄、桃、番茄、胡萝卜、芹菜等。

(二)挑选与清洗

为了保证果汁的质量,原料加工前必须进行挑选,剔除霉变、腐烂、未成熟和受伤变质果实。清洗是减少杂质污染、降低微生物数量和农药残留的重要措施。清洗一般先浸泡后喷淋或流水冲洗,对于农药残留较多的果实,可加用稀盐酸溶液或脂肪酸系洗涤剂进行处理。对于受微生物污染严重的果实,可用漂白粉、高锰酸钾溶液来进行消毒。

(三)破碎

原料取汁前破碎是为了提高出汁率,尤其是对皮、肉致密的果实,更有必要先行破碎。但果实破碎程度要适当,破碎后的果块应大小均匀。果块过大,出汁率低;破碎过度,则又会造成外层的果汁很快地被压榨出,形成一层厚皮,使内部榨汁困难,反而影响出汁率。如苹果、梨用破碎机进行破碎时,破碎后果块以 3～4 mm 大小为宜,草莓、葡萄以 2～3 mm 为宜,樱桃为 5 mm,橘子和番茄可以使用打浆机来破碎取汁,但橘子宜先去皮后打浆。

(四)加热处理和酶处理

为提高果实出汁率,降低果胶物质黏性,加快榨汁速度,通常原料在榨汁前进行加热或加酶制剂处理。加热处理能抑制原料中蛋白酶的活性。如葡萄、李、山楂、猕猴桃等水果,在破碎后置于 60～70 ℃温度下,加热 15～30 min;带皮橙类榨汁时,为减少汁液中果皮精油的含量,可预煮 1～2 min。另外,为促使原料中果胶物质分解,在经破碎的果肉中加入适量的果胶酶制剂,使果汁黏度降低,从而使榨汁和过滤顺利。酶制剂的添加量依酶的活性而定,酶制剂应与果肉充分混合均匀,酶与原料作用的时间和温度要严格掌握,一般在 37 ℃恒温下作用 2～4 h。

(五)取汁

取汁有压榨和浸提两种,大多数果蔬汁含量丰富的果蔬以压榨取汁为主,榨汁方法依原料种类及生产规模而异。常用的压榨机有水压机、辊压机、螺旋式榨汁机和离心式榨汁机、打浆机等。

对于果蔬汁含量较低的果蔬,采取原料破碎后加水浸提的办法,加水量和浸提时间根据果蔬种类而定。

(六)粗滤(筛滤)

在制混浊果汁时,需粗滤掉分散在果汁中的粗大颗粒。在制透明果汁时,粗滤后还要精滤,或先行澄清后过滤,以除尽全部悬浮粒。筛滤通常装在压榨机汁液出口处,粗滤与压榨同步完成;也可在榨汁后用筛滤机完成粗滤工序。果汁一般通过 0.5 mm 孔径的滤筛即可达到粗滤要求。

(七)果蔬汁澄清和精滤

1. 澄清

果蔬汁为复杂的多分散系统,它含有细小的果肉微粒、胶态或分子状态及离子状态的溶解物质,这些粒子是果蔬汁混浊的原因。在澄清汁的生产中,它们影响到产品的稳定性,必须加以除去。常用的澄清方法有以下几种。

(1)酶法 酶法澄清是利用果胶酶分解果汁中的果胶物质,使其失去果胶的保护作用而形成沉淀,达到澄清目的。目前,我国用于果汁澄清的酶制剂是由黑曲霉或米曲霉发酵产生的。使用果胶酶应注意反应温度、处理时间、pH 及酶制剂用量,通常控制在 55 ℃以下,反应最佳 pH 因果胶酶种类不同而异,一般在弱酸条件下进行,pH 3.5~5.5,酶制剂用量依果蔬汁及酶的种类而异,通常通过预先实验确定。

(2)明胶-单宁絮凝法 明胶、鱼胶或干酪素等蛋白物质,可与单宁酸盐形成络合物,此络合物沉降的同时,果汁中的悬浮颗粒被缠绕而随之沉降。明胶、单宁的用量取决于果汁种类、品种、原料成熟度及明胶质量,应通过预先实验确定。一般明胶用量为 100~300 mg/L,单宁用量为 90~120 mg/L。此法在较酸性和温度较低条件下易澄清,以 3~10 ℃为佳,适用于苹果、梨、山楂、葡萄等果汁。

(3)加热凝聚澄清法 将果汁在 80~90 s 加热到 80~82 ℃,然后急速冷却至室温,由于温度的剧变,果汁中的蛋白质和其他胶质变性凝固析出,从而达到澄清目的。但此法一般不能完全澄清,加热也会损失一部分芳香物质。

(4)冷冻澄清法 将果汁急速冷冻,一部分胶体溶液完全或部分被破坏而变成无定形的沉淀,此沉淀可在解冻后滤去,另一部分保持胶体性质的也可用其他方法过滤除去,但此法不容易达到完全澄清。

2. 精滤

为得到澄清透明而稳定的果蔬汁,澄清之后的果蔬汁必须经过精滤,目的在于除去细小的悬浮物质。常用的精滤设备有硅藻土过滤机、纤维过滤器、真空过滤器、离心分离机及膜分离机等。

(八)混浊果蔬汁的均质和脱气

均质和脱气是混浊果蔬汁生产中的特有工序,是保证果蔬汁稳定性和防止果蔬汁营养损失、色泽变差的重要措施。

1. 均质

均质即将果蔬汁通过一定的设备使其中的细小颗粒进一步破碎，使果胶和果蔬汁亲和，保持果蔬汁均一性的操作。生产上常用的均质机械有高压均质机和胶体磨。

高压均质机的原理是将混匀的物料通过柱塞泵的作用，在高压低速下进入阀座和阀杆之间的空间，这时其速度增至 290 m/s，同时压力相应降低到物料中水的蒸汽压以下，于是在颗粒中形成气泡并膨胀，引起气泡炸裂物料颗粒。空穴效应造成强大的剪切力，由此得到极细且均匀的固体分散物(图 3-1)。均质压力根据果蔬种类、要求的颗粒大小而异，一般在 15～40 MPa。

胶体磨的破碎作用源于快速转动和狭腔的摩擦作用，当果蔬汁进入狭腔时，受到强大的离心力的作用，颗粒在转齿和定齿之间的狭腔中摩擦、撞击而分散成细小颗粒。

2. 脱气

果蔬细胞间隙存在大量的空气，原料在破碎、取汁、均质和搅拌、输送等工序中要混入大量的空气，所以得到的果汁中含有大量的氧气、二氧化碳、氮气等。这些气体以溶解形式在细微粒子表面吸附着，也有一小部分以果汁的化学成分形式存在。这些气体中的氧气可导致果汁营养成分的损失和色泽变差，因此必须加以去除，这一工艺即称脱气或去氧。脱气方法有加热法、真空法、化学法、置换法等，且常结合在一起使用。

(1)真空法　原理是气体在液体内的溶解度与该气体在液面上的分压成正比。果汁进行真空脱气时，液面上的压力逐渐降低，溶解在果汁中的气体不断逸出，直至总压降到果汁的蒸汽压时达平衡状态，此时所有气体已被排除。真空脱气装置见图 3-2。

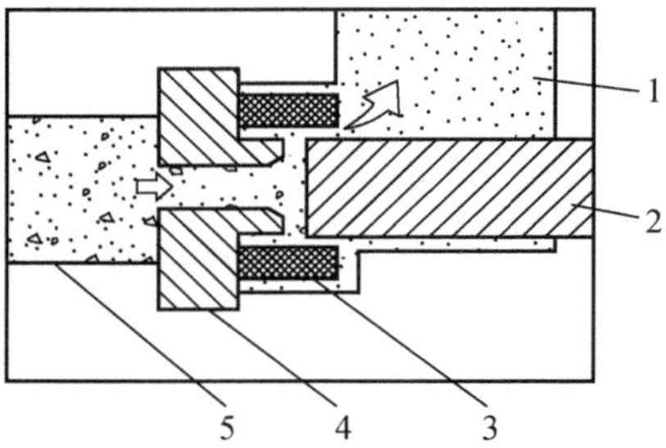

1. 均质产品　2. 阀杆　3. 碰撞杯
4. 阀座　5. 未均质原料

图 3-1　高压均质机工作原理

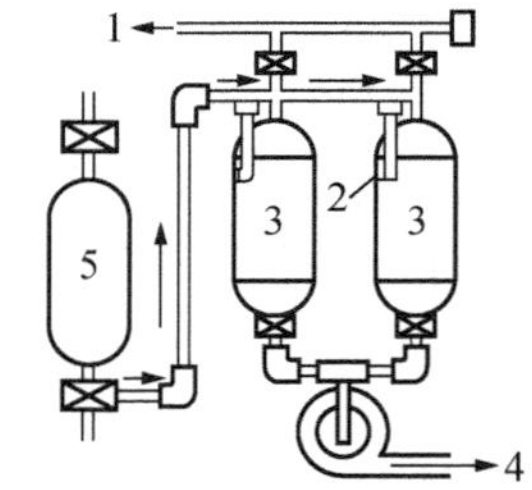

1. 抽气　2. 喷雾头　3. 真空泵
4. 至杀菌器　5. 贮汁桶

图 3-2　真空脱气装置

真空脱气的要点有三方面：一是控制适当的真空度和果汁温度，一般真空罐内的真空度为 0.090 7～0.093 3 MPa；二是被处理的果汁的表面积要大，一般使果汁分散成薄膜状或雾状，常采用的方法有离心式、喷雾式和薄膜式 3 种(图 3-3)；三是要有充分的脱气时间，脱气时间取决于果汁的性状、温度和在脱气罐内的状态。

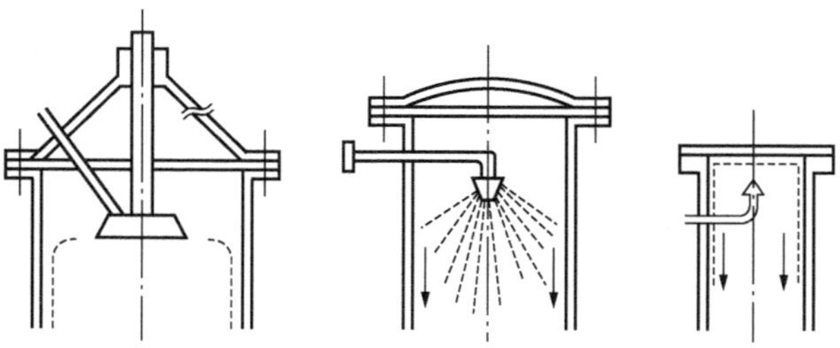

a.离心式　b.喷雾式　c.薄膜式

图 3-3　脱气机喷头类型示意

(2)置换法　将氮气、二氧化碳等惰性气体通过专门设备(图 3-4)压入果蔬汁中，形成强烈的泡沫流，在泡沫流的冲击下，氮气、二氧化碳等惰性气体将果蔬汁中的氧气置换出来，达到脱气目的。

(3)化学法　利用一些抗氧化剂或需氧的酶类作为脱气剂，加入果蔬汁中，消耗果蔬汁中的氧气，达到脱气目的。常用的脱气剂有抗坏血酸、葡萄糖氧化酶等。

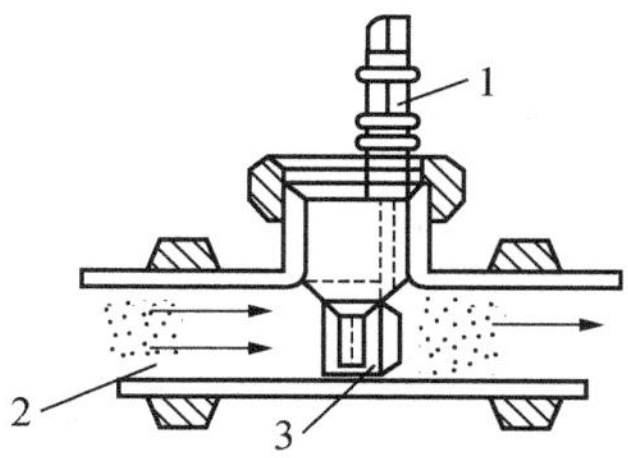

1. 惰性气体进入管
2. 果汁导入管
3. 穿孔喷嘴
图 3-4　气体分配头

(九)浓缩果蔬汁的浓缩与脱水

浓缩果蔬汁是由澄清果蔬汁经脱水浓缩后制得。其体积小，可溶性固形物含量达到 65%～75%，便于包装和运输，能克服果蔬采收期和品种所造成的成分上的差异，果蔬汁的品质更加一致，且糖酸含量提高，增加了产品的保藏性。因此，目前浓缩果蔬汁的生产增长速度较快。常用的浓缩方法主要有以下几种：

1. *真空浓缩法*

在低于大气压的真空状态下，果蔬汁的沸点下降，加热使果蔬汁在低温条件下沸腾，使水分从原果蔬汁中分离出来。真空浓缩由于蒸发过程是在较低温度条件下进行，既可缩短浓缩时间，又能较好地保持果蔬汁的色、香、味。真空浓缩温度一般为 25～35 ℃，不超过 40 ℃，真空度约为 94.7 kPa。这种温度适合于微生物繁殖和酶的作用，故果蔬汁在浓缩前应进行适当高温瞬时杀菌。

真空浓缩法可分为真空锅浓缩法和真空薄膜浓缩法等多种方法。目前真空薄膜浓缩设备主要有强制循环蒸发式、降膜蒸发式、升膜蒸发式、平板蒸发式、离心薄膜蒸发式和搅拌蒸发式等多种类型。这类设备的特点是果蔬汁在蒸发中都呈薄膜流动，果蔬汁由循环泵送入薄膜蒸发器的列管中，分散呈薄膜状，由于减压在低温条件下脱去水分，热交换效果好，是目前广泛使用的浓缩设备。

2. *冷冻浓缩法*

果蔬汁冷冻浓缩法应用冰晶与水溶液的固-液相平衡原理。当水溶液中所含溶质浓度低于共溶浓度时，溶液被冷却后，水会变成冰晶析出，剩余溶液中的溶质浓度则由于冰晶数量的增加和冷冻次数的增加而提高，溶液的浓度逐渐增加。到某一温度，被浓缩的溶液以全部冻结而告终，这一温度即低共溶点或共晶点。

冷冻浓缩的特点是避免了热的作用，没有热变性，挥发性风味物质损失极微，产品质量比蒸发浓缩的产品优越。能耗少，冷冻浓缩所需的能量约为蒸发浓缩的 1/7，但其缺点是冰晶分离时会损失一部分果蔬汁，浓缩浓度只能达到 55%。

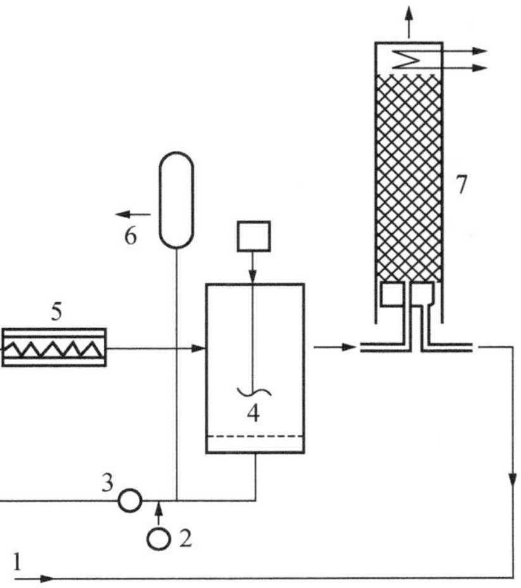

1. 果汁　2. 泵　3. 循环泵　4. 结晶器
5. 刮板式热交器　6. 浓缩产品　7. 洗涤
图 3-5　Grenco 冷冻浓缩系统

果蔬汁冷冻浓缩包括冰晶的形成、冰晶的成长、冰晶与液相分开三个步骤。冷冻浓缩的方法和装置很多，图 3-5 为荷兰 Grenco 冷冻浓缩系统，它是目前食品工业中应用较成功的一种装置。在此系统中，果蔬汁通过刮板式热交换器，形成冰晶，再进入结晶器，冰晶体增大，最后，冰晶体和浓缩物被泵至洗涤塔分离冰晶，如此反复，直至达到浓缩要求。

3. 反渗透浓缩法

反渗透浓缩是一种现代的膜分离技术，与真空浓缩等加热蒸发方法相比，其优点是蒸发过程不需加热，可在常温条件下实现分离或浓缩，品质变化小。

浓缩过程在密封中操作，不受氧气影响；在不发生相变下操作，挥发性成分的损失较少；节约能源，所需能量约为蒸发浓缩的1/7，是冷冻浓缩的1/2。

反渗透浓缩的原理是依赖于膜的选择性筛分作用，以压力差为推动力，使某些物质透过，而其他组分不透过，从而达到分离浓缩目的。因此，高分子膜是实现膜分离技术高效、高选择性的必要条件。目前，反渗透浓缩常用膜为醋酸纤维素及其衍生物、聚丙烯腈系列膜等。影响反渗透浓缩的主要因素有以下方面。

(1)浓差极化现象　所有的分离过程均会产生这一现象，在膜分离中它的影响特别严重。当分子混合物由推动力带到膜表面时，水分子透过，另外一些分子被阻止，这就导致在近膜表面的边界层中被阻组分的集聚和透过组分的降低，这种现象即所谓浓差极化现象。它的产生使透过速度显著衰减，削弱膜的分离特性。工程上主要采取加大流速、装设湍流装置、脉冲法、搅拌法等消除其影响。

(2)膜的特性及适用性　不同材质的膜有不同的适用性，介质的化学性质对膜的效果有一定的影响，如醋酸纤维素膜在pH 4～5时水解速度最小，在强酸和强碱中水解加剧。

(3)操作条件　一般来说，操作压力越大，一定膜面积上透水速率越大，但又受到膜的性质和组件的影响。理论上，随温度升高，反渗透速度增加，但果蔬汁大多为热敏物质，应控制温度在40～50 ℃为宜。

(4)果蔬汁的种类性质　果蔬汁的化学成分、果浆含量和可溶性固形物的初始浓度对透汁速度影响很大，果浆含量和可溶性固形物含量高，不利于反渗透的进行。

(十)果蔬汁的调整与混合

为使果蔬汁符合一定的规格要求和改进风味，常需要适当调整，使果蔬汁的风味接近新鲜果蔬。调整范围主要为糖酸比例的调整及香味物质、色素物质的添加。调整糖酸比例及其他成分，可在特殊工序如均质、浓缩、干燥、充气以前进行，澄清果汁常在澄清过滤后调整，有时也可在特殊工序中间进行调整。

果蔬汁饮料的糖酸比例是决定其口感和风味的主要因素。一般果蔬汁适宜的糖分和酸分的比例在(13～15)∶1，该比例适宜于大多数人的口味。因此，果蔬汁饮料调配时，首先需要调整含糖量和含酸量。一般果蔬汁中含糖量在8%～14%，有机酸的含量为0.1%～0.5%。调配时用折光仪或白利糖表测定并计算果蔬汁的含糖量，然后按下列公式计算补加浓糖液的量和补加柠檬酸的量。

$$X=\frac{W(B-C)}{D-B}$$

式中：X 为需加入的浓糖液（酸液）的量(kg)；D 为浓糖液（酸液）的浓度(%)；W 为调整前原果蔬汁的重量(kg)；C 为调整前原果蔬汁的含糖（酸）量(%)；B 为要求调整后的含糖（酸）量(%)。

糖酸调整时，先按要求用少量水或果蔬汁使糖或酸溶解，配成浓溶液并过滤，然后再加入果蔬汁中，放入夹层锅内，充分搅拌，调和均匀后，测定其含糖量，如不符合产品规格，可进行适当调整。

果蔬汁除进行糖酸调整外，还需要根据产品的种类和特点进行色泽、风味、黏稠度、稳定性的调整。所使用的食用色素、香精、防腐剂、稳定剂等应按食品添加剂的规定量加入。

许多果品蔬菜如苹果、葡萄、柑橘、番茄、胡萝卜等，虽然能单独制得品质良好的果蔬汁，但与其他种类的果实配合风味会更好。不同种类的果蔬汁按适当比例混合，可以取长补短，制成品质良好的混合果汁，也可以得到具有与单一果蔬汁不同风味的果蔬汁饮料。中国农业大学研制成功的“维乐”蔬菜汁，是由番茄、胡萝卜、菠菜、芹菜、冬瓜、莴笋 6 种蔬菜复合而成，其风味良好。混合汁饮料是果蔬汁饮料加工的发展方向。

(十一)杀菌与包装

1. 杀菌

果蔬汁杀菌的目的：一是杀灭微生物，防止发酵；二是钝化各种酶类，避免各种不良的变化。果蔬汁杀菌的微生物对象为酵母和霉菌，酵母在 66 ℃下 1 min，霉菌在 80 ℃下 20 min 即可杀灭。所以，可以采用一般的巴氏杀菌法杀菌，即 80～85 ℃杀菌 20～30 min，然后放入冷水中冷却，从而达到杀菌的目的。但加热时间太长，果蔬汁的色泽和香味都有较多的损失，尤其是混浊果汁，容易产生煮熟味。因此，常采用高温瞬时杀菌法，即采用(93±2) ℃保持 15～30 s 杀菌，特殊情况下可采用 120 ℃保持 3～10 s 杀菌。

果蔬汁的杀菌原则上是在装填之前进行，装填方法有高温装填法和低温装填法两种。高温装填法是在果蔬汁杀菌后，处于热状态下进行装填，利用果蔬汁的热对容器内表面进行杀菌。低温装填法是将果蔬汁加热到杀菌温度之后，保持一定时间，然后通过热交换器立即冷却至常温或常温以下，将冷却后的果蔬汁进行装填。高温装填法或低温装填法都要求在果蔬汁杀菌的同时对包装容器、机械设备、管道等进行杀菌。蔬菜汁等可采用 UHT(超高温瞬时杀菌)方法，在加压状态下，采用 100 ℃以上温度杀菌。

2. 包装

果蔬汁的包装方法，因果蔬汁品种和容器种类而有所不同。常见的容器有铁罐、玻璃瓶、纸容器、铝箔复合袋等。果蔬饮料的灌装除纸质容器外均采用热灌装，使容器内形成一定真空度，较好地保持成品品质。一般采用装汁机热装罐，装罐后立即密封，罐中心温度控制在 70 ℃以上。如果采用真空封罐，果蔬汁温度可稍低些。

结合高温短时杀菌，果蔬汁常用无菌灌装系统进行灌装。目前，无菌灌装系统主要有纸盒包装系统(如利乐包和屋脊纸盒包装)、塑料杯无菌包装系统、蒸煮袋无菌包装系统和无菌罐包装系统。

【知识拓展】

一、常见问题及解决途径

(一)变色

果蔬汁在加工中发生的变色多为酶褐变，在贮藏期间发生的变色多为非酶褐变。

(1)对于酶褐变控制的办法　尽快用高温杀死酶活性;添加有机酸或维生素C抑制酶褐变;加工中要注意脱氧;加工中要避免接触铜铁用具等。

(2)对于非酶褐变控制的办法　防止过度的热力杀菌和尽可能地避免过长的受热时间;控制pH在3.3以下;制品贮藏在较低的温度下,贮藏中避光。

(二)混浊果蔬汁的稳定性

带肉果汁或混浊果汁,特别是瓶装带肉果汁,保持均匀一致的质地对品质至关重要。要使混浊物质稳定,就要使其沉降速度尽可能降至零。其下沉速度一般认为遵循斯托克斯方程。

$$V=\frac{2gr^2(\rho_1-\rho_2)}{9\eta}$$

式中:V为沉降速度;g为重力加速度;r为混浊物质颗粒半径;ρ_1为颗粒或油滴的密度;ρ_2为液体(分散介质)的密度;η为液体(分散介质)的黏度。

为了使混浊果汁稳定,应从如下几方面着手:采用均质、胶体磨处理等,降低颗粒体积;可通过添加胶体物质如果胶、黄原胶、脂肪酸甘油酯等,增加分散介质的黏度;通过加高脂化和亲水的果胶分子,作为保护分子包埋颗粒以降低颗粒与液体之间的密度差。

(三)绿色蔬菜汁的色泽保持

绿色蔬菜在加工中容易失绿而变褐,可采用热碱水($NaHCO_3$)烫漂处理,或将清洗后的绿色蔬菜在稀碱液中浸泡30 min,使游离出的叶绿素皂化水解为叶绿酸盐等产物,绿色更为鲜亮。

(四)柑橘类果汁的苦味与脱苦

柑橘类果汁在加工过程中或加工后易产生苦味,主要成分是黄烷酮糖苷类和三萜系化合物。

防止方法:选择含苦味物质少的原料种类、品种,果实充分成熟或进行催熟处理;加工中尽量减少苦味物质的溶入,如种子等尽量少压碎,悬浮果浆与果汁的接触时间尽量短;采用聚乙烯吡咯烷酮、尼龙-66等吸附脱苦;添加蔗糖、β-环状糊精、新地奥明以及二氢查耳酮等提高苦味物质阈值。

(五)微生物引起的败坏

微生物的侵染和繁殖引起的败坏可表现在变味,也可引起长霉、混浊和发酵。

防止方法:采用新鲜、无霉烂、无病虫的果实原料;注意原料的洗涤消毒;严格车间和设备、管道、工具、容器等的消毒,缩短工艺流程的时间;果汁灌后封口要严密;杀菌要彻底。

二、果汁业的发展前景与发展方向

随着我国经济的迅速发展,人们的生活水平提高,消费意识不断增强,消费结构发生根本变化,对饮料的需求从嗜好型向营养型转变,果汁就非常符合人们的这种消费趋向。同时,我国人口众多,又是世界上最大、发展最快的消费市场,因此我国的果汁市场发展前景非常广阔。

2021年,我国果汁和蔬菜汁饮料类累计产量为1 693.5万t。当前我国果汁消费市场十分庞大,从我们日益增长的消费水平来看,未来我国果汁需求还有更加庞大的发展空间。2021年我国果汁行业市场规模为1 309亿元,同比增长2.9%。随着消费者对健康养生的重视,以及对零糖、零脂、零卡的产品诉求,我国果汁也应当迎合消费者偏好的变化而使得果汁朝着功能性、绿色天然性以及无糖和低糖趋势发展。

另外,我国有很多的野生水果如刺梨、沙棘等。这些野生水果受污染少,而且营养成分丰富，具有良好的营养与保健价值，是良好的果汁原料。果汁生产充分开发利用这些资源，成为我国特有的果汁品牌，将会有很大的市场和发展前景。

【师徒共研】

1. 果蔬干制的基本原理是什么？

果蔬干制就是在自然条件或人工控制条件下，促使果蔬中的水分蒸发，通过蒸发将果蔬中的可溶性物质浓度提高到微生物难以利用程度的一种果蔬加工方法。由于水分下降，酶的活性受到抑制，制品就可以得到较长期的贮藏。

2. 影响果蔬干燥速度的因素有哪些？

干燥速度的快慢对成品的品质起决定性的作用。当其他条件相同时，干燥越快，越不容易发生不良变化，干制品的品质就越好。影响果蔬干燥速度的因素有干燥介质的温度和相对湿度、空气流速、大气压力或真空度、原料的种类和状态、原料装载量等。

3. 果蔬干制发生的化学变化有哪些？

果蔬干制时出现的主要化学变化有：营养成分的变化（包括水分、糖、蛋白质和维生素）及色泽的变化。

4. 果蔬干制中出现结壳、胀裂的原因和防止方法是什么？

在干制过程中，水分的外扩散和内扩散是同时进行的，只是扩散速度存在差异。若外扩散速度过快，原料内部水分补不上来，就会使表面因过度干燥而形成硬壳，称为结壳。同时，又要避免因过多水分集结于原料表面产生较大膨压，造成原料表面出现胀裂现象。

防止方法：适当降低干制温度，缓慢干制，采用冷冻升华干燥可减轻干裂现象。

5. 果蔬干制中出现的制品褐变是指什么？防止方法是什么？

物料在干制过程中或干制后的贮藏中，常出现颜色变黄、变褐或变黑等现象。

防止方法：干制前，进行热处理、硫处理、酸处理等，对抑制酶褐变有一定的作用。

6. 果蔬糖制中出现变色的原因及控制办法有哪些？

在糖制品加工过程中及贮存期间都可能发生变色。在加工期间的前处理中，变色的主要原因是氧化引起酶促褐变。酶促褐变的控制办法：做好护色处理，在去皮后要及时浸泡在盐水或亚硫酸盐溶液中；组织疏松原料需抽空处理，在整个加工中尽可能地避免与空气接触，防止氧化。而非酶促褐变则伴随整个加工过程和贮藏期间，其主要影响因素是温度，即温度越高，变色越深。因此，非酶促褐变的控制办法是在加工中要尽可能地缩短受热处理时间；在贮存期间，要控制温度在 12～15 ℃，对于易变色品种最好采用真空包装，在销售时要注意避免阳光暴晒，减少与空气接触的机会。另外，微量的铜、铁等金属的存在也能使产品变色，因此加工用具一定要用不锈钢制品。

7. 果蔬糖制中出现返砂和流汤的原因和防止方法是什么？

质量正常的果脯质地柔软，鲜亮透明。但如果在煮制过程中掌握不得当，就会造成成品表面和内部的蔗糖“重结晶”，这种现象称为“返砂”。“返砂”使果脯质地变硬，失去光亮色泽，容易破损，品质降低。产生这种现象的原因是果脯中蔗糖含量过高而转化糖含量不足。但是，如果果脯中转化糖含量过高，在高温、高湿季节，又容易“流汤”，使产品发黏。试验证明，果脯中的总含糖量为68%～70%，含水量为17%～19%，转化糖占总糖量的50%以下时，易出现不同程度的"返砂"；转化糖量达到总糖量的60%时，在良好条件下就不"返砂"；当转化糖高达90%以上时，则易产生"流汤"。

掌握好果脯中蔗糖和转化糖的含量，是防止上述现象发生的根本方法。经验证明，控制煮制时的条件，是决定转化糖含量的有效措施。目前，将糖液的pH保持在2～2.5，促进蔗糖的转化，其方法是加柠檬酸调节。

8. 果蔬糖制中出现微生物败坏的原因和控制办法有哪些？

糖制品在贮藏期间最易出现的微生物败坏是长霉菌和发酵产生酒精味。这主要是由于制品含糖量没有达到要求的65%～70%。

控制办法：加糖时一定按糖要求浓度添加。但对于低糖制品，一定要采取防腐措施，如添加防腐剂，采用真空包装。必要时加入一定的抗氧化剂，保证较低的贮藏温度。对于罐装果酱，一定要注意密封严密，以防止氧气为霉菌生长提供条件。杀菌要充分。

9. 果蔬糖制中出现煮烂和干缩的原因和解决的办法有哪些？

煮制苹果、沙果和枣时，有煮烂和干缩的现象。制作蜜枣煮烂的原因有两方面：一是枣的成熟度太高；二是在划皮时划得过深，而且有的果实两头会合，煮时皮脱落，容易煮烂。制作苹果脯煮烂的原因，与果实的成熟度及品种有密切关系。但是如果成熟度不够，一则不易吸收糖液，二则干燥以后容易产生干缩现象。

解决的办法：果实的成熟度要适当，糖煮前先用清水煮几分钟，糖煮时开始大量加糖，迅速提高糖液的浓度等。

10. 果蔬干制中出现果酱产品的汁液分泌的原因和解决的办法是什么？

造成原因是加热浓缩过程中加酸过早，酱体受热时间过长，导致转化糖含量过高。

解决的办法：注意加工酸度的控制，避免果酱贮藏时间过长，以免发生汁液分泌和颜色变暗等。

11. 果蔬罐藏中出现胀罐的原因和防止措施有哪些？

合格的罐制品，其底部、盖部中心部位略平或呈凹陷状态。当罐制品内部的压力大于外界空气压力时，罐制品底盖鼓胀，称为胀罐或胖听。胀罐分物理性胀罐、化学性胀罐（氢胀罐）、细菌性胀罐3种。

（1）物理性胀罐

原因：罐制品内容物装得太满，顶隙过小；加压杀菌后，降压过快，冷却过速；排气不足或贮藏温度过高等。

防止措施：严格控制装罐量；注意装罐时顶隙大小要适宜，控制在6～8 mm；提高排气时罐内中心温度，排气要充分，封罐后能形成较高的真空度；加压杀菌后反压冷却速度不能过快；控制罐制品适宜的贮藏温度。

（2）化学性胀罐（氢胀罐）

原因：高酸性制品中的有机酸与金属容器内壁起化学反应，产生氢气，导致内压增大而引起胀罐。

防止措施：罐体宜采用涂层完好的抗酸全涂料钢板制作，以提高罐体对酸的抗腐蚀性能，防止空罐内壁受机械损伤而出现露铁现象。

(3)细菌性胀罐

原因：杀菌不彻底或密封不严使细菌重新侵入而分解内容物，产生气体，使罐内压力增大而造成胀罐。

防止措施：罐藏原料充分清洗或消毒，严格注意加工过程中的卫生管理，防止原料及半成品的污染；在保证罐制品质量的前提下，对原料进行热处理，以杀灭产毒致病的微生物；在预煮水或糖液中加入适量的有机酸，降低罐制品的pH，提高杀菌效果；严格封罐质量，防止密封不严；严格杀菌环节，保证杀菌质量。

12. 果蔬罐藏中出现罐内壁腐蚀的原因和防止措施有哪些？

影响因素：影响罐内壁腐蚀的主要因素有氧气、酸、硫及硫化物、贮藏环境的相对湿度。氧气是金属的强氧化剂，罐制品内残留氧的含量，对罐藏容器内壁腐蚀起决定性作用，氧气量越多，腐蚀作用越强；含酸量越多，腐蚀性越强；当硫及硫化物混入罐制品中，易引起硫化斑；贮藏环境相对湿度过大，易造成罐外壁生锈、腐蚀等。

防止措施：排气要充分，适当提高罐内真空度；注入罐内的填充液要煮沸，以除去填充液中的SO_2；对于含酸或含硫高的内容物，容器内壁一定要采用抗酸或抗硫涂料；贮藏环境相对湿度不能过大，保持在70%～75%为宜。

13. 果蔬罐藏中出现罐内汁液混浊与沉淀的原因和防止措施有哪些？

原因：加工用水中钙、镁等离子含量过高，水的硬度大；原料成熟度过高，热处理过度；贮藏不当造成内容物冻结，解冻后内容物松散、破碎；杀菌不彻底或密封不严，微生物生长繁殖等。

防止措施：加工用水进行软化处理；控制温度不能过低；严格控制加工过程中的杀菌、密封等工艺条件；保证原料适宜的成熟度等。

14. 果蔬腌制中出现腌制蔬菜上长膜的原因和防止方法是什么？

腌制过程中容器密封不好，造成酵母菌繁殖，使酸度迅速下降。在腌渍液表面常见一层灰白色或乳黄色具有皱纹的膜状物，是由产膜酵母菌及伪酵母菌等所引起。在表面生成乳白色而光滑的薄膜是由酒花酵母活动所引起。这些是好气性微生物活动，能够氧化糖分、乙醇、醋酸及乳酸等而生成CO_2及H_2O，对制品的质量有不利影响。

防止方法：要将产品捣紧压实，用清水或淡盐水没过原料，长出膜的产品用香辛料、芥子油、大蒜、洋葱等进行处理，可抑制酵母菌的活动。

15. 果蔬速冻中出现变色的原因和防止方法是什么？

在低温状态下，某些酶仍然保持活性，因此在长期冻藏中果蔬制品发生变色。

防止方法：提高热烫温度和加长热烫时间，对原料进行护色处理。

16. 果蔬速冻中出现流汁的原因和防止方法是什么？

解冻后，融化的水不能被细胞吸收，大量汁液流失，组织软烂，口感、风味、品质下降。

防止方法：提高冻结速度，减少温度波动。

17. 果蔬速冻中出现干耗的原因和防止方法是什么？

速冻品表面升华所致。

防止方法：加冰衣、改善包装。

18. 果蔬制汁中出现变色的原因和控制方法有哪些？

果蔬汁在加工中发生的变色多为酶褐变，在贮藏期间发生的变色多为非酶褐变。

对于酶褐变控制的办法：尽快用高温杀死酶活性；添加有机酸或维生素C抑制酶褐变；加

工中要注意脱氧;加工中要避免接触铜铁用具等。

对于非酶褐变控制的办法:防止过度的热力杀菌和尽可能地避免过长的受热时间;控制 pH 在 3.3 以下;制品贮藏在较低的温度下,贮藏中避光。

19. 如何保持混浊果蔬汁的稳定性?

带肉果汁或混浊果汁,特别是瓶装带肉果汁,保持均匀一致的质地对品质至关重要。要使混浊物质稳定,就要使其沉降速度尽可能降至零。其下沉速度一般认为遵循斯托克斯方程。

$$V=\frac{2gr^2(\rho_1-\rho_2)}{9\eta}$$

为了使混浊果汁稳定,应从如下几方面着手:采用均质、胶体磨处理等,降低颗粒体积;可通过添加胶体物质如果胶、黄原胶、脂肪酸甘油酯等,增加分散介质的黏度;通过加高脂化和亲水的果胶分子,作为保护分子包埋颗粒以降低颗粒与液体之间的密度差。

20. 蔬菜制汁中绿色蔬菜汁的色泽如何保持?

绿色蔬菜在加工中容易失绿而变褐,可采用热碱水($NaHCO_3$)烫漂处理,或将清洗后的绿色蔬菜在稀碱液中浸泡 30 min,使游离出的叶绿素皂化水解为叶绿酸盐等产物,绿色更为鲜亮。

21. 柑橘类果汁的苦味是如何产生的?如何脱苦?

柑橘类果汁在加工过程中或加工后易产生苦味,主要成分是黄烷酮糖苷类和三萜系化合物。

防止方法:选择含苦味物质少的原料种类、品种,果实充分成熟或进行催熟处理;加工中尽量减少苦味物质的溶入,如种子等尽量少压碎,悬浮果浆与果汁的接触时间尽量短;采用聚乙烯吡咯烷酮、尼龙-66 等吸附脱苦;添加蔗糖、β-环状糊精、新地奥明以及二氢查耳酮等提高苦味物质阈值。

22. 果蔬制汁中如何防止微生物引起的败坏?

微生物的侵染和繁殖引起的败坏可表现在变味,也可引起长霉、混浊和发酵。

防止方法:采用新鲜、无霉烂、无病虫的果实原料;注意原料的洗涤消毒;严格车间和设备、管道、工具、容器等的消毒,缩短工艺流程的时间;果蔬汁灌后封口要严密;杀菌要彻底。

【案例1 苹果干加工】

一、工艺流程

原料选择──→清洗──→去皮──→去果心──→切片──→护色──→硫处理──→干燥──→选片──→回软──→分级、包装

二、操作方法和注意事项

(一)原料及设备

原料苹果,柠檬酸、亚硫酸钠适量,苹果去皮机、去核机,烘房或隧道式逆流干制机等。

(二)实施过程

1. 原料选择

选择果个中等,果实直径不小于 60 mm,新鲜饱满,品质良好,八成熟以上,种子呈褐色,组织不萎缩,无霉烂、畸形、冻伤、病虫害及严重机械伤的苹果,剔除烂果。

2. 清洗

用流动清水清洗,以表皮洗清洁为止。

3. 去皮、去果心、切片

原料经去皮，再经去核机沿果核中心打成圆形孔，然后用切片机沿果实横向切成5～7 mm厚的环形片。没有去核机时，可用不锈钢片制成的圆筒状刀具，先从果蒂处插入至一半深度，后从果柄处插入，将果核取出。

4. 护色

将切后的苹果片迅速浸入3%～5%的盐水或0.3%～0.5%亚硫酸钠溶液中护色，防止氧化变色。

5. 硫处理

可采用熏硫或硫浸泡方式。

(1)熏硫　将苹果片捞起串好或放入果盘，在熏硫室中熏硫1 h左右，一般每1 000 kg原料用硫黄2～4 kg，时间约0.5 h。

(2)硫浸泡　将护色处理的苹果片捞起，继续放入1.5%～3%的亚硫酸钠和0.3%的柠檬酸混合液中浸泡，液面要高于果片面15～20 cm，为防止果片漂浮在混合液上面，应在果片上面用盖帘加重物压住，以确保果片完全浸泡在混合液中。浸泡时间30～40 min。果片浸好后逐个串到竹竿上，均匀摆开，防止片与片之间搭叠，以备进干燥室。

6. 干燥

干燥可用烘房干燥或隧道式逆流干制机干燥。

(1)烘房干燥　硫处理后，送入烘房进行干制，装载量为4～5 kg/m^2。干制开始时用50～60 ℃，以后逐渐升至75～80 ℃。在干燥过程中要始终进行排湿，维持温度稳定，干燥时间需5～8 h。产品出干燥室时，果片水分控制在6%～12%。

(2)隧道式逆流干制机干燥　将苹果圈串在经消毒灭菌处理的细竹竿上，苹果块则放在烘盘上，然后将竹竿(烘盘)置烘车架上，推入烘道进行干燥。逆流干燥机的进料端温度不低于45 ℃，出料端温度在70 ℃左右即可，最高不要超过85 ℃。整个干燥过程最好在8～12 h完成。

7. 选片、回软

已干燥好的苹果干要经过人工挑选和修整，将果片上带有残留籽巢、果皮、机械伤疤、斑点、病虫害的修整掉，将果片中的水片(不干燥片)、糊片、碎片、脏片剔除，并除去杂质。

为使干制苹果各部分含水量均衡，质地呈适宜柔软状态，可将制品在贮藏室的密闭容器内堆放15～20 d。回潮后水分不得超过18%。

8. 分级、包装

制品应根据产品质量分为标准成品、废品和未干品等。苹果干可用木箱、纸盒、塑料薄膜食品袋进行包装，谨防受潮。采用真空包装，可延长产品保质期。

(三)产品质量标准

脱水苹果干呈淡黄色、黄白色或青白色，色泽较一致；具有脱水苹果干应有的风味及气味，甜酸适口，无异味；果片呈环状，不带机械伤、病虫害、斑点，不允许有氧化变色片、焦片、水片，不完整片不超过10%，碎末小块不超过2%(均以重量计)；水分含量不超过18%；硫含量不超过0.1%。

【案例2 胡萝卜干加工】

一、工艺流程

原料选择⟶清洗⟶去皮⟶修整⟶切分⟶漂烫⟶硫浸⟶脱水干燥⟶回软⟶压块成型⟶包装

二、操作方法和注意事项

(一)原料及设备

原料胡萝卜,设备滚筒式洗涤机、切片机、隧道式间歇半连续干燥设备、压榨机等。

(二)实施过程

1. 原料选择

胡萝卜干制应选择胡萝卜素含量高,表皮及根肉呈鲜艳的红色或橙红色,肉质根新鲜肥大,皮薄肉厚,纤维少,心柱细小而无明显粗筋,组织紧密而脆嫩,干燥后复水率高的品种,如小顶金红、上海本地红、南京红、陕南柿子红、天红2号等。

选择新鲜洁净、成熟适度、长粗适宜、外皮光滑、直根圆柱形、便于切片加工的胡萝卜。剔除带虫蛀、病斑、严重损伤或畸形、发育不良的胡萝卜。

2. 清洗、去皮、修整、切分

(1)清洗　清洗容器可采用瓷缸、铁板水槽、水泥池等,有条件的工厂应采用带有滤板的清洗槽,或采用配有喷淋水的滚筒式洗涤机进行清洗操作,借助压缩空气对水的翻动或高压水的冲刷等机械作用来清洗胡萝卜原料。

(2)去皮　采用浸碱或淋碱(NaOH碱液)的方法去皮。碱液的浓度,视原料的新鲜程度,可在8%～12%进行调整,碱液温度不应低于95 ℃,浸碱或淋碱的作用时间为1～3 min。经碱液处理后的原料,要立即用流动清水进行2～3次冲洗,以洗掉被碱液腐蚀的表皮组织及残留的碱液,并起到对物料的冷却作用。

(3)修整　去除胡萝卜黑斑、根须及胡萝卜顶端叶、根尾等部分。

(4)切分　经修整处理后的原料,以手工或切菜机械,切成厚8 mm左右薄片。

3. 烫漂

用常压蒸汽或沸水烫漂,烫漂用水以柠檬酸调整pH为5.5～6.0,烫漂2～5 min,以烫透为准,但不得有软烂现象。

4. 硫浸

用0.2%～0.5%(以有效SO_2计)亚硫酸钠浸泡,硫浸时间5～10 min。

5. 脱水干燥

采用隧道式间歇半连续干燥设备。胡萝卜物料平铺在透气性能良好的烘盘(平筛)内,物料的装填量控制在5～6 kg/m^2。装好物料的烘盘,按一定的垂直间距,分层摆放在载料小车的框架上(一般可摆放10层左右)。物料进入干燥室后,前期热风温度80～85 ℃,中期温度降至40 ℃左右,后期热风温度75～80 ℃,由出料口一端吹入。当物料中的水分含量降至5%～8%时,即可结束干燥处理。一般情况下,胡萝卜的人工干制在6～7 h即可完成。

6. 回软

将干燥的胡萝卜冷却,剔出湿度过大或焦煳等不合格品,然后于木箱等密闭容器中或以堆聚的形式在室内存放1～3 d，使物料自身的内部与外部，以及物料与物料之间的湿度一致，质地变得稍加皮软。这样不但为成品的压块成型、包装创造了有利条件，而且可提高成品率。

7. 压块成型

胡萝卜干制品的连续化大批量生产，可不必单独进行回软处理。当物料干燥后可趁热压块成型，其操作可采用螺旋式或液压式压榨机进行，视块型的大小，压榨时间为1～3 min，工作压力为70 kg/cm^2 左右。

8. 包装

经压块成型的胡萝卜干制品，如水分含量不超过8%，即可包装。如水分含量超过成品标准，可采用生石灰为干燥剂，与等量的胡萝卜块置于室内同放一段时间，当块料中的水分含量降至8%以下时，再行包装。包装环境必须干燥清洁、空气清新、温度适宜。蔬菜干制品的包装，应做到防潮、防虫和密封。小型包装以采用不透光的复合薄膜袋真空包装为主，有条件的可采用充氮密封包装。大型包装，一般采用瓦楞纸箱或木箱，并经防潮和密闭处理，每大箱净重为15～20 kg。贮藏于温度12～20 ℃、相对湿度不超过60%，避免强光辐射的环境中。

(三)产品质量标准

脱水胡萝卜干呈橙黄色，色泽较一致，不允许有氧化变色；具有脱水胡萝卜干的气味，无异味；片型完整，片厚基本均匀，干片稍有卷曲或皱缩，无碎片；含水量≤8%(质量分数)。

【案例3　苹果脯加工】

一、工艺流程

原料选择——→预处理——→糖制——→烘烤——→整形——→包装

二、操作方法和注意事项

(一)原料及设备

以生产100 kg产品为例，需原料苹果300 kg，白糖400 kg，夹层锅，加热设备，烘盘，烘箱等。

(二)实施过程

1. 原料选择

苹果脯的原料应选择果形完整、果心小、肉质紧实，在坚熟期采收的果实。可用国光、红玉等品种。

2. 预处理

预处理包括去皮、切分、去心、硬化和硫处理。

(1)去皮、切分、去心　用手工或机械去皮后，根据大小分成2～4瓣，用挖核器去除果心。

(2)硬化和硫处理　将果块放入0.1%的氯化钙或葡萄糖酸钙与0.2%～0.3%的亚硫酸氢钠混合液中浸泡4～8 h，进行硬化和硫处理。肉质较硬的品种只需要进行硫处理。浸泡后用清水漂洗2～3次备用。

3. 糖制

苹果脯在糖制中先用水和砂糖调配成浓度为40%～45%的糖液煮沸，把已处理好的果块放入煮沸的锅内。在夹层锅内配成40%的糖液25 kg煮沸，将处理好的果块30 kg倒入锅内，用旺火煮沸后，再添加50%的冷糖液5 kg，重新煮沸。反复进行3次，用时30～40 min。待果块发软膨胀开始有微小的裂纹出现时，开始撒入白糖。每次煮沸后撒一次，加糖次数5～6次，前两次可加入3～4 kg糖，再加入60%的冷糖液12 kg，中间两次加糖4～5 kg，再加入60%的冷糖液1 kg，最后1～2次加6～10 kg糖，用文火加热维持20～30 min，然后加入65%的冷糖液，并立即出锅，在缸中浸泡24～48 h后捞出沥干进行烘烤。除此种方法糖制外还有多次煮成法、变温煮制法等，可根据条件和设备进行选择。

4. 烘烤、整形和包装

将果块捞出，沥干糖液，摆盘使果碗朝上，先在60 ℃下烘烤6 h，再升温到70 ℃烘烤6 h，然后再降到60 ℃烘烤6 h。将苹果脯放于25 ℃的室内24 h回潮，剔除果脯上的斑疤、黑点等，将合格产品用手捏成扁圆形，并用无毒玻璃纸单块包装，装入包装盒中。

(三)产品质量标准

色泽浅黄色至金黄色，鲜艳透明有光泽，色度一致。块形整齐有弹性，无生心、无杂质。不返砂、不结晶、不流糖、不干瘪。保持原果味道，甜酸适宜，无杂味。总糖含量68%～75%，含水量16%～18%。

【案例4 草莓酱加工】

一、工艺流程

原料选择⟶加糖及配料⟶浓缩⟶装罐、密封⟶杀菌

二、操作方法和注意事项

(一)原料及设备

以生产100 kg产品为例，需原料草莓100 kg，白糖100 kg，罐头瓶120个，不锈钢锅，夹层锅，排气箱，杀菌锅等。

(二)实施过程

1. 原料选择

土德拉　本品种引自西班牙。早熟品种，果形呈长圆柱形，一级序果平均重29 g，最大果重90 g，每亩产量可达2 500～3 500 kg，丰产性极强。果面鲜亮红色，果肉鲜红，果肉硬，表皮抗压性强，耐贮运。可溶性固形物含量为7%～9%，酸甜适口，品质中等。

丰香　由日本引进，是栽培的优良品种。该品种植株长势强，株型半开张。叶片圆而大，厚而浓绿。果形整齐，大果率高，商品果率高。

女峰　由日本引进的优良品种。植株直立，生长势强，具丰产性。果色鲜红有光泽，外观美。果皮韧，肉质硬，耐贮运。可溶性固形物高，但含酸量也高，风味浓，有香气，品质佳。

选择糖酸比合适、富含果胶的品种，在充分成熟时采收。原料在流动水槽中漂洗，洗净后去梗、萼片和去除青果、烂果。

2. 加糖及配料

草莓与糖的重量比为1∶1，根据原料的含酸量，适当加入柠檬酸和山梨酸调整。

3. 浓缩

(1)常压浓缩　将糖配成糖浆，与原料一同加入锅中。待将要达到浓缩终点时加入柠檬酸、山梨酸，浓缩至可溶性固形物达到60%～65%时出锅。

(2)真空浓缩　将草莓与糖水吸入真空锅内，浓缩至可溶性固形物达到60%～65%，加入

溶化的柠檬酸、山梨酸，进一步浓缩可溶性固形物达到65%～70%。解除真空，继续加热，待酱温达100 ℃时出锅。

4. 装罐、密封、杀菌

出锅后立即装罐，最好装罐前空罐加温。装罐时酱温在85 ℃以上，杀菌温度为100 ℃，10～15 min。用玻璃罐包装可采用分段降温冷却。

【案例5　黄桃罐头加工】

一、工艺流程

原料选择⟶选果清洗⟶切半、挖核⟶去皮、预煮⟶修整、装罐⟶排气、封罐⟶杀菌、冷却⟶擦罐、保温

二、操作方法和注意事项

(一)原料准备

以生产100瓶500 g装罐头为例，需原料黄肉桃50 kg，白糖10 kg，罐头瓶120个，不锈钢锅，杀菌锅，排气箱等。

(二)实施过程

1. 原料选择

黄肉桃，俗称黄桃，属于桃类的一种。黄桃在中国西北、西南一带栽培较多，随着食品罐藏加工业的发展，现在华北、华东、东北等地栽培面积也日益扩大。主要特点：果皮、果肉均呈金黄色至橙黄色，肉质较紧、致密而韧，黏核较多。

黄肉桃除少量鲜食外，主要用于加工。

选用不溶质性的韧肉型品种。要求果形大，肉质厚，组织细致，果肉橙黄色，汁液清，加工性能良好。果实在八成熟时采收。常用品种有丰黄、黄露及日本罐桃2号、黄金等。

2. 选果清洗

选用成熟度一致、果型均匀、无病虫、无机械损伤果，用流动清水冲洗，洗去表皮污物。

3. 切半、挖核

沿缝合线用刀对切，注意防止切偏。切半后将桃片立即浸在1%～2%的食盐水中护色。然后用挖核刀挖去果核，防止挖破，保持挖核面光滑。

4. 去皮

配制浓度为4%～8%的氢氧化钠溶液，加热至90～95 ℃，倒入桃片，浸泡30～60 s。经浸碱处理后的桃片，用清水冲洗，反复搓擦，使表皮脱落。再将桃片倒入0.3%的盐酸液中，中和2～3 min。

5. 预煮

将桃片盛于钢丝筐中，在95～100 ℃的热水中预煮4～8 min，以煮透为度。煮后冷水急速冷却。

6. 修整、装罐

用刀削去毛边和残留皮屑，挖去斑疤等。选出果片完整、表面光滑、挖核面圆滑、果肉呈金黄色或黄色的桃块，供装罐用。将合格桃片装入罐中，排列成复瓦状。装罐量为净重的55%～60%。注入糖水(每75 kg水加20 kg的砂糖和150 g柠檬酸，煮后过滤，糖水温度不低

于 85 ℃)，留顶隙 6～8 mm 为度。罐盖与胶圈在 100 ℃沸水中煮 5 min。

7. 排气、封罐

将罐头放入排气箱中，热力排气为 85～90 ℃，排气 10 min(罐内中心温度达 80 ℃以上)。从排气箱中取出后立即密封，罐盖放正、压紧。旋口瓶立即旋紧。

8. 杀菌、冷却

密封后及时杀菌，500 g 玻璃罐在沸水中煮 25 min，360 g 装四旋瓶在沸水中煮 20 min。杀菌后的玻璃罐头要用冷水分段冷却至 35～40 ℃。

9. 擦罐、保温

擦去罐头表面水分，放在 20 ℃左右的仓库内贮存 7 d，即可进行敲验。贴商标、装箱后出厂。

(三)产品质量标准

成品呈金黄色或黄色，同一罐中色泽应一致，糖水透明，允许存在少许果肉碎屑。有其固有的黄桃风味，无异味。桃片完整，允许稍有毛边，同一罐内果块均匀一致。果肉重量不低于净重的 60%，含糖量为 14%～18%(开罐浓度以折光计)。

【案例6　腌制雪里蕻】

一、工艺流程

原料处理──→腌制──→倒缸

二、操作方法和注意事项

(一)原料选择

(1)细叶黄种雪里蕻属分叶芥类型。植株丛生状，株高 28～33 cm，披针形，叶缘深裂，全叶有不明显的裂叶 10～12 对，叶色深绿。腌渍加工后，色黄、质嫩、风味好，品质极佳。单株重 1～1.5 kg，一般亩产 3 000～4 000 kg。

(2)九头乌植株半直立，侧芽萌发力强，一般多为 9 个分支，故名九头乌。中熟，耐寒，纤维细，肉质嫩，品质优，有芥辣味，主要用于腌制加工食用。

(二)原料准备

以生产 100 kg 成品为例，需原料雪里蕻 140 kg、食盐 10 kg、花椒面 500 g、大缸一个。

腌雪里蕻色青绿，具有香气和鲜味，咸度适口，质地脆嫩。食用方便，腌过的雪里蕻，捞出后切碎，炒、拌、做汤均可，是佐饭佳菜。

(三)实施过程

1. 原料处理

选色泽浓绿、叶片肥嫩的菜，采收后去泥土，晾晒 1～2 d，叶柄变软后，经洗涤、晾干，除去黄叶，削平根部。

2. 腌制

容器用缸，洗干净，抹干水。将雪里蕻平铺在缸内，撒一层花椒盐(将花椒和盐拌和在一起)，再铺一层雪里蕻，再撒一层花椒盐，直至将雪里蕻腌完，最上面要多撒一些花椒盐。

3. 倒缸

第二天倒缸一次，以后每两天倒缸一次，腌半个月后，可以食用。倒缸的目的是除去雪里蕻的辣味。这种方法腌出的雪里蕻颜色碧绿，味咸而不酸，腌半个月后雪里蕻还为鲜绿色的，腌一个月后则变成深绿色。

(四)产品质量标准

色泽翠绿，清香脆嫩，鲜咸而无酸味和辛辣味，味道鲜美。

【案例7　泡菜的加工】

一、工艺流程

原料处理——→盐渍——→脱盐脱水——→拌料——→发酵、检验

二、操作方法和注意事项

(一)原料选择

白菜为二年生草本植物，是十字花科芸薹属叶用蔬菜。高 40～60 cm，有时叶下面中脉上有少数刺毛。泡菜加工中最为适合的白菜品种为东北大矮白菜，该品种白菜的叶帮大、绿叶小，质地脆嫩，口感微甜。同时，其他原料要确保其成熟度适宜、无病虫害，如萝卜、辣椒、大蒜、生姜、胡萝卜、苹果、梨、韭菜等。

(二)原料准备

大白菜 10 kg、食盐 20 kg、白萝卜 30 g、大蒜 30 g、姜 50 g、苹果 200 g、大葱 30 g、辣椒面 400 g、白砂糖 40 g、鱼露 4 mL、醋精 5 mL、味精 20 g。

(三)实施过程

1. 原料处理

将白菜外层的深色绿叶剥掉、去根后对半切开，然后切成边长为 4～6 cm 的菱形块，将其他果蔬原料清洗干净后切成小块备用。

2. 盐渍

盐渍有湿法和干法两种，湿法即利用食盐水盐渍，干法即直接用食盐盐渍。采用干法或湿法可根据原料情况选择，一般制作白菜泡菜时采用湿法，先将切好的白菜放入缸中，然后向缸中添加经过粗过滤的盐水，确保盐水刚刚没过白菜，并用重物将白菜压实。食盐浓度为 15～18%，盐渍时间为 24 h。盐渍时应注意控制好盐水浓度或盐渍时间，避免过生或过熟。

3. 脱盐脱水

盐渍结束后，需去除部分盐分，使白菜的最终盐分浓度为 4%～6%。脱盐直接采用流动清水进行，可分阶段，以保证泡菜的清洁卫生。在脱盐的同时，对大白菜进行整理，去掉泡烂的菜叶。清洗完成后，人工或用压榨脱水设备尽量将其挤干，以避免带入下一工序。

4. 拌料

脱水后的白菜可立即进行拌料。拌料前预先将所有的果蔬辅料放在一起搅成泥状，加入醋精、白砂糖、味精、鱼露与辣椒面进行混合。最后与脱水的白菜搅拌均匀即可。

5. 发酵、检验

拌料后的泡菜需要进行发酵，以获得其特殊风味。发酵通常采用低温(5～10 ℃)进行，当泡菜酸度(乳酸)达到 0.5%～0.8%时，发酵完成。发酵完成后，经感官和理化检验等，合格的即可上市流通。韩国泡菜通常不进行杀菌处理，因此必须在低温条件下流通，一般流通时间为 25～30 d。

(四)产品质量标准

产品色泽红白分明,口感咸鲜,酸甜爽口,带有辣味。

【案例8 糖醋大蒜的加工】

一、工艺流程

原料处理⟶剥衣⟶盐腌⟶换缸⟶晾晒⟶配料⟶腌制

二、操作方法和注意事项

(一)原料选择

供加工糖醋大蒜的原料应选用鳞茎整齐肥大、皮色洁白、肉质鲜嫩的蒜头。

(二)原料准备

以生产100 kg成品为例,需原料蒜头140 kg,食盐14 kg,白醋70 kg,砂糖32 kg,山奈、八角等香料,大缸等。

(三)实施过程

1. 原料处理

原料分等级整理,即特级每千克20只,甲级每千克30只,等外每千克30只以上。

2. 剥衣

用刀切除根部和茎部,剥去包在蒜头外面的蒜皮,在清水中洗净,沥干水分。

3. 盐腌

按鲜蒜头100 kg、食盐10 kg的比例腌制。在腌制的缸内先撒一层底盐,然后按一层蒜头一层盐的方法,腌制大半缸为止,再在面上撒一层盐。

4. 换缸

目的为使上下各部位的蒜头腌制均匀。用同样容量的清洁空缸作为换缸之用,每天早晚各换缸一次,直至卤水能淹到全部蒜头为止。同时还需将蒜头中央部位刨一个小洞,以使卤水流入洞中,经常用瓢舀出洞中的卤水浇淋在蒜头的表面。如此管理15 d后,即成蒜头。

5. 晾晒

从缸中捞出咸蒜头置于竹席上晾晒,晾至比原重减少30%~35%时为宜。日晒时每天翻动一次,夜间放入室内或覆盖防雨布以防雨淋。

6. 配料

每100 kg晾晒过的咸蒜头用白醋70 kg、砂糖32 kg。配料时先将白醋加热至80 ℃,再加砂糖使其溶解,有的还加入少许山奈、八角等香料。

7. 腌制

将咸蒜头装入坛中,轻轻压紧,装至坛子的3/4时,将以上配好的糖醋香液注入坛内,加满为止,蒜头与香液重量基本相等。在坛颈处横档几根竹片,以免蒜头上浮,然后用塑料薄膜或油纸捆严坛口,加一木板,并涂敷坛口,使其密封。经3个月后,蒜头即成熟,如时间更长,成品质量更好。密封的蒜头可长期保存。

(四)产品质量标准

成品要求呈乳白色或乳黄色,甜酸适口,肉质脆嫩。有光泽,具有蒜香和脂香气,颗粒饱满,质脆少渣。

糖醋大蒜的配方很多，加工时可根据自己的口味灵活调整。

【案例9　速冻菠菜加工】

一、工艺流程

原料选择⟶修整与清洗⟶烫漂与冷却⟶沥水与冻结⟶包冰衣⟶包装⟶冷藏

二、操作方法和注意事项

（一）原料及设备

速冻用菠菜，振荡筛或离心机，18 cm×13 cm 长方形小铁盘，竹筐，冷冻机，塑料袋、瓦楞纸箱。

（二）实施过程

1. 原料选择

菠菜适于速冻加工的品种主要有急先锋、巴卡、欧菜、胜先锋、全能等。用于速冻的菠菜必须是采收后不久的新鲜产品，原料要求鲜嫩、浓绿色、叶大、肥厚，株型完整，收获时不散株、不浸水，不得用力捆扎、叠高重压，无机械伤，无病虫害，长度为 150～300 mm。

2. 修整与清洗

加工时应逐株挑选，除去黄叶，切除根须，拣出散株、抽薹株。从根茎以下 0.5 cm 处切去根部，并根据植株的大小分成不同等级。将菠菜投入流水中充分冲洗，清洗时也要逐株漂洗，洗去泥沙等杂物。

3. 烫漂与冷却

菠菜的下部与上部叶片的老嫩程度及含水率不同，因此烫漂时将洗净的菠菜叶片朝上竖放于筐内，下部浸入沸水中 30 s，然后再将叶片全部浸入烫漂 1 min。热烫时，在水中加入一定量的食盐或氯化钙、柠檬酸、维生素，可以防止蔬菜氧化变色。为了保持菠菜的浓绿色，热烫后，迅速将原料用 3～5 ℃的冷水浸漂、喷淋，或用冷风机冷凉到 5 ℃以下。若不及时冷却或冷却的温度不够低，会使叶绿素受到破坏，失去鲜绿光泽，贮藏中逐渐由绿色变为黄褐色。所以，冷却时应经常检测冷却池中的水温，随时加冰降温。

4. 沥水与冻结

冷却后的原料在冻结前，还需用振荡筛或离心机等沥去沾留在表面的水分，以免在冻结中原料互相粘连或粘在设备上。为使原料快速冻结，通常采用盘装。将沥干水分的原料平放在长方形小冰铁盘中，每盘装 500 g，共放两层，各层的根部分别排在盘的两侧。排盘时，先取一半菜根部朝向一侧，整齐地平铺在小冰铁盘里，超出盘的叶部折回；再将另一半菜的根部朝向盘的另一侧，按照同样方法再排一层，便成为整齐的长方形。冷冻的速度越快，蔬菜新鲜品质的保存程度越高。经过上述工序的原料，应立即送入冷冻机中，在－40～－30 ℃的低温下冻结，要求 30 min 内原料的中心温度达到－18～－15 ℃。

5. 包冰衣

使速冻菜从冰铁盘中脱离（称脱盘），置于竹筐中，再将竹筐浸入 2～5 ℃的冷水中，经 2～3s 提出，冻菜的表面水分很快形成一层透明的薄冰。这样可以防止冻品氧化变色，减少质量损失，延长贮藏期。包冰衣应在不高于 5 ℃的冷藏室中进行。

6. 包装

包装的工序包括称重、装袋、封口和装箱，均须在 5 ℃以下的冷藏室中进行。按照出口规格的要求，用塑料袋包装封口，每个塑料袋装 500 g，用瓦楞纸箱装箱，每箱装 20 袋，每箱净重 10 kg。装箱完毕，粘封口胶带纸，标上品名、重量及生产日期，运至冷藏库冷藏。

7. 冷藏

冷藏库内应保持在－21～－18 ℃，温度波动不能超过±1 ℃；空气相对湿度保持在 95%～100%，波动幅度不超过 5%。冻品中心温度要在－15 ℃以下。一般安全贮藏期为 12～18 个月。运输和销售期间也应尽量控制稳定的低温，如果温度大幅度变动，使冻品反复解冻和冻结，将严重影响产品质量。

(三)产品质量标准

产品呈青绿色，具有其特有滋味与气味，无异味，组织鲜嫩，茎叶肥厚，株型完整，食之无纤维感。细菌总数不超过 1.0×10^{5} 个/g，大肠菌群、大肠杆菌、葡萄球菌、沙门氏菌检测结果均为阴性。

【案例10　速冻草莓加工】

一、工艺流程

原料选择──→洗果──→除萼──→沥水──→加糖、摆盘──→速冻──→包装──→冻藏

二、操作方法和注意事项

(一)原料及设备

以生产 100 kg 速冻草莓为例，需原料草莓 50 kg，白糖 50 kg，高锰酸钾 50 g，薄刀片，冷冻机，塑料袋、纸箱等。

(二)实施过程

1. 原料选择

速冻草莓必须选择适于速冻的草莓品种作为原料，一般要求用果实品质优良、匀称整齐、果肉红色、硬度大、有香味和酸度、果萼易脱落的优良品种，如宝交早生、春香、全明星、达娜、哈尼、美十三、森格纳等。

用于速冻的草莓成熟度必须一致。果实的成熟度为八成时比较适合速冻，即果面 80% 着色，具有品种固有风味时采收，速冻后才能保持良好的色、香、味。速冻草莓必须保持原料新鲜，采摘当天即应进行处理，或放在 0～5 ℃的冷库内暂时保存，尽快处理。速冻果实要求选择果个适中、果形端正，无压伤，无病虫害的果实。果实横径不小于 2 cm，单果重 7～12 g。

2. 预处理

(1)洗果　将草莓放入流动水槽，漂洗去泥沙杂质。也可以经输送带以流水喷淋洗涤。洗前先以 0.05%高锰酸钾水溶液浸洗 4～5 min。浸洗中要轻轻搅动。

(2)除萼　人工将萼柄、萼片摘除干净，对除萼时可带出果肉的品种，可用薄刀片切除花萼。

(3)沥水　沥去表面水分。按照产品要求，如要求冻品呈粒状，沥水时间宜长，如要求冻品呈块状，沥水时间宜短。

3. 加糖、摆盘

按草莓重的30%～50%加糖，一层草莓、一层白糖，然后搅拌均匀。可以在加糖时加0.1%的维生素C。对于作为加工原料的冻品，一般不加糖，只加维生素C。草莓摆盘时一定要平整、紧实。

4. 速冻

摆好盘后立即进行速冻。在－30 ℃以下速冻至果心温度－18 ℃为止。

5. 包装

速冻后的草莓冻盘拿到冷却间包装，将草莓块从盘中倒出，装入备好的塑料袋，用封口机密封放入纸箱中。

6. 冻藏

将包装好的纸箱立即送入－18 ℃的冷库贮藏。贮藏期可达一年半。

(三)产品质量标准

产品呈草莓固有的色泽，具有其特有风味与香气，无异味，大小均匀，果个完整。细菌总数不超过1.0×10^5个/g，大肠菌群、大肠杆菌、葡萄球菌、沙门氏菌检测结果均为阴性。

【案例11　柑橘汁加工】

一、工艺流程

原料选择──→清洗──→分级──→榨汁──→粗滤──→混合──→均质──→脱气──→装罐──→密封──→杀菌──→冷却

二、操作方法和注意事项

(一)原料及设备

以生产100 kg成品为例，需原料柑橘200 kg，玻璃瓶220个，杠杆式或螺旋式压榨机，振动筛，柠檬酸，白糖等。

(二)实施过程

1. 原料选择

柑橘类水果如甜橙、宽皮橘、葡萄柚、柠檬等，均为重要的制汁原料。甜橙的制汁优良品种为先锋橙、锦橙、哈姆林橙、伏令夏橙等。宽皮橘有樟头红、温州蜜柑、雪柑等。葡萄柚有福斯脱粉红葡萄柚、红宝石葡萄柚、登开葡萄柚等。柠檬有尤力克、里斯本、法兰根等。

柑橘类果品以制成混浊果汁为佳，因为构成风味、色泽和营养成分的主要是果汁中的悬浮微粒。适宜制汁的是皮薄、多汁的种类和品种，宜选用风味较浓、甜酸适度、可溶性固形物含量高、出汁率高、充分成熟的果实为原料。

按上述标准选择原料，剔除有病虫害、霉烂及未熟果。从合格的果实中取样，进行糖酸比值、色泽、果汁含量和其他理化指标的测定。

2. 清洗、分级

用清水洗净果实表面泥沙等污物及农药残留物。必要时可用洗涤剂洗果，但洗涤后一定要用清水充分冲洗干净。清洗后用分级机按大小分级。

3. 榨汁

榨汁前果实应去皮、去橘络，最好能除去种子，以免果汁带苦味。然后用杠杆式或螺旋式压榨机榨取汁液。

4. 粗滤

将柑橘浆放入20目振动筛中分离出果实碎片、种子等杂物。压榨机一般均附有果汁粗滤器，榨出的果汁经粗滤后能立即排除果渣及种子，因此，无须另设粗滤器。

5. 混合

在果汁中添加适量的甜橙汁，可增加柑橘汁的风味。为提高果汁的糖度，可加一定量的白糖和柠檬酸，调整橘汁中含酸量达0.9%、含糖量16%为宜。

6. 均质

均质是柑橘汁加工的必要工艺。高压均质机压力为18～19 MPa，在此压力下果汁中所含粗大悬浮粒受压破碎，均匀稳定分布于汁液中。

7. 脱气

柑橘榨汁时往往混入不少空气，溶解在果汁中的氧气会降低罐藏汁中的抗坏血酸含量，并使果汁风味变劣。因此，生产上一般都要进行脱气处理，以降低果汁中氧的含量。可采用真空脱气装置脱气，也可采取加热排气法，即用热交换器快速加热果汁至95 ℃维持30 s。

8. 装罐

真空脱气后的果汁加热至87～90 ℃，热装罐（玻璃瓶）。

9. 密封

在果汁中心温度不低于80 ℃时，立即密封，不能漏气。

10. 杀菌、冷却

100 ℃杀菌7～10 min，杀菌后快速冷却到40 ℃以下。

（三）注意事项

柑橘果皮和种子中含苦味物质，影响果汁风味，加工取汁工艺较复杂，一般可在去除果皮和种子后榨汁。柑橘汁属热敏感性果汁，加工和贮藏中易受热氧化，从而引起果汁风味和色泽变化。因此，加工中应尽量缩短果汁受热时间，成品贮存温度不能过高。

（四）产品质量标准

果汁呈橙黄色或淡黄色，具有鲜柑橘汁应有的风味，酸甜适口，无异味。汁液均匀混浊，静置后允许有沉淀，但经摇动后仍呈原有的均匀混浊状态。原果汁含量不低于40%、60%或80%。可溶性固形物含量（以折光计）为11%～15%。

【案例12 苹果汁加工】

一、工艺流程

原料选择⟶清洗和挑选⟶破碎和果浆处理⟶榨汁⟶澄清与过滤⟶成分调整⟶杀菌⟶灌装

二、操作方法和注意事项

（一）原料及设备

以生产100 kg成品为例，需原料苹果170 kg，玻璃瓶220个，香料，柠檬酸，白糖，榨汁机，振动筛，淀粉酶制剂，板框式过滤机等。

(二)实施过程

1. 原料选择

选择肉质松脆,汁液极多,味甜酸可口,甚为浓厚,含芳香物质多的苹果为加工果汁的原料。

(1)乔纳金 单果重220～250 g,底色绿黄或淡黄,阳面大部有鲜红霞纹和不明显的断续条纹;果面光滑有光泽,蜡质多,果点小,不明显;果肉乳黄色,肉质松脆,中粗,汁多,风味酸甜,稍有香气,含可溶性固形物14%左右,品质好,是制汁及加工的优良品种。

(2)澳洲青苹 果实大,扁圆形或近圆形,顶部稍窄。单果重210 g,最大果重240 g,果面光滑,全部为翠绿色,有的果实阳面稍有红褐色晕;果肉绿白色,质较粗,松脆,果汁多,味酸,甜少,含可溶性固形物13.5%,品质中上等,是加工果汁的良好品种。

(3)红玉品种 果实中等大小,平均单果重150 g。肉质松脆,汁液极多,味甜酸可口。

2. 清洗和挑选

在加工前,苹果原料必须清洗和挑选,以清除污物和腐烂果实。果汁加工一般采用水流输送槽进行苹果预清洗作业,该作业一般在垂直或水平螺旋输送机上用喷射水流完成。刷式水果清洗机能很好地清洗苹果。清洗前或清洗后由人工在输送带上进行挑选。腐败原料不能用于加工苹果汁。

3. 破碎和果浆处理

破碎苹果应符合所采用的榨汁工艺要求。采用包裹式榨汁机,果浆粒度宜细,以2～6 mm为佳;而采用室式、带式或螺旋榨汁机时,果浆的颗粒宜大些。直至开始榨汁时始终保持果浆的粒度。果浆不进行中间贮存而直接送去榨汁。

酶处理是将果浆迅速加热到40～45 ℃,在容器中搅拌15～20 min,通风(预氧化),添加0.02%～0.03%高活性酶制剂,在45 ℃处理3～4 h,并间歇缓慢搅拌。用酶处理果浆制取苹果汁,出汁率明显提高。

4. 榨汁

适合苹果的榨汁机类型很多,榨汁机中果浆是运动的,因而制得的苹果汁含有大量的高聚物。成熟的新鲜原料出汁率为68%～86%。贮存过的原料或过熟原料,出汁率显著下降。增加榨汁助剂或加酶处理可以提高出汁率。苹果含有1.5%～5%的水溶性物质,理论上出汁率可以达到95%～98.5%,但用压榨的方法,苹果的平均出汁率实际上只能达到78%～81%,苹果残渣中仍然含有一部分苹果汁。榨汁后,通常用离心分离方法去除苹果汁中较大的果肉颗粒。

5. 澄清与过滤

苹果汁的澄清工艺十分重要,处理不当,成品中很容易出现混浊和沉淀。如果是贮藏过的苹果原料,采用液压榨汁机或螺旋榨汁机压榨,苹果汁中更易出现析出物或混浊物。通过酶处理不仅可以彻底分解高分子化合物、果胶、果肉颗粒和细胞碎片,还可以分解完全溶解在其中的简单化合物——半乳糖醛酸或低聚半乳糖醛酸。因此,必须采用酶制剂、澄清剂及其处理工艺来进行苹果汁澄清。苹果汁常用的澄清剂有明胶和明胶-硅胶-膨润土复合澄清剂。处理前要进行预澄清试验来确定澄清剂的最佳添加量。澄清剂的使用量一般为明胶∶硅胶∶膨润土=1∶10∶5。在澄清处理时,首先添加明胶溶液,混合均匀并沉淀1～2 h后再添加硅胶溶液。

苹果汁的澄清还必须考虑苹果汁中是否含有淀粉。只要在苹果原料中存在残留淀粉，也会大大影响澄清效果。在澄清前将苹果汁加热到 60～65 ℃及以上，就会降低淀粉对澄清的影响。用专门的淀粉酶制剂或具有一定淀粉酶活性的果胶分解酶制剂，都能分解果汁中的水溶性淀粉，淀粉酶制剂常用的添加量为 2～3 g/100 L 果汁，在特殊情况下可增加用量，直到取得满意的酶处理效果为止。果汁的淀粉酶处理温度不宜超过 35 ℃，可同时使用淀粉酶和果胶酶。酶处理 6～12 h 可以完全分解果汁中的淀粉。澄清后的果汁，用板框式过滤机或硅藻土过滤机过滤。

6. 成分调整

主要是糖和酸的调整。用一般果实制成的果汁糖酸比为(10∶1)～(15∶1)。但实际生产中，由于采用的原料不同，糖酸比有差异。只有通过成分调整才能得到满意风味。一般成品含糖量为 12%，酸度为 0.35%，并添加适量香料。但成分调整必须符合有关食品法规。

7. 杀菌

榨出的果汁，为了杀菌和钝化氧化酶及果胶酶，促使热凝固物质凝固，应将果汁立即加热。常用的杀菌方法是巴氏杀菌或高温短时杀菌(HTST)。苹果汁的 pH 小于 4.5，杀菌可低于 100 ℃，也能杀灭果汁中的微生物。因此，一般要用多管式或片式瞬间杀菌器加热至 95 ℃以上，维持 15～30 s，杀菌后趁热灌装。

8. 灌装

灌装容器有金属涂料罐和玻璃瓶。在现代化的果汁加工中，灌装机有真空灌装机、等压灌装机和反压灌装机及半自动灌装机。澄清苹果汁饮料通常采用热灌装工艺。

项目四

粮油原料加工

任务一　小麦加工

【知识目标】

能够说出小麦的麦路流程和小麦的粉路流程，小麦水分调节种类和作用，松粉机的作用。掌握小麦筛理的原理。

【技能目标】

能够根据磨粉的质量，有效调节轧距调节机，学会对筛理效果进行评定。

【德育目标】

通过对小麦加工各项工艺环节的实践操作，培养学生有效组织、合理分工、相互协作、团队合作的能力和吃苦耐劳的精神。

【任务实施】

一、小麦的分类

小麦是我国主要的粮食作物之一，其种类很多，种植遍及全国。

（一）按照小麦播种季节分

1. 冬小麦

冬小麦系指当年秋季播种，翌年夏季收获的小麦。冬小麦按其产区可分为北方冬小麦和南方冬小麦两大类。北方冬小麦白麦较多，多系半硬质、皮薄，含杂少，面筋质含量高，品质较好，因而出粉率较高，粉色好，主要产区是河南、河北、山东、山西、陕西以及苏北、皖北等地，占我国小麦总产量的65%以上；南方冬小麦多为红麦，质软，皮厚，面筋质的质量和数量都比不上北方冬小麦，含杂也较多，因此，出粉率比北方冬小麦低，占全国小麦产量的20%～25%。

2. 春小麦

春小麦系指当年春季播种，秋季收获的小麦。此种小麦主要产于黑龙江、内蒙古、甘肃、青海、新疆等气候严寒的省份。其产量占全国小麦总产量的15%左右。此小麦含有机杂质较多，一般为红麦，皮较厚、籽粒大，多系硬质，面筋质含量高，但品质不如北方冬小麦。

(二)按照小麦的皮色和粒质分

1. 白色硬质小麦

种皮为白色、乳白色或黄白色的麦粒达70%以上，硬质率达50%以上。

2. 白色软质小麦

种皮为白色、乳白色或黄白色的麦粒达70%以上，软质率达50%以上。

3. 红色硬质小麦

种皮为深红色或红褐色的麦粒达70%以上，硬质率达50%以上。

4. 红色软质小麦

种皮为深红色或红褐色的麦粒达70%以上，软质率达50%以上。

5. 混合硬质小麦

种皮为红、白色小麦互混，硬质率达50%以上。

6. 混合软质小麦

种皮为红、白色小麦互混，软质率达50%以上。

二、籽粒结构

如图4-1所示，小麦籽粒由外至内分为皮层、糊粉层、胚乳和胚，粒形为卵圆、椭圆，顶端生有茸毛，背隆起，背面基部有一尖起的胚；腹部较平，中间有一道凹陷的沟。籽粒横断面呈心脏形或三角形。

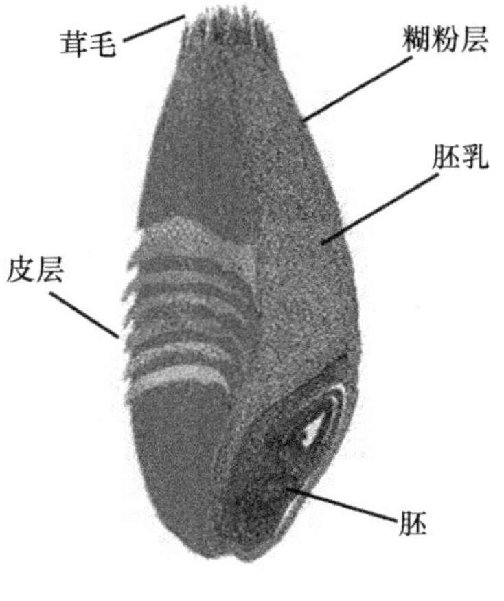

图4-1　小麦形态结构

三、化学构成

在各种谷物粉中，仅有小麦粉能形成可夹持气体，从而生产出制作松软焙烤食品的强韧黏合的面团。小麦蛋白质，更准确地说，面筋蛋白质是小麦具有独特性质的根源。面筋蛋白质是小麦的贮藏蛋白质，也是功能蛋白质，不具酶活性。它不溶于水，因此较容易分离提纯。在水流中揉搓面团，淀粉和水溶性物质可从面团中除去。冲洗后，剩下的便是一块胶皮团似的面筋。

(一)小麦蛋白质的组成

面筋复合物由两种主要的蛋白质组成，即麦胶蛋白质(一种醇溶谷蛋白)和麦谷蛋白质(一种谷蛋白)。

(1)麦胶蛋白质　是一大类具有类似特性的蛋白质，其分子量40 000，单链，可直接进入电泳，水合时黏性极大。这类蛋白质的延伸性极好，基本无弹性。这可以认为是造成面团黏合性的主要原因。

(2)麦谷蛋白质　是一类不同组分的蛋白质，多链，直接进入电泳，分子量变化于100 000

至数百万之间，平均分子量为几百万，有弹性但无黏性。显然，麦谷蛋白质使面团具有抗延展性，延展性不好。

（二）小麦蛋白质的功能

与面筋形成面团相关的因素有氨基酸的组成。面筋蛋白质中谷氨酸含量非常高，约占蛋白质的35%，即在面筋中每三个氨基酸就有一个谷氨酸，另外脯氨酸含量也高，约占蛋白质的14%，赖氨酸水平低，面筋蛋白质的电荷密度小，电荷小意味着蛋白质中相互排斥的力弱，这样蛋白链便有相当容易的相互作用。这一条件对面团的形成显然是必要的。

面筋蛋白质能有效地束缚脂类，面筋也能束缚在面粉混合期间添加到面粉中的脂类。束缚脂类的这种能力说明蛋白质具有供氢键相互作用的能力。

（三）小麦蛋白质含量

由于小麦中谷氨酰胺水平高引起氮含量高，小麦蛋白质的含量可以从低于6%变化到27%，尽管大多数商品样品的蛋白质含量为8%～16%。这样大的变化是由于环境和遗传因素的影响。

小麦蛋白质含量具有两方面的重要性：首先，蛋白质是人类食品中重要的营养素，因此从营养的角度看蛋白质的类型和量非常重要；其次，蛋白质的类型和量在面粉的功能作用中是很重要的，如蛋白质是决定面包用粉质量的最重要因素。

四、小麦的预处理

小麦的清理流程简称麦路，是由原粮小麦经一系列的处理达到入磨净麦要求的整个过程。因此，麦路不仅仅是进行小麦的清理，还包括小麦的水分调节和搭配等过程。

除杂 → 精选 → 打麦 → 碾麦 → 洗麦 → 水分调节 → 小麦搭配

（一）除杂

小麦清理流程中进行筛选、风选、密度去石和磁选等，除杂方法及设备与清理水稻中的杂质过程基本相同。

（二）精选

对在小麦中混杂的一些与小麦差别不大的杂质（荞麦、大麦等）进行清除的步骤称为精选。用来精选的机械称为精选机。精选机可分为碟片精选机、滚筒精选机、组合精选机和螺旋精选机4种。

1. 碟片精选机

碟片精选机的特点是产量较大，调节较方便，但物料对碟片的磨损较厉害，分选精度不高，较适合用来分级。

工作原理　碟片精选机的主要工作部件是两侧均布袋孔的圆环形碟片。工作过程中，碟片在物料中转动，碟片与物料接触的部分称为盛料段，在接触过程中，宽、厚度小于袋孔的物料均可嵌入袋孔；随着碟片的转动，嵌入孔内的物料被带离料层，因袋孔的深度一定，较长的颗粒重心在外，一旦失去承托马上掉出，较短的颗粒则可稳定地留在斜口向上的袋孔中，随碟片转过保持段，直至通过最高点进入卸料段后，因袋孔斜口朝下，孔内物料滑出落入收集槽而实现分选。

2. 滚筒精选机

滚筒精选机的特点是分选精度高，下脚含粮少，但产量较小，设备占地面积较大。

工作原理　滚筒精选机的主要工作部件为内表面均布半球形袋孔的滚筒，工作过程中滚筒恒速转动，物料进入筒内后，与筒底接触并被带至一定的高度，在筒底形成倾斜的盛料段。为保证选出短粒的纯度，盛料段的上沿不得超过主轴所在的水平面。滚筒将进入孔内的物料带出盛料段后，长粒落下，短粒留在孔内随筒转过保持段，进入卸料段，由自身重力克服离心惯性力的影响而落入收集槽中，被收集槽中的绞龙推出；长粒在滚筒的带动下，一边在筒底翻滚，一边流向筒口排出。为有利于筒内物料的流动，滚筒的轴线向出口端倾斜。

3. 组合精选机

按一定工艺流程将滚筒与碟片精选结构等组合起来的设备称为组合精选机，它可以提高设备的处理量及除杂效果。

工作原理　设备主要由两组碟片、两只滚筒及相应的调节、输送、传动结构等组成。其中，由处理量较大的碟片对物料进行分级，由滚筒从分级麦流中精选出较纯净的杂质。

物料进入设备后先由大袋孔碟片组分级，较短麦粒及全部荞子被选出绞龙送入小袋孔碟片组中进行再分级；大孔碟片组轴向推出的较长麦粒与全部大麦送至大麦滚筒，由滚筒将其中的小麦选出；小孔碟片组选出的小粒小麦与全部荞子由绞龙送至荞子滚筒，将其中荞子选出。该机共分选出 5 种物料，其中 3 种为小麦，选出杂质有大麦类长粒杂质及荞子类短粒杂质，通常短粒杂质中含有小粒并肩石及并肩泥块。

4. 螺旋精选机

螺旋精选机又称为抛车，是利用小麦与杂质粒形差别进行除杂的设备，除杂对象是荞子、豌豆类球形杂质。

工作原理　螺旋精选机的主要工作结构是与水平面具有一定倾角的螺旋面抛道。螺旋精选机不需动力，物料依靠自身的重力沿抛道向下运动，在运动过程中实现分选。原料由抛道上端进入后，沿倾斜的螺旋面流下，抛道面具有一定的倾角与螺旋角，使得沿抛道做不规则滚滑动的麦粒运动的线速度较低，只可沿螺旋面内侧稳定地滑下；而进入抛道的荞子由于外形为球形，可在抛道上良好地滚动并逐渐加速，获得较大的离心惯性力而被甩出抛道，收集甩出的荞子，实现麦、荞的分选。

精选工艺效果的评定：

各类精选设备除荞子、大麦类杂质的效率应≥75％；

下脚中含正常麦粒应≤3％。

(三)打麦

进入制粉流程的原料是整粒小麦，虽然清除了混入麦粒中的绝大部分杂质，但麦粒表面尚未达到理想的干净程度，因此在小麦入磨之前必须将黏附在表皮上、麦沟中的泥沙、尘土、有害微生物等污染较彻底地清除，这个工序称为小麦的表面清理，也称打麦。

打麦的目的就是要打下麦粒表面的各种附着物。打麦的设备为打麦机。常用的打麦机有卧式打麦机、立式打麦机及撞击机等。

打麦机的工作原理　打麦主要是利用机械的打击和摩擦作用来清理小麦的。打麦机的主要工作构件是高速旋转的打板和耐磨的工作圆筒表面。在打板与圆筒之间形成环形的工作区，打板与圆筒之间的间距即工作间隙。进入工作间隙的麦粒受到一定强度的打击、碰撞，可振落黏附在其表面的杂质，而设备工作面对麦粒的挤擦作用及麦粒之间的相互摩擦可直接擦落一部分黏附的污染物。工作区内的物料在打板的推动下，沿筒内表面做螺旋运动，形成一定长度的运动轨迹，得到多次清理机会。

打麦工艺效果的评定：

每经过一道打麦，灰分降低量应≥0.02%；

每道打麦设备的碎麦增量应≤0.5%；

下脚中完整麦粒含量应≤1%。

(四)碾麦

通过碾削作用对小麦表面进行清理的工艺方法称为碾麦，碾麦设备在对小麦表面的碾削过程中，可较彻底地将小麦表面黏附的杂质碾去，还可碾去部分小麦皮层，对提高入磨小麦的纯度很有好处。

常用的碾麦设备为碾麦机。

毛麦经除杂后进入碾麦机，在进行表面清理的同时，还可除去4.5%～6%的麦皮。碾麦过程中已将表皮撕裂，小麦进入粉路后，麸皮易碎，因此目前碾麦工艺在生产较高等级的面粉的工艺中应用较少。与打麦机比较，碾麦机的动耗较高，操作也较复杂。

由于碾去了部分表皮，水分调节时间可缩短至2～4 h，但麦路的部分胚乳已外露，着水后在润麦仓中易板结，因此采用该工艺时，小麦着水后在润麦仓中不能久留。一般应采用动态润麦的方法。

(五)洗麦

1. 洗麦的作用

洗麦的主要作用是洗去麦粒表面的污染物，为保证面粉质量起积极作用。但洗麦需要大量净水，使用后的污水也需要净化处理，因而会增加生产成本。

2. 常用的两种洗麦机

一种是FXMW去石洗麦机，它既能起洗除和着水的作用，又能起分离砂石的作用；另一种是FXML立式洗麦机，能对麦粒起洗涤和温和的打麦作用，但不能分离砂石。

去石洗麦机的工作原理　根据物料的比重、大小、形状不同来分离杂质。不同颗粒在水中不仅受其自身重力作用，而且受水的浮力和阻力作用。比重小于水的颗粒上浮，因而一些病粒可以分离出去。比重大于水的颗粒下沉，按沉降速度不同，可将小麦和砂石分离开。砂石在水中沉降的速度比小麦快得多，利用具有一定速度的绞龙，将在水中下沉慢的小麦，从一端推向另一端，砂石下沉较快，便逐渐离开小麦绞龙而沉入水底的另一小绞龙中，从相反方向送出，从而达到将小麦和砂石分离的目的。

洗麦过程还可增加小麦的水分，对于含水量低的小麦，起润水作用。

洗麦机工艺效果的评定指标：

小麦灰分降低0.02%～0.04%；

产生的碎麦不超过0.5%；

洗后小麦砂石含量应低于0.03%(入机小麦含砂量不大于0.3%)；

有病菌的麦粒(黑穗病、赤霉病、麦角病)和残留的熏蒸药剂应得到最大限度地清除；

小麦水分应符合工艺要求；

排出的污水中不应含有食用价值的麦粒，污水净化处理质量应符合环境保护要求，污水中带走的干物质重量，不应超过小麦重量的0.3%。

（六）水分调节

小麦在制粉前利用水、热、时间3种因素的作用，改善小麦性质的工艺，称为小麦的水分调节。其作用是使小麦有适宜的入磨水分，以适合制粉工艺的要求；保证制粉工艺过程的相对稳定，便于操作管理；保证面粉的水分符合国家标准，使小麦皮层韧性增加；在研磨过程中，便于保持麸皮完整，以刮净麸片上的胚乳，有利于保证面粉的质量及提高出粉率。

在水分调节过程中，麦粒皮层与胚乳先后吸水膨胀，并产生位移，使皮层与胚乳间的结合力有所减弱，便于皮层与胚乳分离，有利于研磨。

胚乳中所含的淀粉和蛋白质是交叉混杂在一起的，在水分调节过程中，淀粉和蛋白质的吸水速度不同，引起两者颗粒间产生位移，使胚乳结构变得松散，强度降低，易于磨细成粉，有利于降低动力消耗。

一般经过着水和润麦两个步骤，小麦经过着水设备着水后，通过螺旋输送机搅拌混合，使水分在麦粒间的分配较为均匀，然后送去润麦，使水分向小麦内部渗透。小麦着水后如果着水量达不到要求，可再经过第二次着水，然后再到润麦仓去润麦。

小麦着水后的润麦时间一般为18～24 h，在加工硬麦或气温较低的地方，可适当加长润麦时间。

（七）小麦搭配

将各种小麦按一定比例混合后加工称为搭配。将分仓存放的不同性质的小麦，同时打开仓门，由配麦器控制搭配比例，使小麦流入麦仓下的螺旋输送机或其他输送机中混合。也可先将各批小麦分别清理、着水、进入润麦仓，再由仓下的配麦器或放麦闸门控制搭配比例，在螺旋输送机中混合。

1. 小麦搭配的目的

保持生产过程及产品质量的相对稳定，合理利用原料，生产合格的产品，提高原料的使用价值与经济价值。

2. 小麦搭配的原则

按国家规定的面粉质量，进行小麦搭配，使之磨出符合质量标准的面粉，这是小麦搭配的主要原则。

搭配的要求：

（1）为搞好原料的搭配，应使购入的原料符合拟定产品的要求。

（2）购入原料须分类存放，若造成互混，则无法再进行准确的搭配。

（3）工艺过程中须具备较完善的搭配手段，可根据工艺要求对数种原料进行较准确的搭配。

（4）搭配比例一旦确定应保持相对稳定，若需调整，应在完成后续设备的相应调整以后才可更改搭配比例。

五、小麦的粉路流程

研磨制粉是利用研磨、筛理、清粉等设备，将净麦的皮层与胚乳分离，并把胚乳磨细至粉，或经过配粉等处理，制成各种不同等级和用途的成品面粉。

小麦的粉路流程如下：

研磨──→筛理──→清粉──→刷麸（打麸）

（一）研磨

1. 研磨效果的评定

研磨效果是指物料通过各道研磨的剥刮率和取粉率。

（1）剥刮率的计算

$$K=\frac{A-B}{1-B}\times 100\%$$

式中：K 为剥刮率；A 为研磨后物料中可穿过粗筛的物料百分率；B 为研磨前物料中已含可穿过粗筛的物料百分率。

测定时，从皮磨系统的每对磨辊分别取出有代表性的物料（研磨前和研磨后的）约 100 g（皮磨只取磨后的物料），不做任何添减后称重，放入装置粗筛的电动验粉筛中，筛格内放一个直径 19 mm 的橡皮球，筛理 1 min 后，分别称重，计算求得：

$$A\text{ 或 }B=\frac{\text{筛下物数量}}{\text{取样数量}}\times 100\%$$

求出 A 及 B 后，即可计算剥刮率 K。剥刮率的高低，主要反映皮磨系统的操作及粉路负荷情况。

（2）取粉率的计算　物料经过各道研磨后，穿过粉筛的数量占本道流量的百分比，称取粉率。其测定和计算方法与剥刮率相同，只是改用粉筛筛理而已。测定各道取粉率可反映粉路中的出粉位置，据以改进操作。

2. 研磨设备

研磨是小麦制粉的主要环节。研磨过程可完成将麦粒破碎、刮净麸皮上的胚乳、将胚乳磨成面粉的任务。研磨主要采用辊式研磨机，其主要构件是一对以不同速度相向旋转的磨辊，两磨辊间轧距很小，为 0.07～1.2 mm，根据磨的类型而定。磨辊表面拉成齿数和齿角不同的磨齿。通过液压装置调整两个磨辊的轧距，两磨辊在相向旋转过程中，完成对麦粒及各种在制品的研磨。

（1）磨的种类　辊式研磨机，由于工作要求不同，分成不同类型。

①皮磨　任务是破碎麦粒，并刮净皮层上的胚乳。皮磨又分为前路皮磨和后路皮磨，第一道皮磨负责研碎麦粒，以后各道皮磨负责把较大麸片上的胚乳刮净。各道皮磨在工艺上构成皮磨系统，生产上根据工艺要求，控制各道皮磨的研磨效果。

②渣磨　用于处理第一道皮磨下来带有部分皮层的较大胚乳颗粒，用轻碾的方法碾除麦渣颗粒上的皮层，然后将麸皮和胚乳颗粒分流到其他系统处理。

③心磨　将皮磨和渣磨下来的粗细麦心研磨成面粉。

（2）磨辊的技术特征　磨辊由铁合金材料浇铸而成，表面要求有较大的硬度。磨辊的直径一般为 250 mm，长度有 600 mm、800 mm、900 mm、1 000 mm 等不同规格。磨辊有光辊和齿辊两种。光辊表面不拉成锯齿状，经磨光而成光滑的表面。齿辊是在磨辊表面拉出锯齿状或称拉丝。磨粉机的磨辊大多数是齿辊。光辊较少，限于心磨系统。不同种类的磨及同一种磨的前后位置不同，磨辊的技术特征都不相同。

①磨辊的转速及转速差　两只磨辊分为快辊和慢辊，其速比为 2.5∶1。速比大，其快辊表面对麦粒的剥刮长度大，小麦在单位时间内被剥刮的次数也多，对小麦的破碎程度高，产量高。但消耗动力大，机械磨损快。

②磨辊的齿数　齿数是指磨辊表面每厘米圆周长度内磨齿的数目。齿数越多，研磨作用越强，物料粉碎越大。实际生产中，齿数应该是皮磨稀、心磨密，就皮磨和心磨系统内部而言，应该是前路稀，后路密。如前路皮磨为 5.5～6 牙/cm，后路皮磨为 8.5～9.5 牙/cm，心磨系统 10～12 牙/cm。齿数随磨的道数逐道增加 1～1.5 牙/cm。粉路长，磨的道数多，逐道增加的齿数少；粉路短，道数少，逐道增加的齿数可多些。

③齿角　磨齿的横断面为两个不对称的侧面。较窄的一面称锋面，较宽的一面称钝面。从齿顶到齿辊中心的连线，可将磨齿分成两部分。连线与锋面的夹角称为锋角，用 α 表示。连线与钝面的夹角称钝角，用 β 表示。两个侧面所形成的夹角为齿角，用 γ 表示，$\gamma=\alpha+\beta$。齿顶是一个平面，对物料起碾磨作用，齿顶的大小，也根据研磨工艺的要求而定。物料的研磨效果，受齿角大小的影响，齿角越大，破碎作用越大。研磨效果还受前角大小的影响，前角是快辊磨齿与物料接触，并对物料进行粉碎作用的锋角或钝角，具体与磨齿的排列有关。

实际生产中，为了多出面粉，少出麦渣、麦心，并保持麸片完整，可采用较大的齿角，尤其是采用较大的前角，加工硬质小麦和低水分小麦时更应如此。常用的齿角有 35°/65°，30°/60°，35°/55°，40°/70°，30°/65°等。

④磨齿的斜度　磨辊表面的齿槽是按螺旋线创出的，使磨齿与磨辊母线形成一定的倾斜度，即磨齿的斜度，这是为了提高研磨过程中对物料的剪切设计的。一对磨辊相向旋转时，快辊磨齿与慢辊磨齿将形成许多交叉点。磨齿的斜度越大，两辊产生交叉点越多，研磨中的剪切作用越强，制刮力小，动力省，但麸片易碎，产品质量较差。对于软质小麦、高水分小麦，可用磨齿斜度大的研磨机；而加工硬质小麦、低水分小麦时，则宜采用较小的斜度。磨齿的斜度通常以同一磨齿两端在磨辊端面圆周上的距离（弧长）与磨辊长度之比表示，即 S/L。制粉厂磨齿斜度一般为 1∶7，1∶8，1∶9，1∶10。

⑤磨齿的排列　磨齿既然有锋面（窄面）和钝面（宽面）的分别，对每一对磨辊来说，根据快辊和慢辊磨齿大小面相对位置不同，就有 4 种不同的排列方式，即锋对锋排列、钝对钝排列、锋对钝排列、钝对锋排列。

除齿磨外，光磨主要起研压作用，用以处理齿磨所刮不着的连粉麸。

⑥磨辊的速度与速比　磨辊的线速度越大，物料在单位时间内通过磨粉机的数量就越多，磨粉机的产量也越高。如流量固定不变，物料通过研磨区的流层厚度减薄，则加强制刮作用。但磨粉机转速快到一定限度时，机器发生震动，轴承发热，甚至产生磨辊断轴等事故。快辊线速一般以 6～7.2 m/s 为宜。

快慢辊的速度之比称为速比。在单位流量和快辊线速不变的情况下，速比 K 增加，生产的麦渣、麦心、粗粉和面粉数量增多，灰分增加，单位产品的动力消耗增加。这说明速比越大，剥刮作用越强。

（3）磨粉机　磨粉机一般由 5 部分组成：磨辊、喂料机构、轧距调节机构、传动机构、磨辊清理机构。

①磨辊　物料在两个磨辊间研磨。

②喂料机构　其主要作用：稳定入机流量；使物料均匀分布在磨辊的整个长度上；将物料

准确地喂入研磨区；与磨辊的离合闸动作连锁，合闸时喂料，离闸时停料。

③轧距调节机构　主要作用：一是完成磨辊的合、离闸动作；二是方便、准确地调整轧距。

④传动机构　通常有两部分：一部分是给磨辊、喂料辊传递动力，一般采用皮带传动；另一部分是设置在快、慢辊之间，保持两辊间准确、稳定的传动比，亦称定速机构，其传动形式有齿轮、双面圆弧同步带和滚子链 3 种。

⑤磨辊清理机构　其作用是清理辊面的黏附物，保持辊面的正常状态，保证研磨效果。

(4)松粉机　常用的研磨设备是辊式磨粉机，辅助筛理研磨设备是松粉机。

①松粉机的作用　在生产等级粉时，心磨系统一般采用光辊。光辊研磨以挤压为主，很容易将物料挤压成片状，若直接送往筛理，则影响筛理效果和实际取粉率。因此，光辊的磨下物在筛理之前，需经松粉机处理，击碎粉片。

②松粉机的种类　松粉机有撞击和打板两种。

a. 撞击松粉机　撞击松粉机的工作原理类似撞击打麦机，利用高速旋转的转子撞击物料，使之粉碎。

撞击松粉机适应于处理前路心磨磨下物，该机主要由撞击机构、机壳及电机组成。松粉作用强烈。

b. 打板松粉机　打击机构为打板叶轮，该机松粉作用缓和，体积小，动耗低，安装灵活，可用来处理渣磨和中、后路心磨研磨后的物料。

(二)筛理

在制粉过程中，小麦经磨粉机逐道研磨后，获得颗粒大小及质量不一的混合物料，利用各种设备将其按颗粒大小分级的工序，称为筛理。其流程包括：

粗筛——用于皮磨磨下物，分出麸片的筛理。

分级筛——用于麦渣、麦心按颗粒大小分级的筛理。

细筛——用于清粉前，分离粗粉的筛理。

粉筛——用于从各道研磨后的物料中筛出面粉的筛理。

1. 筛理的目的

从磨下物中筛出面粉，将在制品按颗粒大小分选出来，分别送入下一道磨继续进行剥刮和研轧。在制粉过程中，各道筛理设备若不能将磨下物中的面粉及时提出，将使后续设备负荷增大，产量降低，动耗增加，研磨效率下降。若对磨下物不进行分级，就可能使后续各系统流量分配不平衡。

2. 筛理的评定

通常用筛上物中残留应筛下物料的数量，即未筛净率对筛理效果进行评定。

$$\text{未筛净率}=\frac{\text{筛上物中残留数量}}{\text{样品中筛下物数量}}\times 100\%$$

测定方法是：从设备筛上物出口取样品 100 g 左右，采用配备与筛理设备相同筛号的检验筛（筛格内放直径 19 mm 的橡皮球一只），筛理 1 min，称取筛下物数量，然后用上式进行计算。

粗筛、分级筛未筛净率小于 10%；粉筛的未筛净率一般为 15%～20%。

3. 筛理设备

(1)平筛　是面粉厂中主要的筛理设备。因其筛面为水平装置，且整个筛体在工作时做平面回转运动，故称为平筛。其主要特点是筛理面积大，分级种类多。

平筛的筛格形状有正方形和长方形两种，目前常用高方平筛。高方平筛采用方形筛格，并以 16～24 层筛格重叠成较高的筛体。

多个筛格按照一定的规律组成的筛理流程称为筛路。

制定平筛筛路时须考虑筛理物料的性质、分级的种类、平筛的类型以及气候等因素，以确定提取各种在制品的顺序及各自需要的筛理长度。

①前路皮磨筛路　前路皮磨的磨下物料中，在制品种类多，麸、渣心、粉的粒度和品质差别大，散落性和自动分级性好，要求分级的种类多。一般心磨出粉法要求分出 5～7 种物料；前路均衡出粉法要求分为 4～5 种物料。一般提取麸片的粗筛用 3～5 格，提取渣心和粗粉的分级筛用 4～6 格，要将粉基本提出，则须配 8～12 格粉筛。

一般采用先提粗料，再分级、筛粉的筛理顺序。

②中后路皮磨筛路　在中后路皮磨的磨下物料中，麸片粒度较小，胚乳含量减少，渣心的数量减少，一般只分为 4～5 种物料。分离每种物料的筛理长度一般为：分离大麸片 3～6 格、小麸片 6 格、渣心 4 格、粉筛 8 格。筛路顺序与前路相似。

③皮磨重筛筛路　进入重筛的物料是皮磨粉筛的筛上物，即麦心、粗粉和面粉的混合物，粒度和品质较接近，散落性和自动分级性较好，一般采用先筛粉后分级，或分级、筛粉、再分级的筛路。每种物料的分级筛的长度为 5～6 格，其余为粉筛。

④渣磨系统筛路　渣磨的物料是连有皮层的胚乳粒，故其筛路主要是分离少量细麸和面粉，提出较多的细渣和麦心。其粉筛筛理长度较心磨为短，分离细麸用 4 格，分离每种渣心用 4～6 格，其余为粉筛。

⑤心磨系统筛路　心磨的物料粒度和品质差别小，散落性和自动分级性差，除少量麸屑外，均为纯净的麦心、粗粉和面粉，所以心磨系统主要是粉筛。前中路心磨可配置适当的分级筛，提出物料中的麸屑，确保后续心磨物料的品质，每种分级的筛理长度为 4～5 格。筛理顺序为：前路粗心磨可采用先分级再筛粉再分级；前路的心磨和中路心磨常采用先筛粉后分级；后路心磨不设分级，全部为粉筛。

⑥面粉检查筛筛路　面粉检查筛的工作目的是分离混入面粉中的麸屑、粗粒夹杂物，筛理物中 99%以上都是面粉，因此不设分级，全为粉筛。为充分利用筛理面积，提高产量，降低筛上料层厚度，提高筛理效率，常采用多进口筛路。

(2)圆筛　是一种强迫筛理设备，有卧式与立式两类，常用的是立式振动圆筛。

粉路中的吸风粉、打麸粉等物料散落性差，质轻黏腻，采用平筛筛理效果较差，一般采用可对物料进行打击搅散，具有强迫筛理作用的圆筛来处理。圆筛的筛理面积较小，筛面利用率低，处理量小，分级种类少，对黏腻物料筛理效率较高。

常用圆筛为 FSFL 型立式振动圆筛。筛体采用四根玻璃钢吊杆悬吊在机架上，由装置在主轴上的偏重块驱动，产生小振幅、高频率的平面回转运动。圆形筛筒内的打板转子由四块后倾一定角度的打板组成，物料受打击后被压向筛面，从而有利于细小物穿过筛孔。在打板上还有向上倾斜的叶片，使由下方进机的物料在打板的推动下，沿筛筒呈螺旋形上升，最后从顶部出口排出。物料在机内是自下而上运动，筛理时间长。因振动作用，筛面不易堵塞，筛理效率较高。当流量过大时设备容易堵塞，因此在振动圆筛上方应设置存料斗及振动给料器。

(三)清粉

按品质对粒度相近的在制品(麦渣、麦心或粗粉)进行提纯分级称为清粉。

1. 清粉的目的

平筛提取的渣心物料中常含有少量相同粒度的麸皮或连皮胚乳，这样的物料送往心磨研磨，对面粉质量将有不利的影响。清粉的目的就是分离碎麸皮和纯洁粉粒，提高面粉质量，并可降低物料温度。清粉得到的纯洁粉粒，送入心磨制粉。

2. 清粉的设备

清粉设备用来提纯麦渣、麦心等物料，常用的清粉设备为复式清粉机。

清粉是筛理和吸风作用相结合进行的，清粉设备主要由筛格和吸风装置组成。工作时，筛格振动，分离物料并抖松筛上物料，增加吸风清理效率。气流从筛绢下向上将物料中的细小麸皮及连麸粉吹起，并分别进入不同的收集器。

3. 清粉效果的评定

清粉机的效果一般采用筛出率和灰分降低率两项指标综合评定。

(1)筛出率　指清粉机各段筛下物料流量与进机物料流量的百分比。

$$\eta_Q = \frac{q}{Q} \times 100\%$$

式中：η_Q 为筛出率(%)；q 为筛下物料流量(kg/h)；Q 为进机物料流量(kg/h)。

其他条件相同，筛出率高的设备效果好。

(2)灰分降低率　指物料经清粉后，筛下物灰分较进机物料降低的程度。

$$\eta_z = \frac{z_1 - z_2}{z_1} \times 100\%$$

式中：η_z 为灰分降低率(%)；z_1 为进机物灰分(%)；z_2 为筛下物灰分(%)。

其他条件相同，灰分降低率高时效果好。

一般情况下，进机物料品质好，清粉后筛出率高，灰分降低率较低；对品质差、含皮层多的物料，清粉后灰分降低率高，筛出率低。在评定清粉效果时，要两项指标综合评定。

(四)刷麸(打麸)

中后路皮磨平筛提取的麸片上大多还黏附有粉料，若继续研磨，对工作效果不利，所以在研磨前，通常对这些物料进行刷麸或打麸处理。

刷麸、打麸是利用旋转的扫帚或打板，把黏附在皮上的粉粒分离下来，并使其穿过筛孔成为筛出物，麸皮则留在筛内。刷麸、打麸工序设在皮磨系统尾部，是处理麸皮的最后一道工序。

刷麸机是一个立式的圆筒形，圆筒里面装有快速旋转的刷帚，当物料自进口落在刷帚上盖上时，受离心力的作用，物料被抛向刷帚与筛筒的间隙中，在刷帚快速旋转的作用下，麸皮上的胚乳即被刷出筛孔外，落入粉槽，由附在筛筒下面的刮板到出口。刷后的麸皮留在筛筒内，由内部的出口输出。

打麸机与刷麸机比较，其单位筛面处理量大，打麸作用也较强烈。

打麸的过程：物料沿打板转子的切线方向进入机内，在高速旋转的打板打击下，黏附在麸片上的粉粒被打下，穿过筛筒，经出粉口排出机外，而麸片则被打板送往出麸口排出。打麸机分为立式和卧式两种。

【知识拓展】

一、小麦贮藏原理

小麦的贮藏稳定性比稻谷强。新收获的小麦经充分日晒干燥，完成后熟期后，是比较好保管的。特别是经过一年安全保管的小麦，贮藏稳定性更强，便于长期贮存。

小麦贮藏过程中具有后熟期长、耐热性强、吸湿性强、呼吸强度弱、易感染害虫等特点。

（一）后熟期长

小麦的后熟期比较明显，新收获的小麦，需要经过几个星期甚至2～3个月才能完成后熟期。小麦的后熟作用，主要表现为呼吸能力强。新麦入库后，生理代谢旺盛，常导致粮堆发汗、升温，如不及时检查发现和采取措施，就会造成粮面结露霉烂。完成后熟作用之后，小麦品质有所改善，贮藏稳定性有所提高。

（二）耐热性强

小麦有较强的耐热性，其蛋白质和呼吸酶具有较高的抗热性。据试验，含水量在17%以上的小麦干燥时粮温不超过46 ℃，含水量在17%以下的小麦干燥时粮温不超过54 ℃，酶的活性不降低，不丧失发芽力，也不降低面粉品质。小麦经过一定的高温，不仅不会丧失生命力，而且能改善品质。利用小麦耐热性的特点，采取热密闭入库保藏，可以杀虫、防霉。

（三）吸湿性强

小麦的种皮薄，组织结构疏松，含有大量的亲水物质，吸湿能力较强，容易吸收空气中的水分。小麦的吸湿性又因品种不同而异，红皮小麦皮层较厚，吸湿性较弱；白皮小麦皮层较薄，吸湿性较强；软质小麦吸湿能力强于硬质小麦。

（四）呼吸强度弱

通过后熟期的小麦呼吸作用微弱，红皮小麦比白皮小麦的呼吸强度更低。因此，小麦有较好的耐贮性。

（五）易感染害虫

由于小麦无外壳保护，皮层较薄，抗虫性差，贮藏期间染虫率较高。且新麦入库正值高温季节，适合害虫繁殖。危害小麦的害虫主要是玉米象、麦蛾、印度谷螟、大谷盗等。

二、小麦贮藏工艺

（一）热密闭贮藏法

热密闭贮藏小麦，可以防虫、防霉，促进小麦的后熟作用，提高发芽率。具体方法是：利用夏季高温曝晒小麦，注意掌握“迟出早收，薄摊勤翻”的原则，在麦温达到42 ℃以上，最好是50～52 ℃，保持2 h，然后迅速入库堆放，平整粮面后，用晒热的席子、草帘等覆盖粮面，密闭门窗保温。做好热密闭贮藏工作，其一要求小麦含水量降到10%～12%，其二要求有足够的温度和密闭时间，入库后粮温在46 ℃左右，密闭7～10 d，粮温在40 ℃左右，则需密闭2～3周。

（二）低温贮藏法

低温贮藏是小麦安全贮藏的基本途径。小麦虽耐热性强，但在高温下持续贮藏，会降低其品质。而低温贮藏，则可保持品质及发芽率。据报道，小麦在低温、低氧条件下贮藏16年，品质变化甚微，其面粉仍能制成良好的面包。利用冬季低温，进行自然通风、机械通风降温，然后趁冷密闭，对消灭越冬害虫、延缓外界高温影响效果良好。另外，利用地下仓库贮藏小麦，也能延缓小麦品质劣变。

(三)自然缺氧贮藏法

目前,国内外使用最广泛的方法还是自然缺氧贮藏法。对于新入库的小麦,由于后熟作用的影响,小麦生理活动旺盛,呼吸强度大,极有利于粮堆自然降氧。实践证明,只要密闭工作做得好,小麦经过20～30 d的自然缺氧,氧气浓度可降到1.8%～3.5%,从而达到防虫、防霉的目的。如果是隔年陈麦,其后熟作用早已完成,而且进入深休眠状态,呼吸强度很弱,不宜进行自然缺氧,这时可采取微生物辅助除氧或向麦堆中充二氧化碳、氮气等方法而达到气调的要求。

三、小麦贮藏管理

(一)贮藏期间品质变化

1. 麦堆结顶

散堆上层麦粒吸水膨胀,造成结顶,是小麦保藏中最常见的现象。发生的原因不外乎以下两种。一是新麦入库后由于后熟作用的影响,呼吸量大,生命活动旺盛,释放较多的湿热,上升到表层,被麦粒吸收,使麦粒膨胀形成结顶。入库时的水分越高,这种现象发生得越快,有时突然出现高热,甚至出现霉变,这是新麦保藏中要特别注意的问题。二是在正常保藏中,水分的分层引起上层水分增加。秋凉以后,粮堆产生温差,湿热向上转移而造成结顶,这种情况,一般与结露是同时发生的。

2. 发热霉变

小麦发热霉变,最严重的情况一般发生于麦收时的阴雨天气,因不能日晒干燥,水分过高而引起。这种情况引起的发热霉变,容易造成较大的损失。还可能由于吸湿引起发热霉变,这种情况多出现于粮堆表层。开始时面积较小,然后逐渐扩大,麦粒出汗潮润、散落性降低是这种发热的主要早期症状。小麦发热后,带菌量多,发芽能力显著降低或丧失,脂肪酸增高,面筋的延伸性降低(表4-1)。用发热小麦制成的面粉,不能做出可口的面条,做馒头时也会因面筋弹性低而膨胀性不良。

表4-1　发热小麦的品质变化

发热时达到的温度/℃	试验天数/d	感染霉菌粒数/%	发芽势	发芽率/%	脂肪/%	脂肪酸/(mg/10 g)	面筋质		
							湿/%	干/%	比延伸性
发热前	0	0	85	88	2.30	45.1	28.5	8.75	2.28
30 ℃以下	9	84	9	15	2.33	49.4	28.7	9.20	0.34
40 ℃以下	13	86	9	14	2.30	53.1	28.2	9.28	0.23
45 ℃以下	39	100	0	0	1.63	65.9	22.1	7.88	0.06

(二)贮藏期间的管理措施

小麦安全贮藏的措施有三大环节,即出晒、冷冻和防虫。

1. 出晒

小麦高温日晒可同时取得干燥、后熟和灭虫的作用。小麦具有一定的耐高温特性,因而决定了正常干燥的小麦其贮藏稳定性高于其他粮食。在一般情况下，只要将水分控制在安全标准以内，无论是库内还是露天的堆存，即使高温季节，小麦品质也较为稳定，这是小麦安全贮藏的有利条件。因此，在小麦的贮藏过程中主要抓好干燥。

一般认为，小麦安全贮藏的水分不超过12.5%，散堆密封可安全过夏。水分13%，温度达30 ℃，发芽率有所降低；水分14%～14.5%，温度升到22 ℃，如管理不妥，生霉可能性很大。水分在16%，温度升到20 ℃时极易生霉。不同温度下小麦的相对安全水分见表4-2。

表4-2　不同温度下小麦的相对安全水分

温度/℃	0	5	10	15	20	25	30
相对安全水分/%	18	17	16	15	14	13	12

小麦的出晒应抓“三伏”盛夏进行，晒后趁热入库，进行密封保藏，这种方法通称为“热密封”。防治虫害方面的高温杀虫，主要是指小麦的热密封杀虫。一般是在盛夏高温时节，选择晴天将麦温晒至50～52 ℃，持续2 h以上，将水分降至12.5%以下，下午3时前后聚堆，趁热入库。散堆压盖贮藏，整库密封，使粮温在42 ℃以上持续20 d左右，其杀虫的效果（包括杀灭虫卵和蛹）可达100%。因此，库房、工具、器材、压盖物料必须事先彻底清洁消毒，保证无虫，事后严格防止重新感染，同时日晒要做到“三热”，即粮热、库热和工具热。防止粮堆外层（与墙壁、地面、器材的接触部位）结露。在热密封期间要加强检查，防止因粮食强烈呼吸而引起粮堆结顶现象。新收小麦通过高温日晒，还有促进后熟作用，缩短后熟期。热密封20 d左右，其粮温陆续下降到与库内温度相平衡时，即转入正常密封保藏。在这种情况下，不损害小麦的发芽力和化学性质。如过长时间保持40 ℃以上，对贮藏不利，特别是种用小麦，有降低发芽力的趋势，应引起注意。热密封的方法对陈年的小麦不宜使用。

2. 冷冻

小麦虽然耐高温，但对长年贮藏，保持一定的低温，对延长麦种寿命与品质则有更多的优越性。趁“三九”天，进行翻仓倒库、除杂、摊晾、冷冻，将麦温降至0 ℃左右，而后趁冷归仓，密封压盖，进行冷密封贮藏，这对消灭越冬期间的害虫效果较好，并可延续外界高温的影响。

采用热密封与冷密封交替处理更适用于农家的少量贮藏，一般可做到不变质不生虫。对保藏量较大的粮库，全部做到热密封和冷密封在条件上有时受到限制，但只要抓紧冬季通风降温，春暖前适当密封，一般都可常年安全保藏。

3. 防虫

（1）小麦贮藏期间虫害　保藏期间危害小麦的主要害虫是麦蛾、玉米象和大谷盗。麦蛾发生于粮堆外层，活动于空间，比较容易被发现，如在第一代成虫羽化之前采取压盖，防治效果一般较为理想。值得注意的是玉米象，特别是谷蠹。玉米象在秋转凉以后隐藏于麦堆深层，谷蠹则几乎全年都能够活动于粮堆深层，即使含水量很低（如11%左右），又处于严冬季节，也能繁殖危害。当害虫大量聚集时，一方面危害粮食，另一方面产生大量湿热，引起粮堆上层吸湿膨胀，发热霉变。所以对小麦的虫害检查工作应特别细致，即使水分很低，又处在冬天低温季节，也不可麻痹大意。

热密封与冷密封是防治小麦害虫的有效方法，在缺乏这种条件的地方，应抓紧药剂的防治。对发现的麦蛾成虫、玉米象、谷蠹等，不论密度大小，应立即用药剂熏蒸扑灭以防后患。

种用的小麦以及工业用的大麦保藏中的管理措施侧重于保持发芽力，主要贮藏方法是在收获以后及时干燥，杀灭害虫，密闭防湿。

(2)防虫磷的应用 防虫磷是高效低毒粮食防护剂。用超低量电动喷雾器将防虫磷药液(一般浓度为15～25 mg/kg)喷洒在麦糠上面，喷洒后用塑料袋包装待用。当粮食晒干除杂后，将防虫磷麦糠拌匀在小麦中(每1～2 kg麦糠可拌1 000 kg小麦)，粮面用塑料薄膜覆盖，加干沙压顶可贮藏一年多而不生虫。

(3)酒精防虫 在贮藏粮食的地方铺一层干砖后，上面铺放一层塑料布，上边围围囤，囤底多余的塑料薄膜用绳索扎在围囤周围，然后在围囤内装贮小麦。当麦装至15～20 cm深时，将装有酒精(也可用白酒)的瓶(瓶口用纱布盖住)放入，上边再装80 cm深的粮食。最后在围囤顶部撒一些蒜瓣，并用塑料布包扎严实。

(4)贮藏中虫害的处理 如果保管不妥发生虫害，可用微量药物进行处理。药物熏蒸的方法：①20 g石灰水加2 g磷化锌；②20 g食醋加2 g磷化锌。无论采用哪一种方法，在操作上都要先将药物放在玻璃瓶中，再盖上有5～6个小孔的瓶盖，摇动混合后，埋入贮粮堆10 cm深处。随之迅速密封，上面加沙封盖好。以上两种方法所用剂量，可供700～800 kg粮食杀虫之用。

采用上法应注意如下几点：①对各种形式贮粮容器要经常检查，如发现鼠洞和鼠迹，要及时修补，上部压沙的厚度一定要达到要求；②经常保持室内卫生通风；③库上部所盖物料要保持干燥，不能浸水；④一般一个月对贮粮进行一次水分和虫害的检查；⑤贮藏中尽量减少拆封取粮和随意将仓外粮倒入。

(三)湿麦的应急措施

小麦收获季节，经常遇到阴雨连绵天气，如果脱粒后的湿麦不能及时晒干，往往造成发热、发芽与霉烂。

实践证明，对湿麦采用以下几种简易方法一般可安全保藏7～10 d。

1. 自然缺氧法

先在地面上铺一层麦糠，上面再铺一层塑料薄膜，然后将湿麦堆在上面，最后用塑料薄膜将湿麦全部苫盖住，四周拉紧并用泥土压实封严，使湿麦处于密闭状态。湿麦的呼吸旺盛，能很快消耗掉麦堆内的氧气，从而可抑制霉菌的生命活动，也能抑制麦粒的发芽。

2. 漂白粉处理

漂白粉是一种强氧化剂，具有杀伤各种微生物的作用。将1 kg漂白粉拌湿麦1 000 kg，能保证湿麦在短期内不发热、不发芽、不霉变。如用漂白粉处理后再加塑料薄膜覆盖密封，防霉效果更好。

3. 食盐与明矾处理法

每1 000 kg湿麦拌入食盐16～20 kg，或拌入5 kg明矾进行处理。拌匀后置于阴凉通风处，可延缓湿麦发芽、霉变。同样，拌匀后用塑料薄膜覆盖封严，效果更好。

湿麦在采用应急措施后，仅可安全贮藏一段时间，如遇上好晴天，要及时启封晾晒，切莫错过时机。

任务二　稻谷的工艺品质

【知识目标】

熟悉稻谷的物理化学性质对稻谷制米工艺的影响，熟悉在清理稻谷过程中不同的杂质使用相应的清理方法，熟悉稻谷砻谷的各个步骤，掌握碾米的基本原理。

【技能目标】

能根据国家标准的规定鉴别出4类稻谷的粒形和粒质的不同特点，能够评价清理工艺的效果，根据稻谷中的杂质种类和数量，选用合理的除杂设备，了解不同种类砻谷机的使用原理，能够对成品米的效果进行正确的判定。

【德育目标】

通过对稻谷加工各项工艺环节的实践操作，培养学生有效组织、合理分工、相互协作、团队合作的能力和吃苦耐劳的精神。

【任务实施】

一个碾米加工厂生产效果的好坏，一般是从下述几个方面来得到反映的，即产量、质量、出品率、单位电耗和单位成本等。按照粮食加工部门的特点，做到在保证产品精度、纯度和生产安全的前提下，提高出品率和产量。工厂要取得良好的生产效果，除了生产管理方面的原因之外，也与生产工艺的组织有关系。生产工艺通常是由原粮、设备、流程和操作管理等诸方面的因素决定的。在这些因素中，设备是生产的主要工具，原粮是设备工作的对象，而人则是整个生产过程的主体。人们必须根据原粮的特性和成品的精度要求，按照加工的规律，合理地使用设备(包括确定加工步骤，设备的类型、数量和顺序，确定设备的有关技术参数和必要的操作措施等)组织生产，才能按照要求圆满地完成生产任务。如果原粮的特性或对成品的要求有所改变，则对设备采取的工艺措施也必须做相应的调整。因此，原粮的特性是首先需要了解的。只有掌握了原粮有关加工方面的一些特性，才能有效地调配设备，组织生产。

稻谷的工艺品质主要是指稻谷的形态、结构、物理性质和主要成分等内容。不同品种、不同等级的稻谷，具有不同的工艺品质。工艺品质对成品质量的好坏、出米率的高低以及工艺的内容，都有着直接的影响。

一、稻谷的分类

1. 籼稻谷

即籼型非糯性稻谷。根据粒质和收获季节又分为早籼稻谷和晚籼稻谷。

(1)早籼稻谷　糙米腹白较多，硬质粒少。

(2)晚籼稻谷　糙米腹白较少，硬质粒多。

2. 粳稻谷

即粳型非糯性稻谷。根据粒质和收获季节又分为早粳稻谷和晚粳稻谷。

(1)早粳稻谷　糙米腹白较大,硬质粒少。

(2)晚粳稻谷　糙米腹白较小,硬质粒多。

3. 糯稻谷

按其粒形和粒质分为籼糯稻谷和粳糯稻谷两类。

以上三类稻谷表现在工艺特性上,粳稻粒型短而宽,谷壳组织松而薄,米粒呈蜡白或银白色,米粒强度大,耐压性能好,加工时碎米少,出米率高,煮饭黏性大;籼稻粒形长而细,谷壳组织紧而厚,米粒呈灰白色,米粒强度小,耐压性能差,加工时,较易产生碎米,出米率较低,煮饭黏性小。

籼、粳稻中的早、晚类,是依其生长期的长短而分的。早稻的品质一般比晚稻差。早稻米质松散,强度低,加工时易产生碎米;晚稻则米质较为坚硬,强度好,出米率较高。

二、稻谷的籽粒结构

稻谷籽粒的外形结构主要由颖(稻壳)和颖果(糙米)两部分组成。

(一)颖

稻谷的颖由内颖、外颖、护颖和颖尖(颖尖伸长为芒)四部分组成。外颖比内颖略长而大;内、外颖沿边缘卷起呈钩状,互相钩合包住颖果,起保护作用。砻谷机脱下来的颖壳称为稻壳,或大糠、砻糠。

颖的表面生有针状或钩状茸毛,茸毛的疏密和长短因品种而异,有的品种颖面光滑而无毛。一般籼稻的茸毛稀而短,散生于颖面上。粳稻的茸毛多,密集于棱上,且从基部到顶部逐渐增多,顶部的茸毛也比基部的长。因此粳稻的表面一般比籼稻粗糙。颖的厚度为 25～30 μm,粳稻颖的质量占谷粒质量的 18%左右。籼稻颖的质量占谷粒质量的 20%左右。颖的厚薄和质量与稻谷的类型、品种、栽培及生长条件、成熟及饱满程度等因素有关。一般成熟、饱满的谷粒,颖薄而轻。粳稻的颖比籼稻的薄,而且结构疏松,易脱除。早稻的颖比晚稻的颖薄而轻。未成熟的谷粒,其颖富于弹性和韧性,不易脱除。

内、外颖基部的外侧各生有护颖一枚,托住稻谷籽粒,起保护内、外颖的作用。护颖长度为外颖的 1/5～1/4。

内、外颖都具有纵向脉纹,外颖有 5 条,内颖有 3 条。外颖的尖端生有芒,内颖一般不生芒。一般粳稻有芒者居多数,而籼稻大多无芒,即使有芒,也多是短芒。有芒稻谷容重小,流动性差。

(二)颖果

稻谷脱去内、外颖后便是颖果(即糙米)。内颖所包裹的一侧(没有胚的一侧)称为颖果的背部,外颖所包裹的一侧(有胚的一侧)称为腹部,胚位于下腹部。在胚乳和胚的外面紧密地包裹着一皮层。未成熟的颖果呈绿色,成熟后一般为淡黄色、灰白色及红、紫等色。新鲜的米粒具有特殊的米香味。糙米的表面平滑而有光泽,随着稻壳脉纹的棱突起程度的不同,糙米表面形成或深或浅的纵向沟纹。纵向沟纹共有五条,两扁平面上各有两条,其中较明显的一条相当于内、外颖的钩合处,另一条为外颖上最明显的一条脉纹形成的。在糙米的背上还有一条纵向沟纹,称为背沟。颖果沟纹的深浅,对出米率有一定的影响。

一般地,颖壳与糙米之间的结合很松,尤其是当稻谷的水分较低时,几乎没有结合力。另外，稻谷内、外颖结合线顶端的结合力比较薄弱，同时，在稻谷的两端及颖壳和颖果之间皆有一定的间隙。这些都成为受力而破裂的薄弱点，也是有利于脱壳的内在条件。颖果由果皮、种皮、珠心层、糊粉层（外胚乳）、胚乳、胚等几部分组成。

1. 果皮

果皮是由子房壁老化干缩而成的一薄层，厚度约为 10 μm。果皮又可分为外果皮、中果皮、内果皮（叶绿层管状细胞）。籽粒未成熟时，由于叶绿层中尚有叶绿素，米粒呈绿色；籽粒成熟后叶绿素消化、黄化或淡化成玻璃色。果皮中含有较多的纤维素，由粗糙的矩形细胞组成。

2. 种皮

种皮在果皮的内侧，由较小的细胞组成，细胞构造不明显，厚度极薄，只有 2 μm 左右。有些稻谷的种皮内常含色素，使糙米呈现不同的颜色。

3. 珠心层

珠心层位于种皮和糊粉层之间的折光带，极薄，为 1～2 μm，无明显的细胞结构。

4. 糊粉层（外胚层）

糊粉层为胚乳的最外层，有 1～5 层细胞，与胚乳结合紧密，是由胚乳分化而成的，主要由含氮化合物组成，富含蛋白（类球蛋白和植酸盐）、脂肪和维生素等。糊粉层中磷、镁、钾的含量也较高。稻谷中糊粉层厚薄及其位置与稻谷品种及环境等因素有关。糊粉层厚度为 20～40 μm，而且糙米中背部糊粉层比腹部厚。

5. 胚乳

胚乳细胞为薄皮细胞，是富含复合淀粉粒的淀粉体。其最外两层细胞（次糊粉层）富含蛋白质和脂类，所含淀粉体和淀粉粒的颗粒比内部胚乳的小。淀粉粒为多面体形状，而蛋白质多以球形分布在胚乳中。

胚乳主要由淀粉细胞构成，淀粉细胞的间隙填充蛋白。填充蛋白越多，胚乳结构则越紧密而坚硬，使米粒呈半透明状，截面光滑平整，因此称这种结构为角质胚乳。若填充蛋白较少，胚乳结构则疏松，米粒不透明，断面粗糙呈粉状，那么称这种结构为粉质胚乳。

6. 胚

胚位于颖果的下腹部，其富含脂肪、蛋白及维生素等。由于胚中含有大量易氧化酸败的脂肪，带胚的米粒不易储藏。胚与胚乳连接不紧密，在碾制过程中，胚容易脱落。

（三）稻谷籽粒各组成部分的质量百分比

稻谷籽粒各组成部分占整个籽粒的质量百分比，一般是颖为 18%～20%，果皮为 1.2%～1.5%，糊粉层为 4%～6%，胚乳为 66%～70%，胚为 2%～3.5%。实际上，稻谷籽粒各组成部分的质量百分比，随稻谷的类型、品种、土壤、气候及栽培条件等的不同而变化很大。

三、稻谷的成分及性质

稻谷籽粒中含有的化学成分有水、蛋白质、脂肪、碳水化合物、纤维素、灰分等，此外还有一定量的维生素。稻谷籽粒各组成部分的主要化学成分含量见表 4-3。

虽然大米胚乳中的蛋白质含量较少（7%～8%），但它是谷物蛋白质中生理价值最高的一种，其氨基酸组成比较平衡，赖氨酸含量约占总蛋白的 3.5%。大米蛋白质以米谷蛋白为主要组成，约占总蛋白的 80%。其他 3 种为清蛋白、球蛋白和醇溶蛋白，其中以醇溶蛋白含量最低，

表 4-3 稻谷籽粒各组成部分的主要化学成分 %

稻谷籽粒组成部分	化学成分					
	水	蛋白质	脂肪	碳水化合物	纤维素	灰分
稻谷	11.7	8.1	1.8	64.5	8.9	5.0
糙米	12.2	9.1	2.0	74.5	1.1	1.1
胚乳	12.4	7.6	0.3	78.8	0.4	0.5
胚	12.4	21.6	20.7	29.1	7.5	8.7
皮层	13.5	14.8	18.2	35.1	9.0	9.4
稻壳	8.5	3.6	0.9	29.4	39.0	18.6

仅占总蛋白的3%～5%。淀粉是大米最主要的组成成分，占整粒大米的77%～80%；糯米淀粉几乎都是由支链淀粉组成，不含直链淀粉；粳米中直链淀粉要多一些（约占淀粉总量的20%），而籼米胚乳中的直链淀粉则更多。含直链淀粉多，则米质松散，食用品质低，因此人们一般不喜欢吃籼米，但它特别适合用来加工米粉。而粳米和糯米所含的直链淀粉少或没有，米质较黏稠，食用品质好，除供直接食用外，还可用来加工年糕。大米中维生素和矿物质含量较低，比稻谷原粒中的含量低，导致了营养价值的下降，蒸谷米和强化米正是为了弥补这方面的不足而出现的。

四、稻谷清理

稻谷在生长、收割、贮藏和运输过程中，都有可能混入各种杂质。在加工过程中，如果不先将这种杂质清除，不仅会混入成品，降低产品的纯度，影响成品大米的质量，而且会影响设备的工作效率，损坏机器，污染车间的环境卫生，危害人体健康，严重时还会酿成设备事故和火灾危险。因此，清除粮食中的杂质是稻谷加工的首要任务。

稻谷杂质按其化学性质可分为无机杂质和有机杂质。

无机杂质包括泥土、砂石、砖瓦块、并肩石（其形状大小与稻谷相仿）及其他无机物质。

有机杂质包括无食用价值的稻谷粒，黄粒米（胚乳呈黄色），稗子（形状近似半球形，断面呈三角形），异种粮粒及其他有机物质（虫尸、虫蛹、虫卵、稻草等）。

按其粒度大小可分大、中、小型杂质和并肩石杂质。

大杂质是留存在直径为 5 mm 圆孔筛上的杂质。

中杂质是留存在直径为 2 mm 圆孔筛上的杂质。

小杂质是通过直径为 2 mm 圆孔筛的杂质。

按其比重不同可分为轻型杂质、重型杂质。

轻型杂质如绳头、布片、秸秆、杂草、纸屑。

重型杂质如石块、金属等以及细小杂质（泥沙、尘土）。

在这些杂质中，以稗子和粒状、大小与稻谷相似的并肩石、并肩泥最难清除。

在清理稻谷中的杂质时，第一要根据稻谷中的含杂种类和含杂量，合理选用除杂设备，以充分发挥设备的除杂效率。第二，要根据各种杂质的物理特性，本着先易后难的原则，加以清除。第三，清除的杂质要分别归类，以便集中处理。第四，稻谷经过清理后（即净谷），其含量应符合下列要求：含杂总量不应超过0.6%，其中含沙石粒数不应超过1粒/kg；含稗粒数不应超过 130 粒/kg。

主要清理步骤如下：初步清理⟶除稗⟶去石⟶磁选⟶精选⟶清理工艺效果的评价。

(一)初步清理

初步清理主要清除稻谷中比较容易清除的杂质，如形状、大小与谷粒差异很大的稻秆、杂草种子等。主要采用筛选、风选，或风筛结合，清理设备用带有筛面的初清筛和自衡振动筛。

1. 风选法

(1)机理　风选是根据稻谷与杂质在悬浮速度等空气动力学性质方面的差异，利用一定形式的气流使杂质与谷粒分离。稻谷、糙米及有关物料的悬浮速度见表 4-4。

表 4-4　稻谷、糙米及有关物料的悬浮速度

物料名称	粳稻谷	籼稻谷	粳糙米	籼糙米	大米	小碎米	米糠	稻壳	带芒稗子	无芒稗子	并肩石
悬浮速度/(m/s)	7.7～7.9	6.7～7.7	11.3～12.6	9.6～11	11～14	10～13	1～2	2～3	3～4.5	5～7	11～14

(2)种类　按气流运动方向不同可分为垂直气流风选法、倾斜气流风选法和水平气流风选法。

①垂直气流风选法　垂直气流风选就是利用两种物料间悬浮速度的差异，选取一定的气流速度，使一种物料向上运动，一种物料向下运动，从而使二者分离。由于垂直风道，一般都与其他作业机组合，以节省占地位置，如与筛选可组合成振动筛，与去石机组合成密度去石机等。大多用于清除灰尘、芒、瘪谷等轻杂质。

②倾斜气流风选法　不同质量的物质处在倾斜气流中时，能被气流带走的距离互不相同，物料重被吹得近，物料轻被吹得远，因此，生产中通常采用向上倾斜(约 30°)的气流来分离杂质，能比水平气流的飞行差距拉得更远，分离效果更好。

③水平气流风选法　利用横向水平气流可将不同质量的稻谷与杂质分开。不同质量的物质处在水平中时，能被气流带走的距离互不相同，物料重被吹得近，物料轻被吹得远。

工厂中常用的风选设备有风箱、吸风分离器和去石风车等。

2. 筛选法

(1)筛选原理　主要根据稻谷与杂质宽度、厚度和长度以及形状的差别，借助筛孔分离杂质或将物料进行分级的方法称为筛选。

(2)筛选的基本条件　选择适当的筛面和筛孔；筛面上料层不宜超过一定厚度，应使物料有充分接触筛面的机会；保证物料与筛面之间有适宜的相对运动速度。

(3)筛面形式　有冲孔筛和编织筛。冲孔筛开孔率低，质量大，刚度好，不易变形。编织筛开孔率高，质量小，筛孔易变形。一般筛面层数少时使用冲孔筛，而筛面层数多时使用编织筛。

(4)筛面孔形状

①圆形孔　主要用于分离与稻谷宽度不同的杂质。只有当筛理物的宽度小于圆孔直径时，才能使筛理物穿过筛孔。

②长形孔　主要是根据稻谷和杂质厚度的差别进行分离，只有当筛理物的厚度小于孔的宽度时，才能穿过筛孔。

③三角形孔　主要用于清理稻谷中形状近似于三角形的杂质，当杂质的粒形呈三角形，且每边长小于三角形筛孔边长时，才能穿过筛孔。如谷、稗分离采用三角形筛孔，有利于稗子的分离。

④鱼鳞孔　主要用于比重去石机，其主要作用是改变气流方向，便于物料悬浮，阻止石子向下滚动，使谷、石得以分离。

(5)筛孔表示方法

①筛板　筛板的筛孔以实际尺寸表示。例如：ϕ6 mm 表示直径为 6 mm 的圆孔；1.5 mm ×20 mm 表示宽 1.5 mm、长 20 mm 的长孔；3 mm 表示边长为 3 mm 的三角形孔。

②筛网　筛网的筛孔呈正方形和长方形。英制以每英寸筛网宽度上的筛孔数表示筛的号数，以"W"表示金属网的代号。如每英寸 7 孔，则筛网号为 7W。公制以每 50 mm 筛网宽上的筛孔数表示筛的型号。如 Z10 表示每 50 mm 10 孔的镀锌低碳钢丝方孔筛；Z8×7 表示每 50 mm 经向筛孔数为 8、纬向筛孔数为 7 的镀锌低碳钢丝筛。

(6)筛选设备

①初清筛　初清筛是专门清除稻草、稻穗、破布、麻绳、大泥块和大石块等大型杂质以及泥灰、草屑等轻型杂质的初步清理设备。它对提高以后各道清理设备的除杂效率，防止设备的堵塞事故和灰尘污染车间，有很好的作用。目前，许多米厂在毛稻进车间前都设置初清筛，收到很好的效果。

②振动筛　是筛体做纵向往复动作的筛选设备，在进口和出口均装有吸风装置，是典型的风筛结合、以筛为主的清理设备，常用于稻谷的第一道清理，分离大、中、小和轻型杂质。振动筛按照筛体的传动方式，可分为自动平衡传动筛和偏心传动振动筛两种，筛面振动频率一般为 500～600 次/min。

振动筛工作原理：振动筛主要是利用做往复运动的筛面使物料在筛面上产生相对运动，物料层形成自动分级，轻的物料浮于上层，小而重的物料沉于底层而穿过筛孔，从而达到分离的目的。

③平面回转筛　此筛可作为第二、三道筛选设备，用于分离中、小杂质和轻型杂质。

工作原理：平面回转筛在筛理过程中，筛面上的物料由于轻重、大小不一，经过与筛面的相对运动，产生自动分级，底层物料由于所受摩擦阻力大，加之受到上层物料的压力，在筛面上移动速度慢，接受筛理的机会多，浮于上层的物料由于摩擦阻力小，能较快地从筛面上排出，从而达到分离目的。

④高速振动筛　在碾米厂中，此种设备广泛用于稻谷除稗，效果较好。

高速振动筛的工作原理：高速振动筛采用惯性振动机构，筛体支撑或悬挂在弹簧上，做高速振动，物料在筛面上做小幅度跳跃、翻滚运动，其运动轨迹为圆或椭圆，稻谷与稗子在这种运动形式下增加了接触筛面的机会，根据它们在粒度上的差别，得到高效率的分离。

(二)除稗

采用高速除稗器、跳筛、横动筛、圆动筛等。

(三)去石

去除平肩石、平肩泥，采用比重去石机。

密度分选法是根据谷粒与杂质在密度、容重、摩擦系数、悬浮速度等物理性质方面的不同，利用运动过程中产生的自动分级的原理，采用适当的分级面使之分离。

1. 密度分选法的种类

密度分选法根据所用介质的不同，分为干式和湿式两类。

湿式以水为介质，利用物料间的相对密度和在水中的沉降速度的不同进行分离（如洗谷机）。湿式只适用于加工蒸谷米时稻谷的清理。

干式是以空气为介质，在碾米厂应用较为普遍。干式去石的主要设备为比重去石机。

2. 比重去石机的工作原理

比重去石机主要利用稻谷和石子比重和悬浮速度的不同，使稻谷和石子分离。当物料由进料斗落在去石筛面中部时，由于机体做往复运动而产生自动分级，比重大而表面光滑的石子沉到料层下面，比重小而表面粗糙的稻谷浮在上层，形成物料的初步分层。同时稻谷和石子的悬浮速度有一定的差别，在自下而上的气流作用下，进一步促进了自动分级，使石子下沉，接触筛面，稻谷则进一步上浮并呈半飘浮状态。随着物料不断进入去石筛面，处在上层的稻谷由于受进口物料的推力及本身重力的作用，逐渐向出料口下滑而排出机外。紧贴筛面的石子，当机体做向上加速运动时，由于受鱼鳞孔凸出边缘的阻挡，不能下滑；而当机体做反向加速运动时，石子在惯性作用下，爬过鱼鳞孔的背面向上滑动，最后进入砂石检查装置。在砂石检查装置反向气流的作用下，混在石子中的稻谷被吹回筛面，石子则得到净化，连续不断地从出石口排出，从而达到谷石分离的目的。

(四)磁选

去除磁性金属杂质。常用设备有溜管吸铁装置、吸铁箱、永磁滚筒和电磁式磁选机。

磁选是利用金属杂质和稻谷的磁性不同（稻谷为非磁性物质，混入稻谷中的各种磁性杂质如铁钉、铁片、铁屑等），用磁钢的磁力将稻谷中的金属杂质吸除，从而达到与稻谷分离的目的。通常使用永久磁铁作磁场。常见磁选器有栅式、栏式和滚筒式。

(五)精选

精选是根据谷粒与杂质长度的不同，利用有一定形状和大小的袋孔的工作面进行分离的方法。

精选中分离工作面的形式有滚筒和蝶片两种。滚筒分离物料进入旋转的滚筒中，不断地与滚筒内表面接触，促成短粒物料进入袋孔内，当滚筒转到一定角度，短粒物料就依靠自身重力脱离袋孔，落入滚筒中部的收集槽中，长粒物料在滚筒底部运动，从而使长、短粒物料分离。蝶片分离工作同滚筒相似。工作时，蝶片下部插入粮堆中，由于物料与蝶片接触，短粒物料进入袋孔之内，随蝶片转至一定位置时，短粒物料脱离袋孔进入收集槽而与长粒物料分离。

(六)清理工艺效果的评价

$$\text{净粮提取率}=\frac{\text{清理后净谷量}}{\text{清理前稻谷量}}\times 100\%$$

五、砻谷及砻下物分离

在稻谷加工中，去除稻谷颖壳的过程称为砻谷，使稻谷脱壳的机器称为砻谷机。砻谷工艺效果的好坏，不仅直接影响后继工序的工艺效果，而且与成品质量、出品率、产量和成本都有密切关系。所以，砻谷时应尽量保持米粒完整，减少米粒的破碎和爆腰，以利于提高出米率；应尽量避免糙米的光滑表面遭到破坏，以利于提高谷糙分离的效果；应保持较高而稳定的脱壳率，以利于提高砻谷机产量；同时必须节省动力和减少物料的消耗，以利于降低生产成本。其过程包括：砻谷──→谷壳分离──→谷糙分离。

(一)砻谷

砻谷是根据稻谷结构特点，由砻谷机施加一定的机械力而实现的。

1. 稻谷脱壳类型

根据脱壳时的受力和脱壳方式，稻谷脱壳可分为挤压搓撕脱壳、端压搓撕脱壳和撞击脱壳3种。

(1)挤压搓撕脱壳　是指谷粒两侧受两个不等速运动的工作面的挤压，搓撕而脱去颖壳的方法。橡胶辊筒砻谷机就是应用此机理的典型设备。

(2)端压搓撕脱壳　是指谷粒长度方向的两端受两个不等速运动的工作面的挤压，搓撕而脱去颖壳的方法。砂盘砻谷机是应用此机理的典型设备。

(3)撞击脱壳　指高速运动的粮粒与固定工作面撞击而脱去颖壳的方法。离心砻谷机是应用此机理的典型设备。

2. 砻谷机械类型

我国目前使用的砻谷机械，主要是橡胶辊筒砻谷机和少量的砂盘砻谷机。

(1)橡胶辊筒砻谷机　橡胶辊筒砻谷机简称胶辊砻谷机，它的主要工作构件是一对并列的、富有弹性的胶辊，两辊异速相向旋转，稻谷进入两辊间，受到胶辊的挤压和摩擦所产生的搓撕作用，稻壳破裂，与糙米分离。

(2)砂盘砻谷机　砂盘砻谷机的主要工作构件是上、下两个平卧的砂盘，上砂盘固定不动，下砂盘做平面旋转运动。当稻谷由上砂盘中心进口落入转动的下砂盘时，在惯性离心力的作用下，迅速进入金刚砂盘工作区(轧距)内。当谷粒在工作区内与盘做相对运动时，谷粒本身受惯性力和下砂盘摩擦力所形成的力偶的作用，有竖立起来的趋势，但由于砂盘轧距小于谷粒长度，大于谷粒厚度，谷粒竖起至倾斜位置时，其两顶端与上、下砂盘发生冲击、碰撞、挤压、撕搓等作用，使稻壳破裂，达到脱壳目的。

砂盘砻谷机具有结构简单、取材方便、造价低廉等优点。由于它受气温影响较小，适用于南方气温较高的地区。但由于砂盘砻谷机的作用力较强，对谷粒损伤较大，出碎米较多，而且脱壳率较低，同时维修时劳动强度大，目前我国粮食加工厂很少使用。

砻谷机的脱壳率、完整率和碎米率是评定其工艺效果的主要指标，同样还应结合台时产量，单位电耗、胶耗等进行综合评定。

①脱壳率　是指稻谷经砻谷机一次脱壳后，脱壳的稻谷数量占进机稻谷数量的百分率。胶辊砻谷机的脱壳率：粳稻80%～90%，籼稻75%～85%。

②完整率　是指稻谷经砻谷机脱壳后，完整米粒占脱壳产品中整米和碎米总和的百分率。

③碎米率　是指稻谷经砻谷机脱壳后，碎米粒占脱壳产品中整米和碎米总和的百分率。砻下物碎米含量：早籼稻谷不超过5%，晚籼稻、粳稻谷不超过2%。

(二)谷壳分离

稻谷经砻谷后，砻下物为稻谷、糙米和稻壳的混合物。由于稻壳的容积大、比重小、散落性差，若不把它分离开，则将影响以后工序的工艺效果。如在谷糙分离中，若混有大量的稻壳，必然会影响谷糙混合物的流动性，使之不能很好地形成自动分级，将会降低其分离效果。又如，回砻谷中若混有较多的稻壳，将会使砻谷机产量降低，动力及胶耗增大。因此，砻谷后必须及时将谷壳分离干净。

1. 稻谷分离的质量标准

砻下物经谷壳分离后，每 100 kg 稻壳中含饱满粮粒不应超过 30 粒，谷糙混合物中含稻壳不超过 1.0%，糙米含稻壳量不应超过 0.1%。

2. 谷壳分离的基本原理

稻壳的悬浮速度为 2～2.5 m/s，而稻谷的悬浮速度为 8～10 m/s，糙米更大。根据上述物理特性的不同，可利用风选法，从砻谷后的混合物中分离出稻壳。

3. 稻壳的收集

(1)离心沉降　是带有稻壳的气流进入离心分离器内，利用离心力的作用，使稻壳沉降。

(2)重力沉降　是利用沉降室，稻壳在气流突然减速时依靠自身的重力而沉降。

(三)谷糙分离

将未脱壳的稻谷与糙米分开的过程称为谷糙分离。在谷糙分离中，糙米的纯度和回砻谷中糙米含量的多少对工艺都会产生一定的影响。糙米中含稻谷粒越少，碾米过程中精度的均匀性越易掌握，而且越能保证成品质量。回砻谷中如含糙米多，不仅会降低砻谷机的台时产量，增加胶耗和动力消耗，而且还会使糙米受到损伤，表面起毛，发黑、爆腰或折断，既降低出米率，也影响谷糙分离本身的效率和产量。

1. 谷糙分离设备

谷糙分离设备大致可分为稻谷分离筛(选糙溜筛、选糙平转筛、平筛)及谷糙分离机(巴基机、袋孔式振动谷糙分离机)两大类。我国目前常用的有选糙溜筛和选糙平转筛两种。选糙溜筛用作谷糙分离，结构简单，不耗用动力，分离效果好，但设备道数多，占地面积大，且回流量大，不利于简化米厂工艺设备，近年来很少使用。选糙平转筛是我国目前定型的谷糙分离设备。

2. 谷糙分离筛的工作原理

由于稻谷与糙米在粒度、比重及表面组成等特性方面存在一定差异，当它们与筛面有相对运动时，会产生良好的自动分级现象。其结果是颗粒大而长、比重小、表面粗糙的稻谷上浮，糙米沉于底层，与筛接触。配备适当的筛孔，则粒度稍小、比重大、表面光滑的糙米穿孔而过，成为筛下物，浮于上层的稻谷由于糙米层的阻挡，不易穿孔，从筛面上层流过，成为筛上物。这样就达到谷糙分离目的。

3. 谷糙分离工艺效果的评定

净糙含谷量：1 kg 净糙的含谷量不应超过 40 粒。

回砻谷含糙：不超过 10%。

回流量：除了糙米和稻谷外，还有一部分返回设备本身的物料，即谷糙混合物，这部分物料的多少称为回流量。它是衡量设备利用率高低的一个指标，回流量一般为净糙产量的 40%～50%。

净糙米质量标准：净糙米含杂总量不超过 0.5%。

六、碾米和成品整理

运用物理机械的方法将糙米皮层去掉，使之成为符合食用要求的白米的过程称为碾米。它是稻谷加工最主要的一道工序，是保证大米质量、提高出米率、降低电耗的重要环节。糙米碾白后将白米的米糠等分开的过程为成品整理和副产品整理。

用稻谷直接进行碾米，不仅能量消耗大、产量低、碎米多、出米率低，而且成品色泽差，纯度和质量都低。因此，在碾米厂中，都是先将颖壳去掉，制糙米后再碾米。

（一）碾米

糙米皮层内含有大量的粗纤维、脂肪以及维生素 B_1、维生素 B_2 等。粗纤维是人体不能吸收消化的物质，而且还会影响成品大米的色泽和气味，因此必须通过碾米过程将皮层除去，除去的皮层称为米糠。米糠具有较高的经济价值，从中可提取米糠油和谷维素、植酸钙等产品，也可用作饲料。

碾米是对米粒直接进行碾制。如操作不当，碾削过强，会产生大量碎米，影响出米率和产量；碾削不足，又会造成糙白不均的现象，影响成品质量。所以，碾米工序工艺效果的好坏，直接影响整个碾米厂的经济效益。

1. 机械碾米

机械碾米主要是依靠碾米机碾白室构件与米粒间产生的机械物理作用，将糙米碾白。

根据在碾去糙米皮层时的作用性质不同，机械碾米一般可分为擦离碾白、碾削碾白和混合碾白 3 种。

（1）擦离碾白　碾米时依靠米机辊筒对米的推进和翻动，造成米粒与米粒、米粒与碾白室构件发生碰撞、挤压和摩擦，使糙米皮层与胚乳脱离而达到碾白的目的。

这种碾白方式下米粒在碾白室内受到较大的压力，碾米过程中容易产生碎米，故不宜用来碾制皮层干硬、籽粒极脆、强度较差的籼米。

这种碾白方式制成的成品表面光洁、色泽明亮。擦离碾白由于米机内部压力较大，也称压力式碾白。

（2）碾削碾白　碾米时，借助高速转动的金刚砂碾辊表面无数坚硬、微小、锋利的沙粒，对米粒皮层进行不断碾削，使米粒皮层分割、剥落，将糙米碾白，这种去皮方式称为碾削碾白。由于它去皮时所需压力较小，产生的碎米较少，适宜于碾削皮层干硬、结构松弛、强度较差的粉质米粒。

但碾削碾白会使米粒表面留下沙粒去皮洼痕，因此碾制的成品表面光洁度和色泽较差。同时，这种碾白方式碾下的米糠往往含有细小的淀粉粒，如用于榨油，会降低出油率。

（3）混合碾白　混合碾白是一种以碾削去皮为主、擦离去皮为辅的碾白方法。它综合了以上两种碾白方式的优点。我国目前普遍使用的碾米机大都属于这种碾白方式。

2. 化学碾米

化学碾米是先用溶剂对皮层进行处理，然后对糙米进行轻碾，获得白米。该方法出米率高、米质好，但投资大、成本高，溶剂来源、损耗、残留等不易解决。

（二）碾米机

1. 碾米机的主要工作构件

碾米机的主要工作构件有进料机构、碾白室、出料机构、传动机构以及座机等部分。组合碾米机还有擦米室、米糠分离机构等。喷风米机还有喷风机构。其中,碾白室是碾米机的心脏,是影响碾米工艺效果的关键因素。碾白室由螺旋输送器、碾辊和米筛组成。我国碾米定型设备有 NS 型碾米机等。

2. 碾米机的种类

碾米机按碾白方式可分为擦离式、碾削式和混合式 3 类。

(1)擦离式碾米机　采用擦离碾白,碾米机的碾辊为铁辊,碾米机的线速度一般在 5 m/s 左右。碾制相同数量大米时,其碾白室容积比其他类型的碾米机小,常用于高精度米加工。多采用多机组合,轻碾多道碾白,碾白压力大,常用于饲料碾轧、菜籽磨泥、小麦剥皮等。

(2)碾削式碾米机　采用碾削碾白,碾辊为圆锥形或截圆锥形砂辊。碾辊线速度一般在 15 m/s 左右。机形较大,碾白压力较小。

(3)混合式碾米机　采用混合碾白方式,碾辊为砂辊或砂铁辊结合,碾辊线速度一般在 10 m/s 左右。其碾白作用以碾削为主、擦离为辅。机型中等,工艺效果较好。

(三)碾米工艺效果的评定

1. 精度

用感官鉴定法观察米粒的色泽、留皮、留胚、留角的情况是否符合标准。

2. 碾减率

糙米在碾白过程中,因皮层及胚的脱落,其体积重量均有减少,减少的百分数称为碾减率,又称脱糠率。米粒精度越高,其碾减率越大。

3. 糙出白率

糙出白率是指出机的白米数量占进机糙米数量的百分率,精度越大,出米率越低。因此在评定碾米机的出米率时,首先应要求精度评定一致,然后再评定出米率。

4. 含碎米

含碎米指出机白米中含碎米的百分数。

5. 糙白不均

糙白不均指碾制的白米精度不一致的程度。

6. 完整率

完整率指出机白米内完整籽粒所占的百分率。

7. 含糠率

含糠率指白米或成品米试样中,糠粉占试样重量的百分数。

8. 经济指标

米机的产量、电耗等。

(四)成品整理

刚碾压后的白米中混有米糠和碎米,米温也较高,既影响成品质量,也不利于成品贮存,因此必须经过整理。要求将黏附在米粒上的糠粉去除干净,并设法降低米温使适于贮藏,还须根据国家规定的成品含碎标准进行分级。

成品整理包括擦米、凉米、成品分级 3 个基本工序。

1. 擦米

擦米是擦除白米表面的糠粉以及米粒间混杂的糠块。擦米大都采用轻微的摩擦作用将它们除去，使米粒光洁，提高成品质量，便于保管。擦米过程中，作用力不应强烈，以免产生碎米。

擦米一般采用擦米机，常用的有两种。

(1)铁辊筒碾米机 在加工高精度大米时，一般将铁辊筒碾米机安排在末道工序，使其发挥碾、擦两种作用。目前使用的 305 A 型米机、NS 型米机的铁辊筒部分主要起擦米作用。

(2)卧式胶带擦米机 其主要工作部件为一旋转的擦辊，上面装有螺旋橡皮条、牛皮条或尼龙刷，擦辊外围为圆筒形的冲孔筛板。白米从进口进入工作区，借擦辊的转动，受橡胶及筛壁的摩擦，米粒表面附着的糠层被擦去，糠屑穿过筛孔排出，米粒在倾斜胶带的推动下由末端排出。其特点是米粒经过工作区的时间较长，作用力较轻，擦米效率高，产生碎米少。

2. 凉米

凉米的目的是降低米温，使大米便于贮藏。方法可采用自然冷却或通风冷却，一般用通风冷却。常用设备有吸式风选器和溜筛晾米箱。

3. 成品分级

成品分级的目的主要是根据成品质量要求分离出超过标准的碎米。成品分级一般采用的设备有溜筛和平面转筛。对于分级要求较高的成品，常用平面回转筛。

我国大米质量国家标准中有关碎米的规定如下：

留存在直径 2 mm 的圆孔筛上，不足正常整米的 2/3 的米粒为大碎米；

通过直径 2 mm 圆孔筛，留存在直径 1 mm 圆孔筛上的碎粒为小碎米。

各种等级的早籼米、籼糯米含碎总量不超过 35%，其中小碎米为 2.5%；各种等级的晚籼米、早粳米的含碎总量不超过 30%，其中小碎米 2.5%；各种等级的晚粳米、粳糯米的含碎总量不超过 15%，其中小碎米为 1.5%。

世界各国把大米含碎量作为区分大米等级的重要指标，美国一等米含碎量为 4%，而六等米含碎量为 50%；日本成品大米的含碎量分为 5%、10%、15%三个等级。

(五)副产品整理

副产品整理主要是分离米糠中的碎米、米糠及漏入米糠中的少量整米，分门别类地整理出来，将各种副产品合理利用。

米糠整理一般采用筛选和风选。常用的筛选设备有振动筛、圆筛、平面回转筛等。风选设备有木风车、吸式风选器、糠粞分离器等。

【知识拓展】

一、水稻的起源与传播

我国是水稻起源国，也是水稻生产和消费大国。自 1991 年起，我国稻谷播种面积一度稳定在 3 000 万 hm^2(4.5 亿亩)左右，在谷物中占比约为 32%。

水稻单产较高，根据国家统计局的数据，2017 年水稻的单产为 6.91 t/hm^2，而小麦和玉米的单产分别为 5.39 t/hm^2 和 5.89 t/hm^2，水稻单产明显高于小麦和玉米。近几年由于农业技术推广和服务体系不断完善，水稻品种改良明显，我国水稻单产仍缓慢增长。

(一)起源

目前,世界上种植的水稻几乎都为亚洲栽培稻,起源于普通野生稻。过去国外学者曾认为野生稻被驯化栽培起源于印度的阿萨姆和我国的云南一带。20 世纪 70 年代,我国浙江余姚河姆渡发现 7 000 年前稻作遗址,早于印度发现的炭化稻。1988 年湖南澧县的彭头山发现距今 9 100 年的稻作遗址。1995 年湖南道县玉蟾岩发现距今 12 000 年的稻作遗址,同年江西万年仙人洞发现距今 14 000 年的稻作遗址。2016 年在江苏泗洪韩井遗址内发现距今 800 多年的人工水稻田遗迹等。这些考古证明亚洲栽培稻起源于我国南方地区及长江中下游地区。

(二)传播

在人类迁徙和文化交流中,中国南方稻作通过长江流域向北进入黄河流域,还向南方和西南等地传播。在 3 000 多年前的殷周之交,我国水稻种植北传朝鲜、日本,南传越南。汉代,我国粳稻传到菲律宾。5 世纪,水稻经伊朗传到西亚,然后经非洲传到欧洲。美洲大陆被发现后,再由非洲传到美洲以致广布全世界。古代中国水稻北路经山东半岛、辽东半岛,传入朝鲜半岛和日本;中路由江浙渡过黄海或东海,进入朝鲜半岛,再进入日本;南路经我国台湾和琉球群岛进入日本,从我国台湾传入菲律宾并扩散到爪哇、苏门答腊、马来西亚、印度尼西亚等地。此后向西到达马达加斯加,向东到达夏威夷和伊斯特岛。中南方面,由中国东南和南方逐渐扩散到越南北部及南部等;西南方面,由云南传入缅甸北部,再传入印度等国,由印度传入欧洲、美洲。

二、生产与应用

(一)分类

水稻在植物学上属于禾本科,稻属。目前稻属植物有 20 多个种,但栽培的只有两个种,即普通栽培稻和非洲栽培稻。水稻按亚种分为籼亚种和粳亚种,籼、粳稻在特征特性上存在明显差别,籼稻谷粒狭长、叶片弯长,粳稻谷粒短圆、叶片短直;按熟期和季节分布,分为晚稻和早稻;按耐旱性,分为水稻和陆稻;按胚乳淀粉性质,分为黏稻和糯稻。

(二)生产

水稻种植分布于世界五大洲,亚洲种植面积占世界的 90%以上,被称为"亚洲人的粮食";美洲约占 4%,非洲约占 3%,欧洲与大洋洲各占近 1%。世界水稻产区集中,大约 90%的面积和产量集中在中国、印度、印度尼西亚、孟加拉国、越南、泰国、缅甸、菲律宾、日本等国。

我国水稻分布广泛,北自寒冷的黑龙江漠河地区,南至海南岛,东至台湾,西达新疆,低至东南沿海的潮田,高至海拔 2 710 m 的西南高原,都有水稻栽培。水稻既有夏播,又有春播;既有单季种植,又有双季种植。水稻是我国粮食结构的主体作物。我国水稻种植分布区域以南方为主,近年来水稻生产越来越向长江中下游和东北地区等优势产区集中。水稻播种面积和产量较大的省份有湖南、江西、黑龙江、江苏、安徽、湖北、广西、四川、广东、云南、浙江、福建、吉林、重庆、贵州等,其播种面积和产量占全国的 92%以上。

(三)消费

水稻的主要用途是供人类食用。现在仅在亚洲,就有 20 亿人从大米及大米制品中摄取 60%~70%的热量和 20%的蛋白质。

稻谷由谷壳和糙米两部分组成,其中糙米由果皮、种皮、糊粉层、胚乳和胚等组成,胚乳细胞贮藏大量淀粉和少量蛋白质,其重量占糙米重的 90%以上。大米富含淀粉、蛋白质、脂肪、糖类、维生素 A、B 族维生素、维生素 C、维生素 E 等,特别是不饱和脂肪酸和赖氨酸等人体必需营养成分。大米磨成粉后可制成年糕、汤圆、粽子、米饼等各种食品；大米是啤酒、酒精、味精等生产的原料；米糠中含有多种生物活性成分，可开发出50多种深加工产品，如米糠油、米糠营养素、营养饮料等；稻壳可以开发利用为环保的快餐盒，稻秆可作为牛、羊的粗饲料，也可用来制作手工艺品，还可作为造纸原料。

三、大米贮藏

大米贮藏是指稻谷通过加工成为成品后，在流通领域内的停留。大米不耐高温，贮存后易陈化。同时稻谷加工成大米时增加了破碎粒，并含有不同程度的糠层，米粒外露，直接与外界环境温湿度因素发生联系，且米粒系富含营养物质的亲水胶体系，极易受物理、化学因子影响及虫、霉生物性侵害，所以大米贮藏保鲜问题就显得非常突出。大米的贮藏特性如下所述。

大米由于胚乳直接暴露在外，易受外界湿热等环境条件的影响，容易吸湿，引起发热变质。同时大米不能骤冷骤热，不宜高温烘干或日光暴晒，否则造成大量爆腰。干燥大米急速吸湿或潮湿大米急速干燥时，一般均会爆腰，产生较多碎米，降低大米品质。因此大米应该贮存在阴凉干燥的地方。

（一）原理

大米具有较高的吸湿性与平衡水分，其平衡水分高于同一环境中的稻谷（表4-5）。大米中如含有断米、碎米、米糠等成分，增加了表面积，使其吸湿性大于整粒米，也大于稻谷。

由于具有较强的吸湿性，在外界水蒸气压高于米粒时，大米极易吸湿返潮，生霉发热，并促进生理代谢加剧，造成营养成分破坏损失。

表4-5 大米与稻谷的平衡水分

温度/℃	大米相对湿度/%		稻谷相对湿度/%	
	80	90	80	90
30	15.3	17.72	14.66	17.13
29	—	—	14.9	17.3
25	15.6	18.2	—	—

大米失去外层的保护组织，胚乳部分直接暴露，易受外界湿、热、氧气等环境条件的影响及虫、霉侵害，贮藏稳定性很差。

1. 大米在贮藏过程中的品质变化

（1）黏性变化　黏性是影响米饭食味的最重要因素。随着贮藏期延长、陈化的进展，米的黏性逐渐降低，尤其经高温过夏后，黏性下降更为显著。影响大米黏性的因素主要有：α-淀粉酶活性的降低，大米中蛋白质由溶胶变为凝胶，陈米细胞壁较为坚固，蒸煮时不易破裂及游离脂肪酸会包裹淀粉粒的细胞结构，使其膨化困难等。

（2）气味的变化　在陈化过程中，新鲜大米的清香味很易丧失，往往代之以陈米臭味。近年来，气相色谱分析研究认为，大米气味中的主要成分是一些挥发性的羰基化合物，新米气味中的主要成分是乙醛，随着陈化的进行，乙醛减少，戊醛、己醛增加，因此认为戊醛和己醛是陈米臭味的主要组成成分。此外，陈米上感染的霉菌也同时会形成陈米气味。

2. 大米在贮藏过程中的成分变化

在大米的主要成分中，脂肪和酶的变化最为显著。虽然脂肪的含量比淀粉与蛋白质的含量低很多，但在贮藏期间大米品质陈化的主要原因却是脂类物质的氧化。据报道，大米脂肪易于水解、氧化，使游离脂肪酸增加，游离脂肪酸包藏在淀粉的直链成分的螺旋结构中，使糊化所需要的水难以通过，因而糊化温度增高，淀粉粒的强度增加，陈米煮的饭硬。所以，在大米贮藏中，人们常以脂肪酸值作为灵敏指标，测定稻米中的游离脂肪酸含量，就可以了解米的贮藏情况和贮藏品质变化情况。脂肪酸值一般随贮藏期限的增长而逐渐增加，并与大米品种、水分含量、贮藏技术有很大的关系。

(二)贮藏工艺

大米在粮食中是较难安全贮藏的品种，在一些大、中城市贮藏量又较大。大米主要集中于南方地区，而南方地区的高温高湿给大米安全度夏带来了很大难度，也促使这些地区贮藏技术的发展。目前，气控、温控贮藏大米已被广泛应用，化学贮藏技术已作为高水分大米发热处理的有效应急措施。过去那些被动地对发热大米倒包摊凉、机械过筛吹风的方式，已被目前的气控、温控等综合防治技术代替。

1. 常规贮藏

常规贮藏是指大米在常温常湿条件下，适时进行通风或密闭的方法。常温贮藏必须采取防潮、隔热的技术措施，这也是其他贮藏技术的基础措施。常规贮藏的大米最好是冬季进仓，通过低温季节的寒风进行干燥降温，以提高大米贮藏的稳定性。在春季气温上升前，对门窗进行密闭，对大米囤垛进行防潮压盖，防止大米吸湿和延续粮温上升。在常规贮藏大米时应注意采取干燥、自然低温、密闭的方法，加工出机的大米必须冷却到仓温后，才能堆垛保管；高水分大米，应码垛通风降水后进行短期保管，或通风降水后再密闭贮藏。

2. 低温贮藏

采用低温贮藏是大米保鲜的有效途径。霉菌在 20 ℃以下大为减少；10 ℃以下可完全抑制害虫繁殖，霉菌停止活动，大米呼吸及酶的活性均极微弱，可以保持大米的新鲜程度。低温贮藏又分为自然低温贮藏、机械制冷贮藏、空调准低温贮藏等方法。

3. 气调贮藏

大米气调贮藏目前常用的有自然缺氧、充氮、充二氧化碳等几种。

(1)自然缺氧　用塑料薄膜密闭米堆，可防止吸湿和虫害感染。据郑州粮食学院试验，大米水分 13.6%～14.0%，采用 0.14 mm 塑料薄膜密闭，在 5 月上旬密封 88 d 后试验堆相继达到自然缺氧，氧浓度为 0.4%～2.7%，二氧化碳上升到 9.5%以上。降氧的速度与温度关系密切，粮温在 28～29 ℃时下降速度最快。贮藏 8 个月，有效地达到了无虫、不发热、不变质，大米安全过夏。

(2)充氮　生产性试验贮藏大米，是将大米用塑料薄膜严密封闭，抽出帐内空气，接近真空状态。而后充入适量氮，保持帐内外气压平衡、避免漏气。这种方法促进粮堆迅速绝氧，能降低粮食呼吸强度，抑制微生物繁殖，并杀死几乎全部仓虫，基本上控制了粮堆内部产生热量的来源，从而使大米安全过夏。

(3)充二氧化碳　生产性试验气调贮藏大米，每 10 000 kg 粮充入 10 kg 二氧化碳，用塑料薄膜密封贮藏，可抑制虫、霉、发热、脱糠，保持米质正常，使大米安全过夏。

4. 化学贮藏

大米化学贮藏使用的化学药剂主要为磷化铝，以往也曾用过环氧乙烷等药剂。化学贮藏是应用化学药剂抑制大米本身和微生物的生命活动，防止大米发热的措施。进仓或贮藏中的大米发热，采取化学贮藏可达到降温作用，使大米在一定时间内处于相对的稳定。气控贮藏的大米在绝氧前后，投入适量的磷化铝，还可达到抑霉防止异味的作用。在生产中多应用磷化氢气体贮藏高水分大米。发热大米贮藏期间，以每立方米使用磷化铝 3 片(每片重 3 g，产生 1 g 磷化氢气体)，杀菌效果可达 90%～97%，大米呼吸强度减弱，粮温、粮质均趋于稳定。但当粮堆磷化氢浓度低于 0.2 mg/L 时，不能抑制微生物活动，大米呼吸强度增加会使大米发热。

要保持大米品质，低温贮藏最好，其次为充二氧化碳贮藏、充氮贮藏、自然缺氧贮藏和常规贮藏。

各种温度条件下大米相对安全水分和大米度夏水分标准分别见表 4-6、表 4-7。在除夏季外的其他季节，水分可放宽 0.5%～1%。

表 4-6 各种温度条件下大米相对安全水分

温度/℃	相对安全水分/%	温度/℃	相对安全水分/%
0	可达 18	30	不超过 13
5～10	不超过 16	35	不超过 12
20	不超过 14	40	不超过 11
25	不超过 13.5	—	—

表 4-7 大米度夏水分标准

大米品种	水分标准/%		
	安全粮	半安全粮	不安全粮
晚粳米、晚糯米	14.5 以下	14.6～15.0	15.1 以上
早粳米	13.5 以下	13.6～14.0	14.2 以上
晚籼米、籼糯米	13.0 以下	13.1～13.5	13.6 以上
早籼米	12.5 以下	12.6～13.0	13.1 以上

(三)贮藏过程中的品质变化

1. 贮藏过程中种用品质的变化

稻谷是有生命的有机体，新收获的稻谷，一般新鲜饱满，具有较高的活性，发芽率一般都能达 90%以上。但在贮藏过程中，稻谷往往因湿、热影响而发生霉变，丧失其活力，特别是胚部容易受损伤发霉变质，从而使发芽率降低。

2. 贮藏过程中主要营养成分的变化

(1)淀粉　在正常情况下，淀粉的量变一般认为不是主要方面。淀粉在贮藏过程中的主要变化是“质”的方面。具体表现为大米淀粉组成中直链淀粉含量增加，黏性随贮藏时间的延长而下降，涨性(亲水性)增加，米汤或淀粉糊的固形物减少，碘蓝值明显下降，而糊化温度增高，这些变化都是陈化(自然的质变)的结果。这些变化都显著地影响大米的加工与食用品质。

(2)蛋白质及氨基酸　蛋白质的总含量在贮藏过程中基本保持不变，一旦发现变化即质变。研究发现，在 40 ℃和 4 ℃条件下贮藏 1 年的稻米，总蛋白含量没有明显的差异，但水溶性蛋白和盐溶性蛋白明显下降，醇溶蛋白也有下降趋势。

大米经贮藏过夏后，巯基(SH)含量会发生变化，它反映了蛋白质及大米品质的变化。随陈化作用的进行，巯基含量逐渐减少，并发现大米在贮藏过程中 V/H 值(黏度/硬度比值)与巯基含量的变化是线性关系，而且巯基含量的变化超前 V/H 值的变化，说明大米贮藏过程中还存在蛋白质以外的其他影响大米流变学特性的因素。

(3)脂类　脂类变化主要有两种。一种变化是被氧化产生过氧化物及由不饱和脂肪酸被氧化后产生的羰基化合物,主要为醛、酮类物质。这种变化在成品米中较明显,如大米的陈米臭等。稻谷的种子含有天然抗氧化剂,起保护作用,所以在正常的条件下氧化变质的现象不明显。另一种变化是受脂肪酶水解产生甘油和脂肪酸。

(4)维生素　贮藏条件及水分含量不同,各种维生素的变化也不尽相同。正常贮藏条件下,安全水分以内的稻谷,其维生素 B_1 的降低比高水分大米要小很多。正常情况下,维生素 B_1、维生素 B_2、维生素 B_6、维生素 E 在稻谷中都比较稳定,但在大米中则易于分解。

3. 贮藏过程中食用品质的变化

稻米的食用品质一般以下述指标来表示。

(1)直链淀粉含量　研究表明,直链淀粉含量与大米流变学特性密切相关,大米蒸煮时米饭黏度与直链淀粉含量呈明显的负相关。稻米贮藏过程中直链淀粉含量增加。国内外都曾报道:稻米贮藏期间溶于热水的直链淀粉含量(可溶性直链淀粉)降低,而不溶性直链淀粉含量则逐渐增加。

(2)大米的吸水率与膨胀率　国内外大量研究结果表明,大米贮藏最初几个月的吸水率有所增加,但继续贮藏一段时间后会逐步下降。蒸煮时,陈化大米的吸水率会随贮藏时间的延长而增加。同样,稻米的膨胀率也随贮藏时间的延长而增高。

(3)米汤固形物　在贮藏过程中,随着大米的陈化,蒸煮时米汤中可溶性固形物逐渐减少。

(4)碘蓝色反应　一般品质优良的大米,米汤中淀粉与碘生成物的蓝色较深,透光率较低。蒸煮时,米汤黏稠、米饭黏性好,从而表现出良好的适口性和黏弹性。稻米陈化后,则米汤稀,淀粉与碘生成物的蓝色较浅,透光率高,米粒之间疏松,适口性和黏弹性变差。

(5)糊化温度与糊化特性　稻米的糊化温度受贮藏温度和时间的影响。在通常贮藏条件下,稻米的糊化温度随贮藏时间的延长而逐渐上升。米粉的糊化特性试验表明,常温贮藏的大米,贮藏 7 个月后的最终黏度值,以及回生后黏度增加值均显著增大,其他特性值也略有增加。贮藏一年后,除糊化温度和黏度最高时的温度外,其余均显著增大。因此,一般认为大米淀粉最终黏度值和回生后黏度增加值的增大,意味着大米有陈化的倾向。

【师徒共研】

1. 小麦除杂清理流程中采用哪些方法?

筛选、风选、密度去石和磁选等除杂方法。

2. 小麦在进行初选后,为什么还要进行精选?

对小麦中混杂的一些与小麦差别不大的杂质进行的清除称为精选。用来分离小麦中的荞麦、大麦等与小麦差别不大的杂质的机械称为精选机。精选机可分为碟片精选机、滚筒精选机和螺旋精选机 3 种。

3. 碾麦的目的与要求是什么?

通过碾削作用对小麦表面进行清理的工艺方法称为碾麦。碾麦设备在对小麦表面的碾削过程中,可较彻底地将小麦表面黏附的杂质碾去,还可碾去部分小麦皮层,对提高入磨小麦的纯度很有好处。

4. 制粉前，小麦的水分调节是怎么回事？

一般经过着水和润麦两个步骤。小麦经过着水设备着水后，通过螺旋输送机搅拌混合，使水分在麦粒间的分配较为均匀，然后送去润麦，使水分向小麦内部渗透。小麦着水后如果着水量达不到要求，可再经过第二次着水，然后再到润麦仓去润麦。

小麦着水后的润麦时间一般为 18～24 h，在加工硬麦或气温较低的地方可适当加长润麦时间。

5. 小麦搭配是怎么回事？

将各种小麦按一定比例混合后加工称为搭配。将分仓存放的不同性质的小麦，同时打开仓门，由配麦器控制搭配比例，使小麦流入麦仓下的螺旋输送机或其他输送机中混合。也可先将各批小麦分别清理、着水、送入润麦仓，再由仓下的配麦器或放麦闸门控制搭配比例，最后在螺旋输送机中混合。

6. 洗麦的作用是什么？

洗麦的主要作用是洗去麦粒表面的污染物，对保证面粉质量起着积极作用。

7. 松粉机的作用是什么？

在生产等级粉时，心磨系统一般采用光辊。光辊研磨以挤压为主，很容易将物料挤压成片状，若直接送往筛理，则影响筛理效果和实际取粉率。因此，光辊的磨下物在筛理之前，需经松粉机处理，以击碎粉片。

8. 清粉的目的是什么？

平筛提取的渣心物料中常含有少量相同粒度的麸皮或连皮胚乳，这样的物料送往心磨研磨，对面粉质量将有不利的影响。清粉的目的就是分离碎麸皮和纯洁粉粒，提高面粉质量，并可降低物料温度。清粉得到的纯洁粉粒，送入心磨制粉。

9. 稻谷的含杂种类有哪些？

稻谷杂质按其化学性质可分为：

无机杂质：泥土、砂石、砖瓦块、并肩石（其形状大小与稻谷相仿）及其他无机物质。

有机杂质：无食用价值的稻谷粒、黄粒米（胚乳呈黄色）、稗子（形状近似半球形，断面呈三角形）、异种粮粒及其他有机物质（虫尸、虫蛹、虫卵、稻草等）。

10. 稻谷筛选原理是什么？

主要根据稻谷与杂质宽度、厚度、长度以及形状的差别，借助筛孔分离杂质或将物料进行分级的方法称为筛选。

11. 砻谷的作用是什么？

用稻谷直接进行碾米，不仅能量消耗大、产量低、碎米多、出米率低，而且成品色泽差，纯度和质量都低。因此，在碾米厂中，都是先将颖壳去掉，制糙米后再碾米。这一过程就是砻谷。

12. 谷壳分离的目的是什么？

稻谷经砻谷后，砻下物为稻谷、糙米和稻壳的混合物。由于稻壳的容积大、比重小、散落性差，若不把它分离开，则将影响以后工序的工艺效果。如在谷糙分离中，若混有大量的稻壳，必然会影响谷糙混合物的流动性，使之不能很好地形成自动分级，将会降低其分离效果；又如，回砻谷中若混有较多的稻壳，将会使砻谷机产量降低，动力及胶耗增大。因此，砻谷后必须及时将谷壳分离干净。

13. 稻谷分离的质量标准是什么？

砻下物经谷壳分离后，每 100 kg 稻壳中含饱满粮粒不应超过 30 粒，谷糙混合物中含稻壳不超过 1.0%，糙米含稻壳量不应超过 0.1%。

14. 稻谷稻壳分离的基本原理是什么？

由于稻壳的悬浮速度为 2～2.5 m/s，而稻谷的悬浮速度为 8～10 m/s，糙米更大。根据上述物理特性的不同，可利用风选法，从砻谷后的混合物中分离出稻壳。

15. 砻谷机工艺效果如何评定？

砻谷机的脱壳率、完整率和碎米率是评定其工艺效果的主要指标，同样还应结合台时产量，单位电耗、胶耗等进行综合评定。

16. 碾米的目的是什么？

糙米皮层内含有大量的粗纤维、脂肪以及维生素 B_1、维生素 B_2 等。粗纤维是人体不能吸收消化的物质，而且还会影响成品大米的色泽和气味，因此必须通过碾米过程将皮层除去，除去的皮层称为米糠。米糠具有较高的经济价值，从中可提取米糠油和谷维素、植酸钙等产品，也可用作饲料。

碾米是稻谷加工的最后一道工序，而且是对米粒直接进行碾制。如操作不当，碾削过强时，会产生大量碎米，影响出米率和产量；碾削不足时，又会造成糙白不均的现象，影响成品质量。所以，碾米工序工艺效果的好坏，直接影响整个碾米厂的经济效益。

17. 碾米的基本原理是什么？

机械碾米主要是依靠碾米机碾白室构件与米粒间产生的机械物理作用，将糙米碾白。

根据在碾去糙米皮层时的作用性质不同，碾米一般可分为擦离碾白、碾削碾白和混合碾白 3 种。

18. 碾米完整率是指什么？

碾米完整率指出机白米内完整籽粒所占的百分率。

19. 碾米含糠率是指什么？

碾米含糠率指白米或成品米试样中，糠粉占试样重量的百分数。

20. 擦米是指什么？

擦米是指擦除白米表面的糠粉以及米粒间混杂的糠块。大都采用轻微的摩擦作用将它们除去，使米粒光洁，提高成品质量，便于保管。擦米过程中，作用力不应强烈，以免产生碎米。

21. 晾米的目的和方法是什么？

晾米的目的是降低米温，使大米便于贮藏。方法可采用自然冷却或通风冷却，一般用通风冷却，常用设备有吸式风选器和溜筛晾米箱。

【案例1　小麦粉面筋含量的测定】

一、实训目的

(1)熟悉小麦粉湿面筋、干面筋含量的表示方法。

(2)学会清水洗涤法测定小麦粉湿面筋含量的基本操作技能。

(3)学会电烘箱法测定小麦粉干面筋含量的基本操作技能。

二、设备及材料

(一)设备

天平(感量 0.01 g);小搪瓷碗;玻璃板:9 cm×16 cm,厚 3~5 cm,周围贴 0.3~0.4 mm 的胶布纸,共两块(面筋排水用,或用离心排水机);直径 1.0 mm 的圆孔筛或装有 CQ20 筛绢的筛子;电烘箱;脸盆或大玻璃缸;玻璃棒;烧杯等。

(二)试剂

碘-碘化钾溶液:称取 0.1 g 碘和 1.0 g 碘化钾,用水溶解后再加水至 250 mL。

三、操作方法

(一)湿面筋的测定(清水洗涤法)

1. 称样

从平均样品中称取定量试样:特制一等粉 10.00 g,特制二等粉 15.00 g,标准粉 20.00 g,普通粉 25.00 g。

2. 和面

将试样放入洁净的搪瓷碗中,加入试样质量一半的室温水(20~25 ℃),用玻璃棒搅和,再用手和成面团,直到不黏手、不黏碗为止。然后放入盛有水的烧杯中,在室温下静止 20 min,便于形成面筋。

3. 洗涤

将面团放在手掌上,在放有筛绢的脸盆的水中轻轻揉捏,洗去面团内的水溶性物质及麸皮。在揉洗过程中需注意更换脸盆中清水数次,反复揉洗至面筋挤出的水遇碘溶液无蓝色反应为止。

4. 排水

将洗好的面筋放在洁净的玻璃板上,用另一块玻璃板压挤面筋,排出面筋中的游离水,每压一次后取下并擦干玻璃板,这样反复挤压直到稍感面筋黏手或黏板时为止(约压挤 15 次)。如有条件采用离心装置排水时,可控制离心机转速在 3 000 r/min,离心 2 min。

5. 称量

用镊子取出经离心排水或挤压排水后的湿面筋,称量湿面筋质量。

(二)干面筋的测定(电烘箱法)

将湿面筋放在已烘干称量过(准确至 0.01 g)的滤纸上,摊成薄片状,然后放在 130 ℃电烘箱内 30 min,取出置于干燥器内冷却至室温,称量干面筋和纸的总量,精确至 0.01 g,总量减去纸的质量即干面筋的质量。

四、结果计算

(一)湿面筋的含量

$$\text{湿面筋的含量}=\frac{m_1}{m}\times 100\%$$

式中,m_1 为湿面筋质量,g;m 为试样质量,g。

双实验结果允许差不超过 1.0%,求其平均数,即测定结果,测定结果取小数点后一位。

(二)干面筋的含量

干面筋含量是以每百克含水量为 14%的小麦粉含有干面筋的克数来表示的,如试样质量为 10 g 而干面筋称得质量为 $W_{干}$(g),则干面筋含量可按下列公式计算:

$$干面筋含量=\frac{W_{干}}{10}\times\frac{100-14}{100-M}\times 100\%=W_{干}\times\frac{8.6}{100-M}\times 100\%$$

式中，M 为试样水分，%。

双实验结果允许差不超过0.2%，求其平均数，即测定结果，测定结果取小数点后一位。

五、注意事项

洗涤面筋换水时需注意筛上是否有面筋散失。

项目五

面制食品加工

任务一　方便面生产技术

【知识目标】

能够说出方便面生产的基本工艺流程。

【技能目标】

能够根据所学知识解答方便面生产的常见问题。

【德育目标】

培养学生有效组织、合理分工、相互协作、团队合作的能力和培养学生吃苦耐劳的精神。

【任务实施】

方便面是近 30 多年来在传统面条生产的基础上应用现代科学技术生产的一种主食方便食品。方便面以面粉为主要原料，经和面、熟化、复合压延、切条折花得到生面条，经过温度为 100 ℃左右的隧道蒸煮机，使其充分糊化，然后用油炸或热风干燥脱水，经冷却后包装成品。

很多人把方便面与炸薯条、汉堡包一起归结为垃圾食品，其实方便面不仅不是垃圾食品，而且营养成分比较全面，人体所需要的 7 大营养素全都具备。

方便面常为人们所诟病，认为多吃不利于健康，主要有以下几个原因：

一是油脂含量高，因为大部分方便面都采用油炸的方法对面块进行干燥。但应该指出的是，与炸薯条、汉堡包等相比，方便面中的油脂含量并非很高，平均每份所含油脂在 16%～18%，其中，11%都是棕榈油，也就是对人体健康有利的植物油，而一份汉堡包中的油脂含量则在 30%左右，比方便面高出近一倍。

二是含有一定的添加剂。一说到添加剂，大家就觉得它是不利于健康的物质，这是观念上的一个误区。食品工业离不开增稠剂、稳定剂等添加剂，目前国家允许使用的添加剂都是经严格检测，证明对人体无害的，只要按照要求，就可以放心食用。

三是很多人所关注的丙烯酰胺问题。专家指出，所有淀粉类食品在高温烹调(超过 120 ℃)中都会产生这种致癌物，因此，炸薯条中有，方便面中也有。但是，专家所进行的实验证明，方便面中的丙烯酰胺含量很低，平均为 78 μg/kg，远远低于世界卫生组织所规定的 1 kg 食物中不得超过 1 mg 的标准。

方便面的健康吃法：

方便面最好能煮着吃，可随意加些蔬菜配料，再打进一个蛋，营养就丰富了；

泡方便面时最好把汤倒掉，再兑上开水或别的汤，或者最好不要把调味品全部放入，只放上一半，再添加些许较为健康的调味品，不但风味更佳，也吃得更安心；

方便面只适于救急，一天最多吃一次，不能天天吃；

经常吃方便面的人，平时每天应增加鸡蛋 1～2 个，或新鲜蔬果(苹果、梨、番茄、黄瓜等)1～4 个，牛奶一杯或牛肉干 100 g，这样才能满足人体营养摄取要求。

一、方便面生产基本原理

方便面的主要成分是淀粉，首先是控制好水分和温度，使淀粉充分糊化，从生的变成熟的，然后在不易“回生”的温度条件下，快速脱水，通过易“回生”的含水区域，在水分含量较低的情况下，冷却降温，从而保证了淀粉不易“回生”，其复水性能好。所以说方便面生产原理是“充分糊化，快速干燥”。

方便面生产过程：首先是在小麦面粉中加入一定量的水和其他添加剂，通过搅拌得到具有一定弹性、韧性和延伸性的面团，将该面团通过多道轧辊得到薄厚均匀的面片，再通过成型器形成波纹面层，并把这种波纹面层随网带连续不断地通过温度为 95～105 ℃的隧道蒸面机，经 60～90 s 后，使面条中的淀粉糊化，蛋白质发生变性，即由生面条变成热面条。已蒸熟的面层离开蒸面机时，通过冷风吹掉表面部分水蒸气使之定型，然后经过自动切割分排机，将面层定量切断并折为两层，再通过自动油炸机或热风干燥机，将以上湿面块迅速脱水。经过这样处理的面条，表面形成很多微孔，不但不易“回生”，而且复水性好，沸水泡 3～5 min 后即可食用，若加上各种不同风味的调味汤料，口味更佳。配上不同汤料，通过碗装、杯装或袋装便是市面上见到的各种方便面。

二、方便面的分类及其特点

(一)按干燥工艺分

1. 油炸方便面

干燥速度快(大约 70 s 完成干燥)，糊化度高(大于 85%)，面条在短时间内快速蒸发脱水使其内部具有多孔性，因而该产品复水性良好，沸水中浸泡 3 min 即可食用，方便性较高，而且具有宜人的油炸香味。但产品含有 20%～24%的油脂，因而成本高。另外，尽管使用饱和脂肪酸含量较高的棕榈油，但经一段时期贮存，仍然会产生氧化酸败现象，有油腻味，使产品口感和滋味明显下降，所以油炸方便面贮存期仍有限。

2. 热风干燥方便面

热风干燥是将蒸煮糊化的湿面条在 70～90 ℃温度下进行脱水干燥，因为不使用油脂，所以造价低，不易氧化酸败，保存时间长。又因为干燥温度低，所以干燥时间长，糊化度低(大于

80%)，面条内部多孔性差，食用时复水时间长，方便性较差。

(二)按包装方式分

方便面按包装方式分为袋装、杯装、碗装 3 种。我国目前以袋装为主，袋装成本低，易于贮存和运输，但食用时需另用餐具，因而其方便性不如碗装、杯装的产品。

碗装、杯装方便面由于其本身有餐具，具有更好的方便性，而且这类产品一般都有两包以上的汤料，味道丰富。但因为包装容器较贵，所以这两种产品成本较高。又由于包装材料回收率低，会给环境造成更多的污染。

三、方便面的基本配方

各种方便面的配方大同小异，方便面的基本配方如表 5-1 所示。

表 5-1　方便面的基本配方

名称	质量/kg	添加物占小麦粉的百分比/%
小麦粉	25.000	100.00
精制盐	0.350	1.40
碱	0.035	0.14
增黏剂	0.050	0.20
水	8.250	33.00

方便面生产工艺流程图如图 5-1 所示。

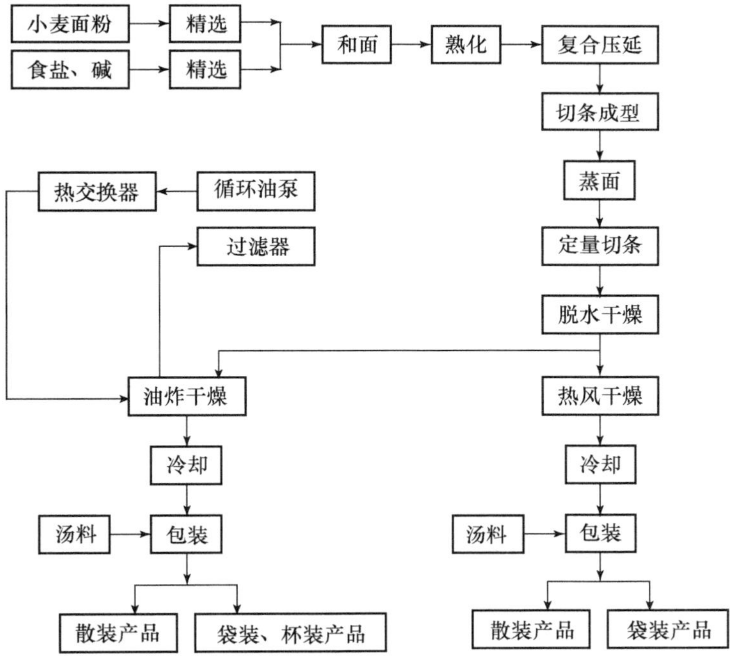

图 5-1　方便面生产工艺流程图

四、方便面生产中的切条与折花工序

折花的作用是折花成型的波纹，其波峰竖起、彼此紧靠，形状美观；条状波纹之间的空隙大，使面条脱水及成熟速度快，不易黏结；油炸固化后面块结构结实，在贮藏和运输中不易破裂；食用时复水速度快。

（一）折花成型的基本原理与工艺要求

1. 折花的基本原理

当切条成的面条进入导箱后，与导箱的前后壁发生碰撞，所遇到的抵抗阻力，使面条卷曲起来，同时，由于变速网带的速度大大低于未折花面条的速度，限制了面条的伸展，于是在导箱这一区域，形成了一个阻碍面条质点做直线运动的阻力，使面条不得以发生弯曲，折叠而成为细小波浪形花纹状，连续移动变速网带，就连续形成花纹。

2. 切条成型的工艺要求

面条光滑、无并条，波纹整齐、密度适当、分行相等、行行之间不粘连。

（二）切条折花成型设备的结构和技术规格

切条折花成型设备主要是由面刀、导箱、压力门和变速网带所组成，如图 5-2 为切条折花自动成型装置。

方便面切条折花成型器是一个经长期研究、反复改进的结构简单而作用十分巧妙的装置。导箱前壁用铰链装着可活动的压力门，在压力门上装有钩子可以悬挂螺帽，以螺帽的多少和大小来调节压力门的大小，也可在压力门上焊接一根螺杆，上加螺帽，以螺帽的进退来调节压力的大小。导箱下部是变速网带，其速度可调。

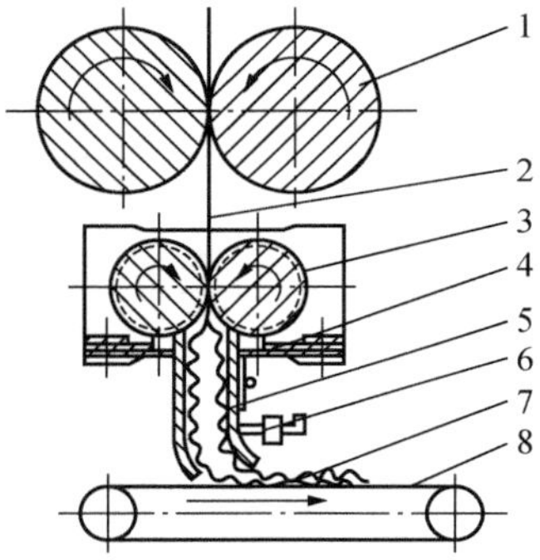

1. 末道轧辊　2. 面带　3. 面刀　4. 铜梳　5. 成型导箱　6. 调整压力的重锤　7. 已成波纹的面块　8. 可调速的不锈钢丝成型网带

图 5-2　切条折花自动成型装置

（三）影响切条折花成型的主要因素

1. 面片质量

面片质量对切条成型效果有重要影响。若水分含量太高，切条成型的面条无支撑能力，导致花纹塌陷；若水分偏少，导致花纹稀疏。面片若有破边或孔洞，会使成型后的面条断条增加。面片最后形成的厚度必须符合标准，若面片的厚度超过了面刀两齿辊啮合深度，会造成切条成型的面条表面有皱纹。

2. 面刀的质量

面刀是成型器的主要组成部分，若两齿辊啮合深度不够，可能引起并条现象。若篦齿压紧度不够，面刀齿槽中会积累杂质，引起面条的光洁度变差。

3. 面条线速度与成型网带线速度之比值的大小

面条线速度与成型网带线速度之比值（即“速比”）是影响切条成型效果的主要因素之一，它是利用面条线速度大于成型网带线速度的关系，促使面条在成型箱内弯曲扭转堆集成波浪形花纹的面层。速比大的波纹小，反之则波纹大。通常速比为 6∶10。

4. 成型导箱前壁压力门上压力的大小

成型导箱前壁压力门上压力的大小，是影响成型效果的另一主要因素。压力大则波纹密，压力小则波纹稀。压力与速比是相辅相成的。在生产中需要精心调整速比与压力，直至形成均匀一致的花纹。调整后则不能随意改动，否则，花纹成型不均匀，既影响蒸面，又影响定量工序的准确性。

（四）切条折花成型操作方法

（1）新面刀啮合深度的调节和调试。

（2）调节铜梳的压紧度。如铜梳的凸齿对面刀的凹槽压得过紧，铜梳会很快磨损；压得太松，则切割出来的面条会铲除不下来，成型器出来的面条花纹不整齐。要把铜梳的压紧度调节到适中，需多次调试。

（3）开车前，应清除面刀与导箱中的面屑及其他杂质，检查安装是否正确。

（4）把面刀及成型导箱装入刀架，拧紧定位压板上的螺栓，在压力门的钩子上挂上重锤。

（5）导箱上部的压盖必须保持轻松灵活，否则会出现面条花纹不均匀或出现堵塞现象。

（6）成型器下方的成型输送网带线速度的大小是调整波纹的关键，在开机时应按工艺要求调整速比。速比的大小是通过调整网带下方的调速手轮来实现的，但停机时严禁调整。

（7）成型导箱必须畅通无阻，否则会影响波纹形成，因而要随时清理导箱内的面渣、面屑等。

（8）用两只手的拇指和食指轻轻捏住连续轧片机末道轧辊前轧出的面带，平整地导入末道轧辊，并使面片通过滑板自动进入面刀及导箱，即成为具有波纹的面层。

（9）检查波纹是否整齐，分流是否均匀，密度是否适当。如发现不均匀状况，可随时进行调整，但也要注意面带是否偏离中心。如发现波纹太稀，则增加重锤；波纹太密，则减少重锤（在成型导箱上一般附带几块大小不等的重锤，可根据工艺需要任意增减重量以调节压力大小）。

（10）若通过调整压力还达不到理想的波纹，则可调节成型网带的线速度的快慢（用无级变速器手轮进行调整）。网带线速度快，则面条与网带的速比小，波纹稀，反之则密。调节重锤与调节网带的线速度可相互配合，此外，通过波纹密度的调节，可以对面块的重量起微调作用。

（11）生产结束时，应清除面刀上及成型器导箱中的面屑，将其涂上食用油或浸入油中，防止面刀及成型器其他零件生锈，以延长使用寿命。

五、方便面生产中的蒸面工序

（一）蒸面的基本原理与工艺要求

蒸面就是使波纹面层在一定温度下适当加热，在一定时间内使生面条中的淀粉糊化，蛋白质产生热变性。蒸面后面条外观发生变化，如体膨胀 110%～130%；颜色变深，呈微黄色，表面产生光泽；黏弹性增强。所谓淀粉糊化，就是把 β-化淀粉变成 α-化淀粉。β-化淀粉即生淀粉，它的分子是按一定规律排列的结晶状态，淀粉吃起来口感不好，而且由于消化酶不易进入分子之间，也不易消化。β-化淀粉吸水加热后即变成 α-化淀粉，这种淀粉的分子排列是混乱的，消化酶容易进入分子之中，易于消化分解。糊化淀粉吃起来口感也好。

糊化后的淀粉是可以逆转的，它可以在储存过程中使 α-化淀粉又变成 β-化淀粉，这就是淀粉的“回生”或“老化”现象。减少方便面在贮藏过程中的“回生”速度，保证产品具有良好的复水性，首先就要尽量提高蒸面时的糊化率，然后迅速脱水使糊化后的淀粉结构固定下来。在一定范围内，脱水速度越慢，糊化的淀粉“回生”速度越慢。固定“糊化”状态的面条具有较好的复水性，用沸水浸泡一段时间，能够恢复到原来蒸熟时的状态，即可食用。蒸面工序要求尽量提高产品的糊化度，油炸方便面要求 α-化度＞85％，非油炸方便面要求 α-化度＞80％。

(二)蒸面设备及技术特性

1. 蒸面机基本构造和工作原理

蒸面机主要由网带、链条、蒸汽喷管，排气管、底槽(加隔热层)、上罩(加隔热层)和机架几部分组成。连续输送带有两种形式。一种是过去使用的钢带，带上钻许多小孔以便透气。这种输送带制造方便，但因为小孔不可钻得太多，所以透气性不好，蒸面效果较差。此外，这种钢带一般是用 0.4～0.5 m 厚的不锈钢制成，接头处很可能铆接得并不准确，以致钢带运行时易走偏，使用寿命短。另一种是用不锈钢丝编织的网带，用不锈钢链条传动，透气性好，不跑偏，蒸面效果好，使用寿命长，但其造价较第一种高一些。目前，连续式蒸面机(图 5-3)绝大多数都是采用网带式。蒸汽喷管是用不锈钢制造的，两端是堵死的，管上钻有许多小孔，小孔的直径和数量必须合理，打孔要均匀，一般以不降低蒸汽压力作为确定孔径、孔数的依据。

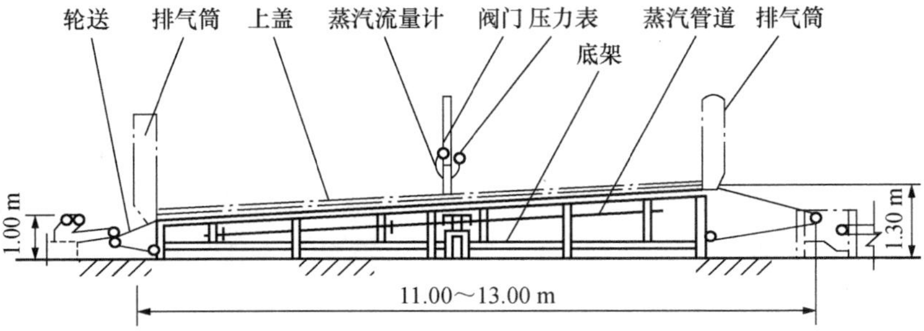

图 5-3　连续式蒸面机

蒸面机主体是一条长 12～15 m 的方形隧道。工作时，网带在隧道中运行，面条在网带上面随网带一起运行，由蒸汽喷管喷出的蒸汽通过网带对面条加热从而使面条成熟。这种蒸面机进口较低，出口较高，其工作原理是利用热气向上升的特点，当隧道内的蒸汽喷管向底槽喷入直接蒸汽时，蒸汽将沿着倾斜面从低向高在蒸槽中分布，冷凝水向低处流，低的一端蒸汽量较少，湿度较大，进入槽内的湿面条温度较低，遇蒸汽易使部分蒸汽冷凝结露，结果使面条多吸收水分，有利于淀粉的糊化。在蒸面机高的一端，蒸汽量大，温度较高，湿度较低，有利于面条吸收热量，进一步提高糊化度。这种倾斜式连续蒸面机不但内部温度从低到高，湿度从高到低，符合淀粉糊化的要求，而且机身倾斜后，蒸槽的有效长度有所增加，蒸面时间相对延长，蒸汽利用率有所提高，有利于淀粉糊化。

可通过无级变速箱调节蒸面网带线速来控制蒸面时间。也可通过调节蒸汽压力来控制隧道内的温度，或通过排气闸门来调整温度和湿度，以满足生产工艺的需要。连续式蒸面机除了倾斜式，还有一种水平式。水平式蒸面机槽内盛有自来水，直接蒸汽喷入水中，使水沸腾而产生大量水蒸气，其基本原理就是靠水沸腾产生的蒸汽对面条加热而使面条中的淀粉糊化。

2. 蒸面机主要技术参数(表 5-2)

表 5-2　蒸面机主要技术参数

技术参数	机　型				
	ZZT-5（单层）	BF505（单层）	BF12A6（单层）	C/W800（直线式）	C/W800（折叠式）
长度/m	12	14.6	7	20	7
蒸箱宽度/mm	475	540	920	1 100	1 100
蒸面网带宽度/mm	300	380	600	870	870
倾斜度	1∶60	1∶60	1∶60	0	0
使用蒸汽压力/mPa	0.05～0.1	0.05～0.1	0.05～0.1	0.05～0.1	0.05～0.1
蒸面温度/℃	95～100	95～100	95～100	95～100	95～100
蒸面时间/s	90～100	90～100	90～100	90～100	90～100

(三)影响蒸面效果的主要因素及技术参数

1. 蒸面温度

淀粉的糊化是使淀粉颗粒在适当温度下吸水溶胀裂开,形成均匀的糊状。因此,糊化的首要条件是要有适当的温度。不同的谷物淀粉,其糊化温度是不一样的。小麦淀粉的糊化温度是 59.5～64 ℃。要使以小麦粉为原料的面条糊化,蒸面的温度一定要在 64 ℃以上。尤其方便面是由多层面条扭曲折叠而成的面块,因而要使具有一定厚度和密度的面块能在较短时间内蒸熟,需要的温度要高于糊化温度。蒸面机进口温度为 90～95 ℃,出口温度为 100～105 ℃,进口温度低于出口温度,使面条进入蒸面机内有一个逐步升温过程。出口温度高,除了可提高面条的糊化度外,由于面条温度较高,出口后还会失去些水分,起到一定的干燥作用。

2. 面条含水量

影响淀粉糊化效果的另一重要因素是水,面条含水量与糊化程度成正比。在同样的蒸面温度和蒸面时间条件下,湿面条的含水量越高,面条的糊化程度也越高。所以就要掌握在不影响压片的前提下,和面时尽可能地多加些水,另外,在蒸面过程中,也要使面条尽量多吸收些水分,以促进淀粉的糊化。实践证明,蒸面时利用直接蒸汽进行所谓湿蒸,是一种让面条多吸收水分的有效方法,这样蒸出的面条起光、有透明感、外观好。

3. 蒸面时间

蒸面后生面条变成熟面条,其中淀粉糊化程度高低除了与温度、含水量有关外,还与蒸面时间有关。蒸面时间与糊化程度成正比,延长加热时间,可以提高产品糊化率,因为淀粉糊化需要一定过程,缩短加热时间,会降低产品糊化率。

根据许多厂家的实践,蒸面时间一般控制在 60～90 s,在此条件下面条糊化度可达到 80%左右。在蒸面时,有时产品品种不同,蒸面时间也不同。如热风干燥方便面,其脱水速度慢,糊化的淀粉易“回生”,因而热风干燥方便面在贮存过程中比油炸方便面易老化回生,加之其不具备油炸方便面的多孔性,复水性较差。为了改善其复水性,除了采取其他措施外,提高蒸面时的糊化度也是个重要措施,所以,热风干燥方便面生产中,蒸面时间比油炸方便面长。但蒸面时间过长,不仅增加能耗,而且会造成蒸面过度,破坏面条的韧性及食用口感。

4. 面条的粗细和面块的疏密厚度

面条越细，在蒸面过程中，面条中心升温越快，糊化度越高。面条越粗，在蒸面过程中，面条中心升温越慢，中心部分越难糊化，因而整体糊化度越低。面块密度松些、厚度薄些，与蒸汽的接触效果好，易于糊化，反之，面条花纹稠密且厚，与蒸汽的接触效果不好，当然面条不易糊化。为了将产品的糊化度提高，将面片的厚度减小是一个重要途径。

(四)蒸面机操作方法

(1)开机前，应检查输送网带有无障碍物堵塞，检查蒸汽压力表、温度表是否灵敏可靠，排气管的蝶阀是否调节灵活，上罩与底槽是否压紧。

(2)开动输送网带的无级变速器，使网带空转 5 min 左右，如无异常情况，证明设备可进行连续生产。

(3)面条进入蒸面机之前，应首先提前 5～10 min 打开蒸汽阀门进行预热，并排放蒸汽管中的冷凝水。然后把放水阀门关闭。在预热过程中，传动网带是运行的，这样可以清洗槽内和网带上的脏物。经预热，面块进入槽内之时即达到所需温度。预热时应检查排气管是否畅通。

(4)正常生产时，应观察安装在蒸面机上方的温度表显示的温度情况，调节蒸汽阀门，使蒸汽压力符合工艺要求，主干管压力表压力为 0.12～0.15 MPa，靠出口一端的压力表压力为 0.07 MPa，使蒸槽进口一端温度达到 90～95 ℃，出口端的温度达到 100～105 ℃。当生面条进入蒸槽时，吸收一部分热量会导致温度略有降低，这时，可适当加大进口端的蒸汽阀门，以增加蒸汽量，提高温度。

(5)蒸面机蒸汽阀门开启后，严禁打开上盖。

(6)在蒸面过程中，要不断检查面条的糊化情况，调节进气阀和排汽蝶阀，调节蒸汽压力和流量，使面条通过蒸槽后达到产品质量要求的糊化度。检查面条成熟度最简单的方法是取面条数根，切断后观察其横截面。如果面条中心部位略带白色芯子，为正常程度；芯子过大，超过截面 1/4 以上，则为过生的表现。

(7)定时检查蒸槽体的保温情况，关闭蒸面机上盖时，操作手轮不要关闭太紧，不漏气即可。

(8)正常生产过程中，严禁有面条脱离网带进入蒸槽。

(9)蒸面网带及传动网链要保持清洁，定时洗刷，每班工作完毕，将网带、槽体及内部的碎面冲洗干净。

六、方便面生产中的定量切断与分排输出

(一)定量切断与分排输出的作用与工艺要求

定量切断工艺首先将从蒸面机出来的波纹面连续切断以便包装，并以面块长度定量，这样可将复杂的质量定量系统变成长度定量系统，有利于设备的简化；然后将面块折叠为两层；最后分排输出。定量切断的工艺要求是定量基本准确，折叠整齐，进入热风干燥机或自动油炸机时落盒基本准确。

(二)定量切断设备

1. 定量切断设备的工作过程

定量切断折叠装置如图 5-4 所示。当蒸面机的网带把蒸熟的面带传送到定量切断的输送

网带上时，调整无级变速手轮使进给网带的线速度略快于蒸面机网带的线速度，并使进给网带线速度与切刀的切断次数协调。当面带进入切刀托辊与切刀之间时进行切割，面刀每转 1 周进行 1 次切割，而且能切出同样重量和规格的面块。

切断后的单层面块由一个与折叠导辊紧密配合的折叠板送入导辊与分排输送带之间。切刀托辊的线速度由无级变速器调节，与折叠板配合协调，使被切断的面带由旋转着的托辊推落时，折叠板正好插在面带长度的一半处，保证其折叠整齐。折叠板行程速度由调速箱齿轮带动凸轮进行，折叠板行程调整时，可调整凸轮固定折叠板。分排机构是若干块分排胶片套在输送链之间的管子上移动，由于分排导轨的作用，分排胶片不但向前可以移动，而且还能沿导轨的轨迹分别向左、向右做横向移动，把折叠好的两(三)行分左右排为四(六)行，与油炸机面盒行数相等。面块行进到分排网带尽头时，通过滑溜板自动进油炸机面盒或热风干燥机面盒。

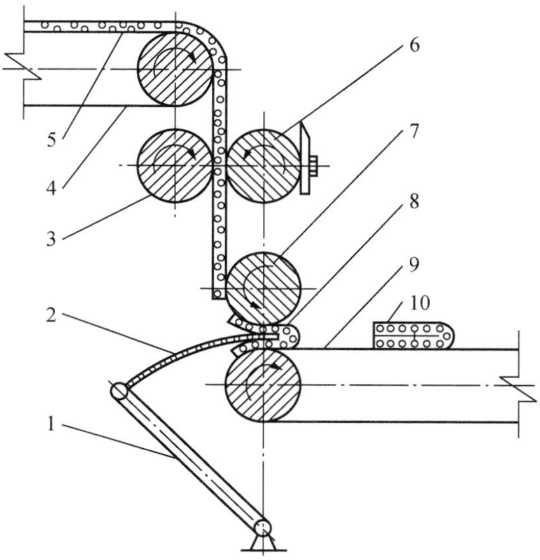

1. 连杆 2. 折叠板 3. 切刀托辊 4. 进给输送带
5. 已蒸熟的面带 6. 切刀 7. 折叠导辊
8. 正在折叠中的面块 9. 分排输送网带
10. 已折叠成型的面块

图 5-4 定量切断折叠装置

2. 定量切断设备主要技术特性

定量切断设备主要技术特性如表 5-3 所示。

表 5-3 定量切断设备主要技术特性

主要技术特性	机型				
	QFJ-6	BF5-06	BFI12A-7	C/W500	C/W800
蒸面网带线速度/(m/min)	6.11	10.7	13.06	0～13.5	0～13.5
托辊速度/(m/min)	6.15	17.54	23.38	30～60	30～60
切刀折叠次数/(次/min)	34	37	54	2.2+1.5	2.2+1.5
动力配备/kW	2.05	1.5	105		

(三)影响定量切断效果的主要因素

1. 面条的性质

面条本身的性质对定量是否准确及折叠效果有明显影响。方便面是按切割长度定量的，若其他条件不变，面条本身的含水量、面片的厚度、花纹的疏密程度发生变化，最后每块的重量也必然发生变化，因而面条本身的性质会影响定量的准确性。同时面条含水量低到一定程度时，定量切断折叠后面块松散，影响油炸或热风干燥时落盒的准确性。从蒸锅出来的面条温度较高，表面黏度大，对切断和折叠也有影响，因而在蒸锅和定量切断设备之间应安装风机强制降温。

2. 各传动单元之间线速度的配合

整个定量切断设备有5种线速度,即连续蒸面机网带线速度、面带供给网带线速度、旋转切刀与托辊的线速度、折叠板往复线速度、折叠托辊与分排输送的网带线速度。如何使这5种线速度均衡配合,是定量切断机构能否正常工作的关键,它们之间的配合应是后道的线速度大于前道。若后道的线速度小,则会出现面带堆积堵塞,使切断折叠部分不能正常工作。

3. 旋转切刀与旋转托辊线速度的配合

切刀刀刃的旋转线速度应该与托辊表面的线速度保持相等,或者使托辊线速度略快于切刀的线速度。如托辊的线速度慢于切刀速度,将引起面带的阻塞而不能正常工作。

4. 折叠托辊线速度与分排输送网带线速度的配合

折叠托辊与分排输送网带的线速度应相等,否则会引起二者之间的相对运动,由于摩擦力的作用会使折叠的面块两层长度不等。

(四)定量切断操作方法

(1)正常生产前,应进行空车运转实验,检查各部件传动有无异常声音,转动是否正常。

(2)调整各部位的变速,应根据工艺情况进行现场调整。

(3)方便面自动生产线首次启动时,首先启动连续蒸面机,接着启动链盒式自动干燥机或自动油炸机的模盒输送带,带动本机的切割、折叠机构和分排机构,然后再启动切刀和托辊以及进给网带。冷却风机可与蒸面机同时启动。在生产过程中,如因故紧急停车再启动时,一定要先启动自动油炸机或热风干燥机,带动定量切断机的切割、折叠和分排机构,接着启动切刀托辊、进给网带,然后再启动蒸面机网带。若启动顺序搞错,先启动蒸面机和进给网带,后启动切割、折叠和分排机构,必然发生堵塞。

(4)面块重量的调节。当面块重量偏重或偏轻时,需打开调速器下边小门,调整变速机手轮。要求面块重量增加时,将调速手轮向左转减速;要求面块重量减少时,将调速手轮向右转加速。速度越高,面块就越轻;速度越低,面块就越重。调整变速手轮,必须在机械运行中进行,停机状态下严禁调整。面块重量受多种因素的影响,长度与重量的关系,开始生产时要经多次调试才能确定。长度确定后,则要求面条的厚度、成块的波纹密度、和面加水率也要基本固定,保持定量的稳定。

若连续蒸面机网带和进给网带线速度不变,在单位时间内的切断次数增加,则切出面块的长度减少,重量变轻。若单位时间内的切断次数减少,则切出面块的长度增加,重量也相应增加。若连续蒸面机的网带和进给网带线速度减慢,则切断后面块长度变短,重量也相应减少。若单位时间内的切断次数、面条厚度等可变因数都不变,而改变面条的波纹密度,密度增加,则面块重量增加,密度减少,面块重量相应减少。若单位时间内的切断次数、蒸面机网带和进给网带的线速度不变,面条厚度增加,面块的重量也增加,反之,面条厚度减少,面块重量也减少。所以,方便面面块重量的调节可以从切断次数、蒸面机线速度、进给网带线速度、面条厚度、波纹密度等几方面去调节。

(5)蒸煮后的面条本身还含有35%～45%的水分,面条的花纹结构还没有固定下来,只有通过油炸或热风干燥脱水后才能把面块的形状固定下来,所以定量切断工序应严格控制,尽量保持成型的花纹基本不变。

(6)必须经常保持折叠板的表面光滑度,以免粘带面块,造成面块不能顺利进入分排网链位置。

七、方便面生产中的干燥工序

(一)干燥的作用

干燥的目的是除去水分,固定组织和形状,便于保存。对于方便面来说,干燥的首要作用是通过快速脱水,固定 α-化淀粉结构,防止面条“回生”,有利于提高其复水性。蒸熟的面条如不迅速脱水干燥,让其逐渐冷却,就会产生“回生”现象。面条“回生”后,食用时不易复水,失去了“方便”意义。

(二)油炸干燥

1. 油炸干燥的基本原理与工艺要求

油炸干燥就是把定量切断的面块放入自动油炸机的链盒中,使之连续通过高温的油槽,面块被高温的油包围起来,本身温度迅速上升,其中所含水分迅速汽化。原来在面条中存在的水迅速逸出,使面条中形成了多孔性结构,同时也进一步增加了面条中淀粉的糊化率。另外,油炸的快速干燥固定了蒸熟后淀粉的糊化状态,大大降低了方便面在贮运期间的老化速度,在面块浸泡时,热水很容易进入这些微孔,所以油炸方便面的复水性能好。油炸方便面的水分含量低,有利于贮存。油炸的工艺要求:油炸均匀、色泽一致、面块不焦不枯,含油少、复水性良好,其他指标符合有关质量标准。

2. 油炸设备及其技术特性

(1)油炸设备由主机、油加热系统、循环用油泵、粗滤器和贮油罐等部分组成。油炸主机由支架、底槽、上盖、传动链条、型模盒、型模盖、驱动电机等部分组成。型模传送链是用一个电机传动,另有一个间歇运动装置,自动定时将分配器里的面送出,面块在切下的同时就自动落在型模中,型模传送链做间歇运行。当装入面块的模型被送至油锅,接触油之前,模盖传送链同步供给模盖,将模型盖好,以确保油炸过程中面块不会脱出,当型模离开油锅时,模盖便自动与型模分开。当模盒转到盒口朝下时,面块即脱盒进入下一道工序。由于模盒与模盖上面有许多小孔,保证了面块与油的良好接触状态。盒中的面块随链条一起运行时被热油加热,使其中的水分达到蒸发状态成为水蒸气从烟筒中排出,从而达到脱水干燥的目的。油的加热采用循环间接加热式,油锅底部设有三个口。两端的为进油口,经外加热器加热的油经管路、泵输送到油锅,对方便面进行加热。中间为出油口,为了防止面渣、油污及其他杂质进入油泵或热交换器,在油锅出口处附加一台过滤器,过滤杂质后的油由循环泵送至热交换器中加热,而后返回油锅中。连续油炸机如图 5-5 所示。

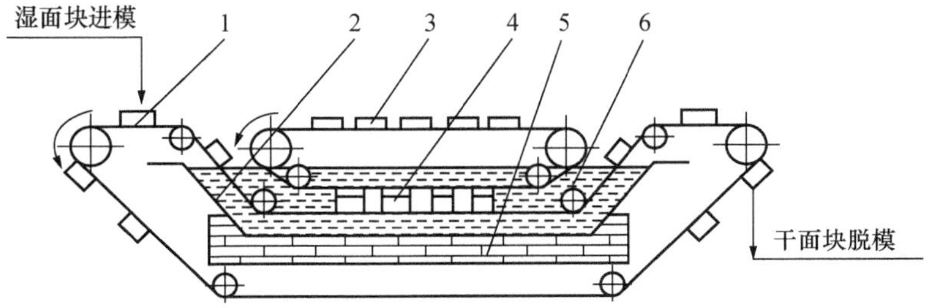

1. 模盒输送链 2. 油槽 3. 模盖输送链 4. 模盖与模盒配合工作状态 5. 加热装置 6. 炸面食油

图 5-5 连续油炸机

(2)油炸设备主要技术参数如表 5-4 所示。

表 5-4 油炸设备主要技术参数

主要技术参数	机型			
	BF3Y·07	BF5Y·07	BF12A.8	C/W800
油炸温度/℃	140～155	140～155	140～155	140～155
油炸时间/s	70	110	120	120
蒸汽压力/MPa	0.6～1.0	0.6～1.0	0.6～1.2	0.6～0.8
油盒规格/m	4 列 100×124×26	6 列 100×124×26	10 列 100×124×26	8 列 100×124×26
油锅容量/m^3	1.9	1.9	3.0	3.5
热交换器型号	116T40-1.0/1200-18	116T40-1.0/1200-18	116T40-1.0/1200-18G	波纹管薄管
循环油泵型号	GDRY100-20	GDRY100-28	DRY125-20	板列管式 125 m^2
外形尺寸/mm	11 951×1 190×1 640	11 951×1 405×1 840	11 951×1 385×1 500	

3. 影响油炸效果的主要因素

(1)油炸温度和时间　油炸的温度和时间是相关联的技术参数。经测试，油炸温度 140 ℃时，时间约为 78 s，145 ℃时则下降到 75 s，150 ℃时进一步降到 70 s。140～150 ℃即一般方便面油炸温度的可调范围，油炸时间以 70～80 s 为宜。油炸温度如低于 140 ℃，油炸时间过长，会使膨松后的面条收缩，蓬松性下降。超过 150 ℃的高温油炸也不理想，面条升温太快，促使蛋白质和淀粉等胶体性能变化过速，影响油炸时淀粉 α-化程度的提高。高温油炸对面片较厚的面条更为不适，由于高温油炸时间偏短，方便面炸不透，面块水分含量往往较高，甚至中心部位有软块，容易发霉变质。150 ℃左右的高温又是糖类和氨基酸进行美拉德反应及糖类进行焦糖化作用的最佳条件，易使面块带棕红色，影响外观和风味。

油炸时油温过高或时间过长，均会加深蛋白质的不可逆变性。发生这种情况时，面条颜色偏暗，透明度降低，极易裂碎，复水性能变差，有小硬块感觉，复水后的面条体积膨胀度差，如果浸泡或水煮时间稍长，将会完全丧失黏弹性，胀成结构松散的烂面。油炸温度可通过油炸锅前后端的温度指示仪表来监视，前端称为"入浴温度"，后端称为"出浴温度"。面块刚进入油锅时，热油与半制成品进行快速的热量交换，加之油锅前端为补充新鲜油的部位，因此前端油温较低。后部因面块水分大部分已经挥发掉，热量交换的容量不大，油温常高于前端部位。常称的油炸温度是指"出浴温度"，一般油炸锅控制"入浴温度"为 120～125 ℃，"出浴温度"为 145～150 ℃。

(2)煎炸油质量　因高温加热的关系，煎炸用油容易"老化"，从而影响面条在保存期内的稳定性。老化了的油脂如不及时采取有效措施，继续使用会引起油质的"恶化"，表现为黏度上升、颜色变深、有苦味、油炸时容易发烟及产生连续泡沫，这种"恶化"油脂对人体健康极为有害。因此，生产中应严格控制油质的恶化，如发现接近或达到"老化"标准，就应将油部分或全部换掉。按照方便面的质量标准，方便面的酸价不超过 1.8，但这是指产品销售过程中的检测数据，包括贮存期中酸价的升高在内，因此对油锅中油脂的酸价应控制得更低一些。

由于各地区常年平均气温所形成的保存条件不同，对油脂更新的标准也有所不同，在产品需要长期贮藏和运输的条件下，生产优质面条的煎炸油酸价如果超过 1.2，就应当全部更换新油。

油脂"老化"的标准除酸价以外，还有过氧化值、色泽及黏度等指标。因酸价检测方法比较快速简便，一般以它作为全面衡量油脂质量的代表性指标。但从理论上讲，酸价升高不大，而过氧化值变化较快、黏度增加的情况是可能的，其原因是煎炸油在不利于发生自动氧化的特殊条件下，过氧化物的生成比酸价增高的速度快得多。因此，在管理比较严格的工厂里，也定时测定过氧化值，如果低于6，认为正常，同时经常观察颜色及黏度的变化，作为综合考虑是否需要更新煎炸油的依据。

(3)油脂液位控制及新油的补充　为了保持油锅中油的新鲜度，油炸操作中应注意油脂液位的控制和新油的补充。连续油炸操作中，煎炸用油不是一次全部投入锅中，而是先加入一部分油脂，以后随着锅内油脂的消耗，不断添加一定比例的新油，这样就可以有效地防止或延缓油脂的“老化”。为了控制好油锅中老油的比例，要求添加新油时保持油锅中油位稳定。油脂的液位是根据每分钟内面块吸收油脂的数量，采用匀速流加补充新油的方法保持稳定的。油锅中的液面不能高出模盒太多，一般以高出模盒15～20 mm为宜，目的是尽可能地减少锅内的油量，降低老油在锅中的比例，使新老油脂的交替周期缩短。

新油添加时，应先预热到一定温度，采用自动油位控制装置或人工控制阀门的小流量添加。新油的补充应连续不断，要绝对避免定时或不定时一次性的大量添加。在保持一定液位的情况下，单位时间内新鲜油的补充数量越大，新老油的交替速度越快，锅内油脂的新鲜度就越高，油脂越不宜“老化”。

一般情况下，新油补充率应不低于7.5%。新油补充率越高，油炸工艺状况越佳。

新油补充的数量也可通过油脂周转时间计算。油脂周转时间是指补充新油的数量使之等于油炸系统内油脂总量所需要的时间，即新油完全更新油炸锅中的油所需要的时间。

油脂的周转时间越短，油质越稳定，通常以不超过16 h为佳，此即标准周转时间。在标准时间之内的油脂“老化”极慢，可以不必隔一段时间全部更换新油。这样，既可保证产品质量稳定，防止产品在保存期内酸败变质，又可避免浪费大量食用油脂。如果周转时间超过20 h，则油脂“老化”极其迅速，经较短的使用周期后即可能产生“老化”现象，需要全部更换新鲜油脂，使新油更换频率增加，造成大量浪费。由表5-5可知，一种设备生产不同规格的方便面时，油脂的周转时间和新油添加率是不同的。

表5-5　方便面煎炸油的周转时间

油炸系统的一次投油量	面块质量/g	班产5万包方便面的耗油量/t	油脂周转时间/h	每小时新油添加率/%
6桶(1.14 t)	90	1.012	9.00	11.00
	80	0.880	10.36	9.65
	70	0.770	11.84	8.44
	60	0.660	13.82	7.24
7桶(1.33 t)	90	1.012	10.50	9.51
	80	0.880	12.10	8.27
	70	0.770	13.82	7.24
	60	0.660	16.12	6.20
8桶(1.52 t)	90	1.012	12.00	8.33
	80	0.880	13.82	7.24
	70	0.770	15.79	6.33
	60	0.660	18.42	5.43
9桶(1.71 t)	90	1.012	13.52	7.40
	80	0.880	15.55	6.43
	70	0.770	17.77	5.63
	60	0.660	20.73	4.80

注：每桶棕榈油的净重为190 kg。

(4)煎炸油的配比　目前大多数国家用于方便面的煎炸油是棕榈油,但因棕榈油的风味欠佳,有些工厂以猪板油与棕榈油配合使用。搭配油脂通常在每年的9月份至次年的2月份采用,其余月份因为经历夏天或保存期的大部分时间在炎热季节而不宜采用。植物性的氢化油和棉籽油、米糠油也常用作煎炸油,动物性的氢化猪油、氢化鲸鱼油、牛油等也可用作搭配油。在搭配时,应根据不同季节测定混合油脂的固体脂肪指数(solid fat index,SFI)来确定不同油脂的使用比例。油炸用油脂的固体脂肪指数见表5-6。椰子油与棕榈油都是12碳的月桂酸系饱和油脂,亚油酸含量低,几乎不含亚麻酸,是稳定性较高的油脂,但与其他油脂搭配使用时,组成的混合油脂碳链长短差异过大,油脂的沸点不同,油炸极易产生泡沫,影响油炸时水分的蒸发。

表5-6　油炸用油脂的固体脂肪指数

温度	夏季SFI/%	冬季SFI/%
50℉(10 ℃)	40	36
70℉(21.1 ℃)	29	25
80℉(26.7 ℃)	22	18
92℉(33.3 ℃)	15	11
100℉(37.8 ℃)	10.5	7.5

(5)面块的性质　面块的性质也是影响油炸效果的因素之一。若前段工序生产的面条中有生粉,或表面不光滑,会导致产品含油升高。若面块水分发生变化,而整个油炸操作工艺条件不变,则最后产品含水量也将发生变化。若面块的花纹疏密度增加,会影响油炸过程中水分的蒸发,尤其当面块花纹出现局部过于紧密时,会导致产品局部含水量过高,最终成为次品。

4. 油炸工艺技术的管理

(1)酸价的测定　油脂在连续高温状况下,与水蒸气接触后极易产生水解作用,生成游离脂肪酸,所产生的脂肪酸并非完全属于挥发性,因此油炸过程中酸价会不断升高,酸价升高是油脂整体变劣的重要标志。在生产过程中,应当每隔2 h从油锅边上的小管中采样检测。油脂酸价接近标准或达到标准,就应部分或全部更换。

(2)抗氧化剂使用的管理　添加新油时,要同时将抗氧化剂溶液混入油脂中。如有些原料油中已经加有抗氧化剂,则应在使用前预先测定它经过贮存以后的抗氧化剂残存量,根据测得的数据,补充应当添加的部分。如果原料油中未曾使用抗氧化剂,则应按规定比例添加。

(3)油脂新鲜程度的管理　原料油进厂时和在使用前都必须检测其酸价、过氧化值、碘价等。根据检测结果,可以判断出原料油的新鲜程度,如果新鲜度很差,即使添加抗氧化剂也无济于事,不应当再使用。

(4)补充油的预热　生产过程中需要补充的新油,一般都进行预热,以使油脂黏度较低,保证滴加时的流畅,同时也可防止加入冷油引起油炸锅中油脂温度的下降。补充油的预热在预热器中进行,通常是利用油炸锅或燃烧室的余热来加热的。预热器的容积要小,可设置两只交替使用,避免油脂长时间处在高温下加速氧化作用。油温不能过高,以60～70 ℃为宜。容器不能敞口,整个油脂的循环系统,如移位、过滤、冷却、补充油预热等都要在封闭条件下进行,以减少油脂与空气的接触。

(5)油脂冷却设施及管理　当天生产结束后,因燃烧室温度仍然很高,会继续使油锅中油脂受热，油温迅速升高，必须立即采取冷却措施。首先打开燃烧室烟道闸门，排除高热空气，使燃烧室急剧降温。与此同时，应将油锅上方吸热罩连同模盒吊起，脱离油面。待燃烧室降到一定温度时，将煎炸油用泵抽出，在循环系统中滤去焦屑残渣，送入贮油柜中迅速冷却。贮油柜应当密闭，并设有可通冷、热水的蛇形管。油锅中油脂全部抽完以后，应清理残屑，并趁燃烧室尚有余热时放水，将其清洗干净。生产过程中如发生故障又无法立即排除时，也应按照上述程序使油脂迅速脱离热源。油脂全部循环系统均不能使用铜质金属构件，防止热油与铜离子接触后加速氧化变质。

5. 油炸操作方法

(1)开机前首先打开配电盘，检查各控制开关是否正常。

(2)打开主蒸汽管道阀门后，开启电控阀开关，使蒸汽进入加热器进行预热(这个环节应缓慢进行)，打开排气阀开关，放出热交换器中的冷凝水，以免影响加热器的效率。关闭旁路阀门，把蒸汽压力逐渐调整至 0.6～0.7 MPa。

(3)打开油路阀门，使来自贮油库的油经加热器进入油锅。

(4)当油锅中的油面到达工艺要求时，关闭油路阀门，打开冷却水阀门，使冷却水进入循环泵。

(5)若是当班开始进入油锅中的油是中转油箱中前天的存油，应首先打开循环泵，使中转油箱中的油经过滤器后进入油锅。

(6)启动循环泵，使油锅中的油在整个回路中依靠泵的压力循环，当油温逐渐升至 140 ℃上下时，即可进行下步操作。

(7)在油锅上油时，应掌握新旧油的搭配比例，最好新油占 2/3 左右，以确保产品某些理化指标符合标准要求。

(8)开启油锅传动按钮，让油锅空转，观察有无异常响声。

(9)油炸前面块落盒要整齐，摆放要平正，应全部进入油盒之中。

(10)日常生产中要严格控制好各温区的油温和温差，若温差出现异常，应及时调整各进油口的流量。

(11)根据产品水分要求和温度要求，随时调整传动速度以调整油炸时间。

(12)生产过程中，应随时清理过滤器中的面渣、油污等，以保证油脂清洁。

(13)随着生产的进行，由于面块对油的吸收，锅中的油量会逐渐减少，油位逐渐降低。为保持油锅中的油位，必须补充新油，可打开进油阀门，用阀门来控制流量大小以补充油的损耗。

(14)工作完毕后，应将油锅、油管、热交换器中的油全部用泵送回油库或中转油箱中去，以免油温降低转变为固体，影响下班生产。关闭循环油泵和阀门，切断电控的电源和蒸汽，最后将全部阀门复位到关闭状态。

(15)油锅中的面渣、油污应每星期进行一次清理，以防污染、酸败。

(三)热风干燥

1. 热风干燥的基本原理

热风干燥是生产非油炸方便面的干燥方法。由于方便面已经过 90 ℃以上的高温糊化，其中所含淀粉已大部分糊化，由蛋白质所组成的面筋已变性凝固，组织结构已经固定，面条已是一种凝胶体，已具有良好的烹调性能，炸过的面条不像挂面那样产生“酥面”现象，因而不必采取“保湿干燥”，能够在较高温度、较低湿度下在较短时间内进行烘干。

熟后面条中水分的存在形式主要有化学结合水、物理化学结合水、机械结合水，其中后两种水分在一般加热条件下易于除去，而化学结合水在一般条件下是很难去除的。使用相对湿度低的热空气反复循环通过面块，由于面块表面水蒸气分压大于热空气中的水蒸气分压，面块的水蒸发速度大于吸附速度，因而面块是脱水的。面块中蒸发出来的水分被干燥介质带走，最后达到规定的水分。

2. 热风干燥的工艺要求

热风干燥的工艺要求是达到产品质量标准规定的水分以下，以便于保存、包装、运输和销售，尽量使面块形状一致，尽量提高干燥速度，较快地固定 α-化状态，以防止方便面在储藏和运输中 α-化的淀粉再回到 β-化的淀粉，保证面条具有良好的复水性。要达到这些，要求干燥介质的温度尽可能高一些，干燥时间尽可能短一些。干燥后的方便面要求水分含量<12.0%。

(四)热风干燥设备和技术特性

1. 热风干燥设备

链盒式连续干燥机外形图及工作示意图分别如图 5-6、图 5-7 所示。该机适用于非油炸方便面等块状食品的干燥。

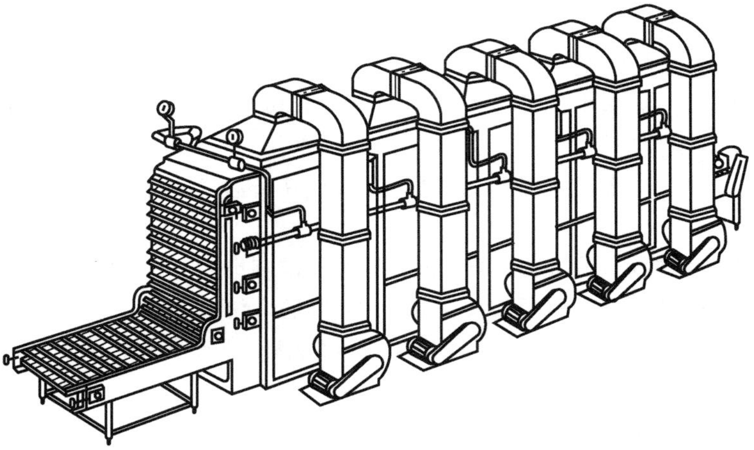

图 5-6　链盒式连续干燥机外形图

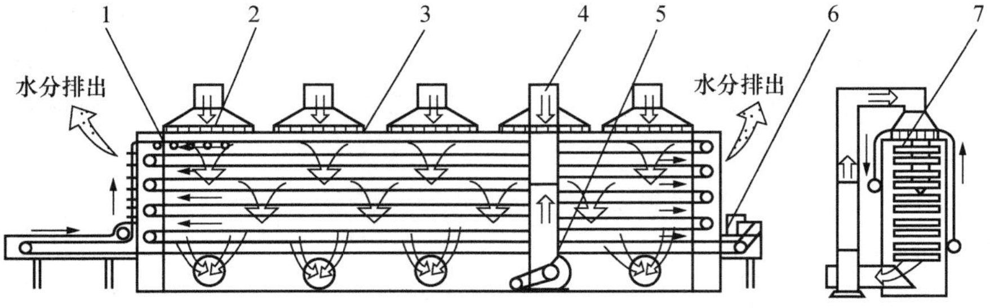

1. 机架　2. 热交换器　3. 链条　4. 风管　5. 热风循环鼓风机

6. 无级变速传动装置　7. 不锈钢面盒(固定在链条上)

图 5-7　链盒式连续干燥机工作示意图

该干燥机的外形尺寸因干燥能力的大小而异，但层数相同，一般为 5 层，往复为 10 层。链盒式干燥机的主要特点是往复都满载着面块，层与层之间面块始终在盒内，而网带式干燥机前进时满载面块，返回是空载的，层与层之间的面块需靠重力落下来。因而链盒式干燥机的碎面很少，产品形状完整。但其传动链盒制造、安装复杂。其加热装置是用 4～10 台鼓风机和 4～10 组散热器相配合，分段循环干燥，气流与物料移动方向成垂直交叉流动，散热器装在顶部，自上而下进行热风循环，在鼓风机进口处装有蝶阀，可以调节补充新鲜空气流量的大小。链条的线速度可以通过无级变速器调速，面盒用不锈钢板制造。

2. 技术特性

热风干燥设备主要技术参数见表 5-7。

表 5-7　热风干燥设备主要技术参数

主要技术参数	处理能力/(袋/8 h)		
	35 000	50 000	50 000
加热段数/段	4	5	6
面盒数/个	500	700	900
面盒尺寸/mm	130×110×30	130×110×30	130×110×30
每段风机静压/kPa	0.5	0.5	0.5
每段风量/(m/min)	250	250	250
链盒速度/(m/min)	3	3	3
蒸汽压力/MPa	0.5	0.5	0.5
机内温度/℃	70～80	70～80	70～80
面盒链条输送层数/层	5	5	5

3. 影响热风干燥效果的主要因素

(1)温度　干燥介质的温度高，干燥速度快，反之则干燥速度慢。温度高能增加水分的蒸发速度，增加面条表面的水汽分压，实际上是增加了水分朝空气中迁移的速度，这是高温干燥速度增加的原因。在方便面生产中，一般要求热风温度为 70～80 ℃。若能在蒸熟的面块进入干燥机时，先用 200 ℃的高温热风吹 10～20 s，面条中间水分快速迁移会使其膨化而产生许多小孔，就会大大改善方便面的复水性。但膨化的面条黏性、韧性降低，没有咬劲，口感也较差。而且高温干燥需要高压蒸汽与传热面积大的热交换器，要增加设备投资和提高生产成本，此技术有待研究提高。

(2)相对湿度　干燥介质的相对湿度是影响干燥速度的主要因素，相对湿度大，蒸汽分压高，面条的蒸汽分压与干燥介质中水蒸气分压之差是面条干燥脱水的动力，因而要使面条干燥必须使干燥，介质中水蒸气分压降低，即使空气中的相对湿度尽量降低。在鼓风机进口处安装蝶阀就是为了排除湿度较大的空气，达到降低相对湿度、增加干燥速度的目的。在热风干燥方便面生产中，一般要求干燥介质的相对湿度<70%。

(3)鼓风机静压力　链盒式干燥机内从上到下有九层装满面块的面盒，因而对上下流动的气流有比较大的阻力，热风循环是自上而下地反复进行，要使热风穿过九层面块，需要一定的风压。若风压太低，热风就很难穿过九层面块，干燥效果就差；若风压太高，会大大增加动力消耗。根据生产实践，比较适宜的鼓风机静压为 0.5 kPa。

(4)面块的性质　面块的性质也是影响热风干燥效果的重要因素。面条的粗细、花纹的疏密度、面条中水分含量的多少都会影响面条的干燥速度和产品水分含量。另外,面块的形状也会对产品外观有影响。

4. 热风干燥操作方法

(1)首先打开蒸汽管道中的回汽阀门,然后打开进汽阀门,排出管道中的冷凝水后,再关闭回汽阀门。每只热交换器上都有进汽和回汽阀门,要逐只启闭排放冷凝水。

(2)启动鼓风机,开始热风循环,对干燥机进行预热处理。启动链盒的传动装置,把从切割分排机下来的面块导入面盒,要求入盒整齐,入盒不准的要手工调整。

(3)调节鼓风机循环系统中补充新鲜空气的进气阀门与干燥机上的排潮阀门,使干燥介质达到比较理想的温度与相对湿度。

(4)检查面块的干燥程度,调节蒸汽压力的大小,使其达到预定的要求。

(5)要经常注意最下层中已干燥的面块,在通过面盒倾覆装置脱离面盒及面盒复位的情况是否正常,以防止轧坏面盒。

(6)风机需要加油之处每班都要加润滑油。

(7)每逢停机,都要关闭进汽阀门及打开回汽阀门,并切断电源开关。

八、方便面生产中的冷却工序

(一)冷却的基本原理与工艺要求

油炸方便面经过油炸后有较高的温度,输送至冷却机时,温度一般还在 80～100 ℃。热风干燥方便面从干燥机出来的面条到达冷却机时,其温度还在 50～60 ℃,这些面块若不冷却直接包装,会导致面块及汤料不耐贮存,若冷却达不到预定的标准,也会使包装内产生水汽而造成吸湿发霉,因而对产品进行冷却是必要的。冷却方法有自然冷却和强制冷却。

自然冷却就是利用面块温度高于室温的特点,把被冷却的面块放在室内,使周围空气吸收其热量,借助时间的推移而缓缓地进行冷却。这种冷却方法不适用于连续生产。强制冷却的原理与自然冷却的原理一样,是利用被冷却物体与冷却介质的温差制冷,但具体方法不同。强制冷却是借助于鼓风机,促使空气加强流动,使被冷却物体通过冷却隧道,在冷风的作用下迅速降温散热。冷却工艺的要求是冷却后的面块温度接近室温或高于室温 5 ℃左右。

(二)冷却机的结构及其技术特性

冷却机一般有两种类型:一种是机械风冷,就是采用若干直冷式风扇,通过电风扇吹到冷却室的冷风,起到冷却面块的目的;另一种是强制风冷,就是采用两个大型冷风机,其中一个当吹风机,另一个当引风机,在冷却室内形成冷风对流。这两种冷却机均属机械强制冷却,后种冷却机成本偏高。

1. 冷却机的结构

冷却机主要由机架、冷却隧道、不锈钢网链、传动电机、调速箱和若干个直冷式风扇组成。由干燥机来的高温面块进入冷却隧道,由传动网带使面块输送到另一端,在输送过程中与冷风进行能量交换而降低温度。冷却机示意图如图 5-8 所示。

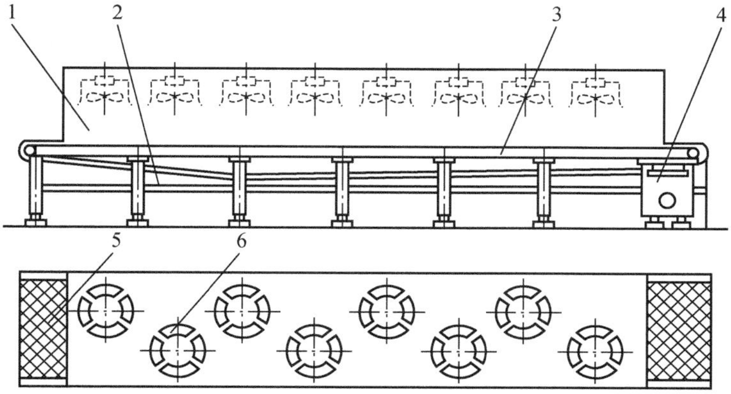

1. 冷却隧道　2. 碎面接槽　3. 机架　4. 无级变速机构
5. 不锈钢丝网输送带　6. 电扇

图 5-8　冷却机示意图

2. 冷却机主要技术参数(表 5-8)

表 5-8　冷却机主要技术参数

主要技术参数	机型			
	FLJ-535	BF5-08	BF12A-10	C/W800
网带线速度/(m/min)	2	2.8	3.26	7.9
冷却时间/min	3	3	3	1.8
动力配置/kW	1.1	1.1	1.5	1.5
风扇功率/kW	0.125	0.3	0.125/0.3	0.2
风扇台数/台	4	8	8/8	20
外形尺寸/mm	5 500×670×1 150	8 500×880×1 600		1 400×1 200×1 385

(三)影响冷却效果的因素

1. 冷却时间

其他参数一定,冷却时间越长,冷却效果越好,反之,冷却时间越短,冷却效果就越差。一般冷却时间为 3～5 min。随着冷却的进行,面块与冷却介质的温度差逐步缩小,降温速度也逐步变小,无限制地延长冷却时间会使冷却设备庞大,或者生产能力降低。因为延长冷却时间的办法有两种,一是降低传动速度,二是延长冷却隧道的长度。

2. 冷却风速和风量

冷却风速和风量也是影响冷却效果的主要因素。风量大则冷却机内外能量交换量大,有利于快速降温,因为冷却介质和面块的温差增大了。风速大则要求风压也要大,风压大对面块的冷却是有利的,因为只有保证一定的风压,才能吹透面块,将其能量带走。

3. 网带的行走速度

网带的行走速度和冷却时间是相互影响的,网带行走速度越快,冷却时间越短,冷却效果越差,反之,网带行走速度越慢,冷却时间越长,冷却效果越好,但会降低产量。网带的行走速度是可以调整的,调速幅度为 3～9 m/min。

4. 面块的性质

面块的温度是影响冷却效果的主要因素。若是热风干燥方便面，本身的温度低，冷却就容易进行；若是油炸方便面，本身的温度高，冷却的难度就大。另外，面条直径大小、面块花纹紧密程度、面块的堆积情况均会影响其散热效果。

（四）冷却操作方法

（1）首先启动传动网链，等其运转 2～3 min 后，再启动顶部均布的直冷风扇。正常后方可进行冷却工作。

（2）冷却时间应保持在 3～5 min，若冷却效果不好，可改变传动速度以延长冷却时间。

（3）随时检查面块的降温情况，若面块温度高于室温 10 ℃以上，应及时甩出，严禁包装。

（4）在冷却过程中，要经常检查连续油炸机的卸料装置，使油炸后的面块准确地落在本机的输送带上，防止面块落在链条上而被碾碎。

（5）根据面块温度的变化，调节无级变速器，使网带的线速度既能保证面块的充分冷却，又能供应自动包装机包装。调整网带速度时，应在开机中进行，停机时严禁调整。

（6）经常注意网带运行是否正常，网带的张紧度不能过松或过紧，可通过调整前端的调节螺栓来调节张紧度。

（7）定期清理冷却机中的面渣和油污等。

九、方便面生产中的包装工序

（一）包装的基本原理与工艺要求

包装就是把冷却后的方便面块，通过面块供给输送装置送到包装薄膜之上，借助于薄膜传送装置和成型装置，把印有彩色商标的带状复合塑料薄膜从两侧折叠起来成为筒状，通过纵向密封装置把方便面块间隔地卷包在内，再通过上下两条装有条状海绵的输送带，将卷在薄膜内的面块夹住送往横向终端密封装置，在面块两端定长横向密封切断。这种自动袋式包装设备由机械装置和电子监控两大部分组成，面块和包装薄膜供给速度要保持一致，成型后包含面块的筒状薄膜的进给速度与横向终端密封切断装置的转速也要保持一致。包装薄膜的可塑性和延伸性受温度的影响会发生变化，从而引起包装误差。包装机上所配备的光电跟踪装置和同步轮系配合动作，能使包装薄膜的长度误差自动调整。方便面自动包装机如图 5-9 所示。

包装的工艺要求是包装整齐，纵向、横向密封不漏，两端切口平直，包装不漏放汤料。

对于碗装、杯装形式，包装容器的基本外形呈圆形，所以可在定量切断时将面块搓成圆形，这样有利于包装。但由于搓圆将在一定程度上破坏面块原来的花纹，使其疏密不均匀，给干燥脱水造成了困难。目前生产的碗装、杯装方便面也有不少是长方形面块。首先将面块用人工或机械的办法放入碗（杯）中；其次在碗（杯）中放入汤料、小勺等，碗（杯）与传送链一起运行，封盖机械或人工将盖放在碗（杯）上，电加热将碗（杯）盖与碗（杯）热合在一起；最后在外层包上层塑料透明薄膜，封口后放在远红外收缩包装机内，使外层塑料受热收缩，将碗（杯）紧紧地包封起来。碗（杯）包装的工艺要求：盖与碗（杯）密封不漏气，不漏放汤料及其他内包装物，印刷图案要清晰，外层透明塑料膜收缩不皱、不破、松紧合适。

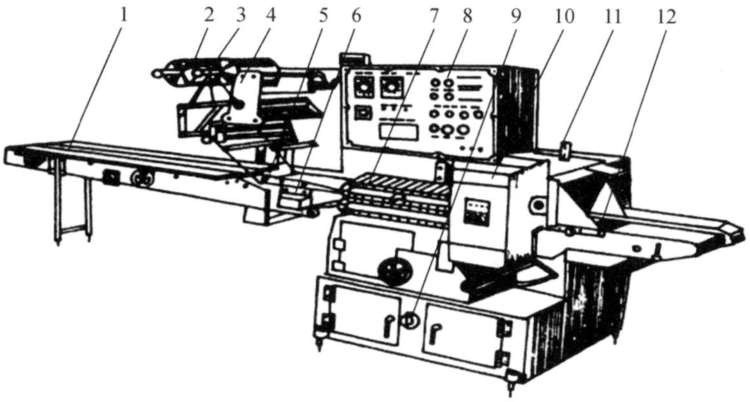

1. 面块进给装置　2. 薄膜支承装置　3. 薄膜导向张紧装置　4. 薄膜传送装置
5. 成型装置　6. 纵向密封装置　7. 管形输送装置　8. 控制装置　9. 变速机构和同步轮系
10. 横向密封装置　11. 偏心调节装置　12. 成品输送装置

图 5-9　方便面自动包装机

(二)影响自动包装机效果的主要因素

1. 方便面面块

方便面面块的形状翘曲不平会影响包装质量,因此要求方便面湿面块在进入油炸机或链盒式干燥机时必须排放平整,使干燥后的面块整齐。最易引起面块变形的是分排机到油炸机的落盒工序,面块含水量太低、落盒不准、人工操作不准确等都易引起面块变形。

2. 包装薄膜的品质和印刷质量

包装用的复合塑料薄膜,若其延伸性过大或彩色印刷的精度不高,同步色点的间距误差较大,会使包装袋长度发生较大误差,光电跟踪动作的频率高,从而影响正常工作。因而要求复合薄膜的延伸性好、印刷精度高。

3. 密封温度

如果纵向和横向密封温度不够,则薄膜密封不牢;如果密封温度过高,则容易烧穿薄膜。正确的密封温度要根据薄膜原材料及气候经试验确定。

4. 密封压纹

加热密封器在薄膜上所压出的花纹过深或过浅,或左右两个压纹深浅不一致,都会引起密封不牢或破漏,因此要求压纹深浅适当,均匀一致。

5. 切刀安装

如果切刀的刀刃凸出过度,在旋转切割时就会发出强烈响声,并容易损坏切刀。如果切刀安装不平行,则不能将膜全部切断。因此,要求切刀安装调试要正确。

十、方便面汤料的生产

(一)汤料的分类及作用

为了使方便面食用方便,在包装时会加入调味汤料包。方便面的调味种类很多,按其形状可分为粉末状、酱状、液状、颗粒状 4 种;按其风味特点可分为中式、日式、欧式 3 种。

(二)汤料配方基本原理

设计一个方便面汤料配方必须要做到以下几点：

(1)了解各种原料的性质、使用方法、质量好坏；

(2)弄清各种原料混合后的效果；

(3)根据工艺要求对原料进行加工；

(4)根据传统汤料配方和现代风味化学知识对配方加以改进完善；

(5)对配方进行小试，小试样品经多人品尝，根据大家的意见改进，直到大家满意即可；

(6)在进行配方设计的同时，必须考虑到可操作性，如原料是否能混合均匀，产品是否易于包装、是否易于保存。

(三)汤料生产过程

1. 粉末汤料生产工艺

粉末汤料是方便面汤料中用途广泛的汤料，国内生产的方便面中一般都配有这种汤料，这种汤料的生产工艺流程如下：

确定配方⟶选择原料⟶原料处理⟶粉碎⟶称量⟶混合⟶筛分⟶包装

(1)确定配方　生产方便面的汤料，首先要确定汤料的配方，根据对色、香、味、形的要求和原料成本综合情况，以及前面所述的汤料配方基本理论和人群口味、产品销售情况，经合理调配、反复实验和筛选，最后确定汤料配方。

(2)选择原料　选择原料的优劣直接关系到汤料产品质量的优劣，所以在选择原料时，不仅着重于突出本身的风味品质，更着重于卫生指标的检验。同时，对于某些原料，还要注意其含量(如味精等)，以确保配料成分足够安全，因而有条件的厂应对重要原辅料进行纯度检测。

(3)原料处理　原料处理包括的内容很多，配方不同，原料不同，原料处理的内容和方法也不同。这里主要讲干燥。干燥是方便面汤料生产中普遍用到的重要工序之一，不但直接关系到粉碎工序，而且关系到汤料的质量。尤其在干燥肉干、虾米、香辛料时，更为重要。必须严格控制干燥温度、时间，切忌高温、快速干燥，否则，原料中的蛋白质会变性，甚至发生枯焦味和苦味，香辛料也会失去调味作用，甚至还会产生有害物质。用这种原料制作的方便面汤料色黑、味苦、香味差、不安全。

烘干设备可以用烘干箱、烘烤炉，根据生产量的大小选择烘干设备。在生产中还应注意，生产汤料的原料的水分不一样，可将各种原料干燥到水分含量保持一致，这样可以使汤料不易吸潮。否则，各种原料的水分不一样，混包装后易结块，影响产品质量。另外，为了易于控制烘干时间与温度，最好不要采用电烘干装置，因为电加热不易控制温度，易出现焦煳现象。采用蒸汽烘干较好，因为蒸汽烘干温度稳定，不会出现焦煳现象。

(4)粉碎　烘干后的肉干、虾米、香辛料等要粉碎成颗粒状或粉状，以利于混合、包装和冲泡。颗粒汤料具有加工时无粉末飞扬、流动性好、不易结块等优点，而粉末汤料具有成本低、冲泡时易于溶解等优点。粉碎机械比较简单，可以选用爪式粉碎机，也可选用锤片式粉碎机。

(5)称量　称量员必须按配方要求，准确称取原料。在生产过程中，要保证配料严格控制比例，当缺少个别原料时，要科学地调整配方，而不能在缺少原料种类时仍然按原配方生产，因为任何一个成熟的配方，都是经科学设计、消费者接受的，缺少任何一种原料都会影响原有的色、香、味、形。尤其是受到消费者普遍接受的名牌产品，更不能随便改变。

(6)混合　混合就是将以上按配方比例准确称量的各种原料加入混合机中混合均匀。这是粉末汤料或颗粒汤料生产中的一个重要工序，要求各种原料掺和均匀，不得出现混合不一致的现象，否则将会影响方便面产品在食用时的色、香、味及外观的质量。要做到这一点，不但要选性能良好的混合设备，而且还要控制适当的搅拌时间，应特别注意混合机缸体四周死角处混合不到的情况。混合温度一般不超过 35 ℃，若温度过高，有些原料吸湿能力不一样，进而引起变质现象。为了把原料混合均匀，混合时间应掌握在 10～40 min。混合操作时还应注意：小分量的原料首先应预混合，再与其他原料一起混合，易挥发或易吸潮的原料后加，混合后的汤料在包装前应先密封在大塑料袋中，以防止吸潮。

(7)筛分　为有利于包装，混合后的汤料还要进行过筛。过筛所采用的设备是振动筛。

(8)包装　为了使汤料与每块方便面配合，必须将混合好的粉末或颗粒状汤料包装成 4～8 g 的小包。

2. 液体汤料生产工艺

一般液体汤料生产中首先对原料进行预处理，然后将各种调味料按一定比例分先后加入、拌和、加热浓缩及灭菌，待冷却后加入增味剂、防腐剂，拌匀后进行包装即可。

工艺流程：

各种原料⟶预处理⟶拌和均质⟶包装

辣椒油泥的制作：

辣椒粉(2～3 份)、熟植物油(1 份) ⟶搅拌⟶冷却⟶过滤⟶辣椒油泥

过滤↓辣椒渣

葱油的制作：

鲜葱⟶切成小段⟶油炸(文火)⟶葱油

(1)粉碎　一些原料必须粉碎才能有益于加工。如葱、蒜、肉类、原酱等，若不进行粉碎，易引起包装堵塞，而且一些风味也不易释放出来。常用的粉碎设备是砂轮磨。

(2)煎炒　不少物质只有经过煎炒才能产生令人满意的风味。煎炒设备可以用夹层锅，以蒸汽间接加热，这样既安全卫生，又易于控制温度，能够保证产品质量。也可以用土灶以直接火加热，但不易控制温度，易出现过热、焦煳现象。在煎炒时要注意加料顺序，从事这方面操作的人不但要熟悉配料，而且必须有一定烹调知识。

(3)拌和均质　将前面各种材料放入不锈钢容器中拌和，并加入其他原料，拌和均匀后加热杀菌，然后用间接水冷却。

(4)包装　包装是将以上加工的液体汤料包装成小袋，以便与每块方便面配用。关键是杀菌后这种汤料必须放入一个不锈钢容器内，以防止引起霉变。由于液体汤料比粉末汤料容易变质，调配好的汤料应及时包装。液体包装机的外形和基本结构与粉末汤料包装机相近，但其输料系统不同，液体包装机配有小型齿轮泵，经泵压输送。定量的汤料进入袋内后加热密封。包装材料强度要求大于颗粒粉末汤料的包装材料，并要求其具有防潮、保香、耐热、耐油、易于印刷等特点。以上工艺只适用于含油高、含盐高的汤料的生产，不适用于蛋白质含量高、含水高的汤料的生产。

3. 软罐头方便面汤料的生产

把传统的面条调料进行工业化生产，并使其具有一定的储存期，这是提高汤料质量的措施

之一。传统面条调料品种多、原料复杂，有肉类、蛋类等，而且水分含量高，因而用简单包装是不行的，其生产工艺如下：

其他调料
↓
原料预处理⟶烹调⟶搅拌⟶真空密封⟶蒸煮杀菌⟶脱水

(1)原料预处理　将肉类洗净，并按要求粉碎到一定程度。将蔬菜除去烂叶、枯叶洗净待用。

(2)烹调　按照传统加工工艺烹调，在操作过程中，不但要按正确的加料顺序进行烹调，而且要掌握温度高低适合。温度太高，易引起焦煳现象，影响产品风味；温度太低，则不会产生传统汤料的风味。为了保证产品质量，所用设备最好为不锈钢制造，炒锅可以使用夹层锅，以压力较高的蒸汽间接加热。

(3)搅拌　将烹调后的主料和其他调料搅拌均匀以便于包装。与方便面配套的小包装汤料重量较小，所以要求把各种原料混合均匀，同时搅拌后不得贮存而需尽快包装，最好这种搅拌装置设有加热装置，以便需要时加热杀菌。

(4)真空密封　将搅拌后的汤料密封装袋，以便于杀菌。这种汤料包装难度大，包装机本身必须具备能自动完成供袋、开口、充料、加水、脱气、密封等功能。而且包装质量、封口温度、真空度、封口压力要能够自动调整。要求包装袋内尽量除去空气，因为有空气存在，汤料中的油脂易氧化，同时空气本身导热效果差，不利于加热杀菌的操作，此外，空气受热体积膨胀，易引起在杀菌锅中破袋。包装时袋的封口位置不得污染油迹，否则会封口不严，引起破口现象。选用的复合包装材料要具有耐热、耐油、耐寒、耐腐蚀，气密性好、易封口，无毒、无味、化学性质稳定等特点。

(5)蒸煮杀菌　原料在加工过程中难免受到微生物的污染，尤其是包装过程中包装材料上的微生物、空气中的微生物污染，因而包装后进行杀菌是完全必要的。杀菌锅的性能不同于玻璃瓶、金属罐，食品的杀菌锅，在开始杀菌时袋中心温度低于表面温度，结束杀菌冷却时中心温度高于表面温度，因而袋中压力大于杀菌锅内腔中的压力，严重时引起破袋，所以要求杀菌锅要有反压装置，使整个杀菌过程中袋内外压力接近。

(6)脱水　杀菌后蒸煮袋表面水分须进行脱除，脱除方法可以用人工，也可以用机械，最好在与方便面一起包装之前烘干一下。在脱水操作中，要进行认真检查，发现有破袋的要及时检出。

【知识拓展】

一、方便面的发展历史

我国是面条制品的故乡。据史料记载，面条制品始于东汉时期，东汉时期称为“煮饼”“水溲饼”，汉·刘熙《释名·释饮食》中有“汤饼”的记载。崔寔《四民月令》中有煮饼及水溲饼的记载。其中的“煮饼”“水溲面”“汤饼”即面条。

魏晋南北朝时期，面条制品称汤饼、棋子面等，《齐民要术》中有棋子面制作的记载。晋·束晰《饼赋》中有一段美好的描写，至今仍在民间流传：“清晨之会，涕冻鼻中，霜凝口外，充虚解战，汤饼为最。”隋·谢讽《食经》载：“汤饼”“浮萍面”。至南北朝时有“水引”“馎饦”。其中“汤饼”与今日方便食品之“热汤面”近似。

唐、宋是面条真正成“条”时期，称为“冷淘”“热淘”，与今日之过水面近似。唐代诗人刘禹锡曾有“举箸食汤饼”之句，说明面条在唐朝时，其制作技术已进入一个新的阶段。北宋汴梁城内北食店有“淹生软羊面”，南宋临安城内有北味“三鲜面”、南味“鹅面”、山东风味“百合面”。苏东坡有“汤饼一杯银线乱，蒌蒿数箸玉簪横”“冷淘槐叶冰上齿，汤饼羊羹火入腹”的诗句。陆游有“村店卖荞面，人家烧豆秸”的诗句。可见面条不但在唐、宋时已经形成，而且品种已具有地方特色。

元、明代面条制作又向前进了一大步，不但品种很多，而且有挂面问世。明·刘基《多能鄙事》中详细记载了“水滑面”“索面”“经带面”“托掌面”“红丝面”“米心其子”“萝卜面”的制法。

历史记载的“汤饼”“索面”等实际是方便面条的“雏形”，方便食品里的方便面形成工业生产始于日本。中国制面技术在隋唐时代传入日本，并于 1883 年由真崎照乡氏研制成辊压制面机。1958 年首创方便面生产，发明者是日本人安藤百福，由于其具备食用方便、价格低廉等优点，迅速占领了日本市场，并发展到了中国、美国、澳大利亚和世界许多国家和地区。

二、方便面生产现状和发展趋势

中国是全球最大的方便面产销国。自 20 世纪 90 年代以来，中国方便面营业额一度连续 18 年递增。2013 年，中国方便面总销量达 462.2 亿包，平均每秒打开 1 465 包方便面。然而，从 2013 年起，中国方便面行业开始走下坡路。到了 2016 年，中国方便面年销量已下滑至 385 亿包。未来的发展又将如何继续下去呢？

趋势一：传承经典风味　地域特色凸显差异化创新

将“地方小吃”实现传统食品工业化，成为方便食品行业创新发展的方向。各种尽显异域风情和地方特色的经典风味，在方便面、冷冻食品和咸味香精调味料等领域纷纷呈现。如日清一风堂杯面，使人仿佛置身于日本一风堂面馆；老郑州原汤羊肉烩面，使人足不出户即可享用一碗香气四溢的羊肉烩面。科技创新突破时空界限，不同地域特色的创新产品，避开同质化竞争，形成差异化创新。

趋势二：对接现代餐饮　跨界融合拓展市场空间

在餐饮行业跨入 4 万亿的新时代，“互联网＋餐饮”迫切需求兼具“营养、安全、快捷、标准化”的方便食品，以解决市场急速发展引发的“燃眉之急”。冷冻食品行业率先抓住机遇，比对消费需求，研发出一系列与厨师手工制作相媲美的家庭美食。如南方家家逢年过节必备的黄金蛋饺，已由工业化生产替代了厨房烦琐的制作过程，如今分分钟即可呈现于眼前。方便食品行业提升加工技术水平，正式开启与现代餐饮业深入对接之路。

趋势三：营养健康为本　产品回归传统与天然

在全面推进“健康中国”战略的关键时期，方便食品行业顺势而为，不断推出兼具营养与美味的创新产品，最大限度地减少“工业味儿”，使产品回归传统与天然。如方便面行业以工艺革新创制蒸煮面，最大限度地保留了中国传统煮面条的营养和口感。挂面行业在相对简单的载体上努力创新，通过新工艺向面体中添加新鲜蔬菜、杂粮以及天然营养物质，以满足人们对营养健康的诉求。如“营养 5＋3 彩蝶面”以五彩小蝴蝶的精致诠释了挂面行业营养的全新升级。

趋势四：素食渐成风尚　产品定位紧跟时尚潮流

消费升级加速了方便食品市场的细分，为满足不同消费群体对产品的个性化需求，方便食品行业开始专注于特定人群的产品研发。当前,美国、英国、韩国以及中国等多个国家都开始流行素食,为迎合素食潮流,方便食品企业及时抓住商机,推出以“素”为亮点的创新产品。不论是素拌面还是素香精,均以精准的定位聚焦多元化市场中的特定群体。

趋势五:创意奇思妙想　科技创新满足多元化需求

为迎合消费群体的多元化需求,方便食品行业在产品创新中多方位多角度不断融入时尚元素,丰富产品品类,助推行业转型升级。如只要一杯水就能吃上的自加热火锅和凉拌即食面,无水冲泡就可享用咖啡和茶的压片糖果,即冲即饮的铁棍山药粉等新型方便食品,为人们忙碌的生活增添了饮食的乐趣。再如用豌豆粉制得的螺旋状干脆面,添加黑色食材的调味料,使“吃”变成了一种快乐的享受。亦如“曹操饿了”“单身狗”等别出心裁的产品名称,营造街边美食场景的包装图案,具有贴心设计的独特倒水口等,均为方便食品市场注入激情与活力。

趋势六:专用装备加速创新

尚需从自动化迈向智能化机械设备的自主创新是中国食品工业整体持续创新的重要原动力。当前中国方便食品机械装备业的创新重点聚焦于增效、环保、高速和稳定,整体突破了诸多关键技术瓶颈,开始向高速、高效、大批量和精准化方向发展,并初步形成自有的核心技术体系,为中国方便食品机械装备业提升自动化水平,进一步向智能化方向发展奠定了重要基础。

任务二　挂面加工技术

【知识目标】

能够说出普通挂面生产的基本工序。

【技能目标】

能在实验室条件下,制作普通挂面。

【德育目标】

通过对小麦加工各项工艺环节的实践操作,培养学生有效组织、合理分工、相互协作、团队合作的能力和培养学生吃苦耐劳的精神。

【任务实施】

一、配料

玉米粒 30 kg,小麦粉 70 kg,精盐 1～2 kg,食碱 0.1～0.2 kg。精盐、食碱用温水化开,再加水至和面所需的水量,一般用水量为面粉总重量的 30%～32%。春、夏、秋季用常温水和面即可,冬季用 25～30 ℃的温水。食盐的用量为面粉重量的 1%～2%,冬季少加,夏季多加。

二、流程

配料⟶和面⟶熟化⟶压片⟶成条⟶挂条⟶烘干⟶包装

在挂面生产中加入食盐(氯化钠),可以增强湿面筋的弹性和延展性,改善面团的工艺性能,减少挂面的湿断条,提高正品率。盐水有较强的渗透作用,所以在和面时可使面粉吸水快而均匀,容易使面头成熟;食盐有一定的保湿作用,在烘干时,湿面条不会过快干燥,容易控制干燥条件;食盐还有抑制杂菌生长和抑制酶活性的作用,能防止面团在热天酸败,而且食盐还有一定的调味作用。

和面的时间不少于 20 min。在开机过程中,控制好每次进料量,保证均匀一致地掌握适宜的加水量。干面头和半干面头必须经过浸泡才能加入和面机内,而且要把加入量和用水量与总用水量统一起来,以免和出的面团过软或过硬。

由于面粉吸水速度比较慢,和面时间又短,和面过程中加入的水,大部分尚未渗透到面粉的内部组织被蛋白质和淀粉所充分吸收,仍然呈游离状态;同时在和面过程中,面团受和面机搅拌齿杆的打击和面团之间及与机壳的相互碰撞,使团中初步形成的面筋质受到挤压和拉伸作用而产生内应力,因此刚从和面机中卸的面团(其内部结构尚未稳定),需要经过熟化过程,才能进入下一道压片工序。

熟化应在熟化缸或熟化机内进行。在熟化缸内进行熟化时,应在熟化缸上苫层湿布,以免面团表面结块;用熟化机进行熟化时,机器主轴的转速应控制在 5～10 转/min。熟化时的温度最好控制在 25 ℃左右,时间不少于 15 min。压片的道数不少于 5 道。压片的厚度由第一道的 4 mm 至最后一道的 1 mm。注意面团的喂入情况,保持喂料均匀不断。

将湿面条挂到小竹竿上,把竹竿架移到温度为 25～30 ℃的烘干室内,烘干 10～15 h,直至面条的水分降至 13%以下。

任务三　馒头加工技术

【知识目标】

能够说出馒头的加工流程。

【技能目标】

能在实验室条件下,制作馒头。

【德育目标】

通过对小麦加工各项工艺环节的实践操作,培养学生有效组织、合理分工、相互协作、团队合作的能力和培养学生吃苦耐劳的精神。

【任务实施】

一、工艺流程

原料→和面→发酵→揉制→成型→醒发→气蒸→冷却

二、技术要点

(一)和面

用 30 ℃的温水和面,和成的面团表面光滑不粘手,有弹性。和面时可将酵母与面粉混合,而其他原料与水事先混匀后再与面团混合。

(二)发酵

室温 27 ℃左右为佳,相对湿度 75%左右,发酵约 3 h,待面团体积增至原来一倍,内部蜂窝组织均匀,手拍有海绵的感觉。发酵的好坏直接影响后来馒头的大小和口味。

(三)揉制

发酵完毕用压面机对面团压制,要求无气泡、面团感观好。

(四)成型

用馒头机对面团定量和分割。完后再用手稍加搓圆,至馒头剂子表面光滑无气泡。馒头剂子光滑,表面无气泡,蒸出来的馒头外观才好看、发亮,否则会有塌陷。

(五)醒发

温度 40 ℃,相对湿度 80%左右,醒发时间 20 min 左右(看醒发的程度)。

(六)气蒸

先中气,再大气,时间 25～30 min。

(七)冷却

冷却 5 min 后打开蒸箱门,冷却一段时间后再装箱。

三、家庭蒸馒头酵母发面步骤

(1)用温水溶解发酵粉和面。

(2)将面盆用盖子盖好,放在阳光直射处,或比较热的地方发 2～3 h。

(3)面发好后,加面粉揉好,再醒 30 min 左右,醒的时候一定要用盆子盖起来,或者用湿布盖好。

(4)醒好后就可以用来成型做包子,或馒头了,做好后再放置 30 min(醒面)才可以上锅蒸。水开后 15 min,中、大火均可。

发面最适宜的温度是 27～30 ℃。面团在这个温度下 2～3 h 便可发酵成功。为了达到这个温度,根据气候的变化,发面用水的温度可做适当调整:夏季用冷水,春、秋季用 40 ℃左右的温水,冬季可用 60～70 ℃热水和面,盖上湿布,放置在比较暖和的地方。

想要蒸出来的面食光亮,一定注意上述(3)和(4)步骤中醒面的步骤,缺了这两步,蒸出来的面食就像没发好面一样。

任务四　速冻水饺的加工技术

【知识目标】

能够说出速冻水饺加工流程。

【技能目标】

能在实验室条件下，制作速冻水饺。

【德育目标】

通过对小麦加工各项工艺环节的实践操作，培养学生有效组织、合理分工、相互协作、团队合作的能力和培养学生吃苦耐劳的精神。

【任务实施】

一、速冻水饺概述

速冻水饺是以鸡肉、猪肉、羊肉或牛肉为主要原料，添加新鲜蔬菜、香辛料，经手工或饺子机成型，速冻后包装的产品。将需速冻的水饺，经过适当的处理，急速冷冻，低温贮存，于－20～－18 ℃下的连贯低温条件下送抵消费地点。其最大优点是完全以低温来保存水饺原有品质(使水饺内部的热或支持各种化学活动的能量降低，同时将细胞的部分游离水冻结，降低水分活度)，而不借助任何防腐剂和添加剂，同时使水饺营养最大限度地保存下来。速冻水饺最大的特点是新鲜、营养、卫生、方便。饺子馅的色、香、味、形直接影响饺子的质量。

二、速冻水饺加工工艺流程

原料验收：原料冻肉色泽、组织、滋气味正常，有检疫合格证。面粉、白砂糖、味精、食盐、食用油等辅料必须有三证。蔬菜应色泽鲜艳、组织、滋气味正常没变质。

和面：称取需要量的面粉投入和面机中，加水搅拌和面。

解冻绞肉：冻肉解冻后将肉投入绞肉机绞碎，呈 2 mm 的小颗粒，备用。

蔬菜处理：将蔬菜经挑选清洗干净后用切菜机切碎备用。

配料：按产品配方称取肉和蔬菜等原辅材料备用。食品添加剂的使用符合 GB 2760—2014 标准。

搅拌制馅：将产品配方中的肉、蔬菜等原辅材料投入搅拌机中打成馅料。

成型：用水饺成型机或手工成型。

速冻：将成型后的产品投入双螺旋速冻机中(－40～－30 ℃)速冻，要求半小时内产品中心温度达－18 ℃。

内包装：按产品规格要求装袋、称重、封口。要求净重准确、封口牢固。

检验：封口后的产品通过金属探测仪检验，有杂质的产品挑选出另行处理，不得进入下道工序。

外包装：按产品规格要求装箱。

成品入库：将包装完整的产品及时送至成品冻库。要求冻库温度在−18 ℃以下。

【师徒共研】

1. 在挂面生产中加入食盐的作用是什么？

在挂面生产中加入食盐（氯化钠），可以增强湿面筋的弹性和延展性，改善面团的工艺性能，减少挂面的湿断条，提高正品率；盐水有较强的渗透作用，所以在和面时可使面粉吸水快而均匀，容易使面头成熟；食盐有一定的保湿作用，在烘干时，湿面条不会过快干燥，容易控制干燥条件；食盐还有抑制杂菌生长和抑制酶活性的作用，能防止面团在热天酸败，而且食盐还有一定调味作用。

2. 刚从和面机中卸的面团，为什么要进行熟化？

在和面过程中，面团受和面机搅拌齿杆的打击和面团之间及与机壳的相互碰撞，使团中初步形成的面筋质受到挤压和拉伸作用而产生内应力，因此刚从和面机中卸的面团（其内部结构尚未稳定），需要经过熟化过程，才能进入下一道压片工序。熟化应在熟化缸或熟化机内进行。

3. 和面的时间不少于 20 min，为什么？

和面过程也是面筋形成的过程，时间短就不能保证面筋的充分形成，但和面时间过长也不行，会搅断已经形成的面筋，使面团发黏，所以一般不少于 20 min 为好。

4. 新加工的面粉必须存放 7～22 d 再使用，为什么？

新面粉中还原性物质含量高，酶活性强，影响面筋的形成，所以新加工的面粉必须存放 7～22 d，待其自然成熟后再用。

5. 油炸方便面时出口温度为什么高于进口温度？

油炸时油温过高或时间过长，均会加深蛋白质的不可逆变性，发生此种情况时面条颜色偏暗，透明度降低，极易裂碎，复水性能变差，有小硬块感觉，复水后的面条体积膨胀度差，如果浸泡或水煮时间稍长，将会完全丧失黏弹性，胀成结构松散的烂面。油炸温度可通过油炸锅前后端的温度指示仪表来监视，前端称为"入浴温度"，后端称为"出浴温度"。面块刚进入油锅时，热油与半制成品进行快速的热量交换，加之油锅前端为补充新鲜油的部位，因此前端油温较低。后部因面块水分大部分已经挥发掉，热量交换的容量不大，油温常高于前端部位。常称的油炸温度是指"出浴温度"，一般油炸锅控制"入浴温度"为 120～125 ℃，"出浴温度"为 145～150 ℃。

6. 煎炸方便面的油质为什么要时时更新？

煎炸油质量因高温加热的关系容易"老化"，从而影响面条在保存期内的稳定性。老化了的油脂如不及时采取有效措施，继续使用会引起油质的"恶化"，表现为黏度上升、颜色变深、有苦味、油炸时容易发烟及产生连续泡沫，这种"恶化"油脂对人体健康极为有害。因此，生产中应严格控制油质的恶化，如发现接近或达到老化标准，就应将油部分或全部换掉。按照方便面的质量标准，方便面的酸价不超过 1.8，但这是指产品销售过程中的检测数据，包括贮存期中酸价的升高在内，因此对油锅中的油脂的酸价应控制得更低一些。由于各地区常年平均气温所形成的保存条件不同，对油脂更新的标准也有所不同，在产品需要长期贮藏和运输的条件下，生产优质面条的煎炸油酸价如果超过 1.2，就应当全部更换新油。

7. 油炸方便面的原理及优点是什么？

油炸干燥就是把定量切断的面块放入自动油炸机的链盒中，使之连续通过高温的油槽，面块被高温的油包围起来，本身温度迅速上升，其中所含水分迅速汽化。原来在面条中存在的水迅速逸出，使面条中形成了多孔性结构，同时也进一步增加了面条中淀粉的糊化率。另外，油炸的快速干燥，固定了蒸熟后淀粉的糊化状态，大大降低了方便面在贮运期间的老化速度，在面块浸泡时，热水很容易进入这些微孔，所以油炸方便面的复水性能好。油炸方便面的水分含量低，有利于贮存。油炸的工艺要求：油炸均匀、色泽一致、面块不焦不枯，含油少、复水性良好，其他指标符合有关质量标准。

8. 在油炸方便面时，工厂里常使用的是椰子油与棕榈油，为什么？使用混合油脂有何不利？

椰子油与棕榈油都是 12 碳的月桂酸系饱和油脂，亚油酸含量低，几乎不含亚麻酸，是稳定性较高的油脂。但与其他油脂搭配使用时，组成的混合油脂碳链长短差异过大，油脂的沸点不同，油炸极易产生泡沫，影响油炸时水分蒸发。

9. 速冻水饺为什么要求急速低温法保藏？

于 $-20\sim-18$ ℃连贯低温条件下送抵消费地点的低温水饺产品，其最大优点是完全以低温来保存水饺原有品质（使水饺内部的热或支持各种化学活动的能量降低，同时将细胞的部分游离水冻结，降低水分活度），而不借助任何防腐剂和添加剂，使水饺营养最大限度地保存下来。速冻水饺最大特点是新鲜、营养、卫生、方便。饺子馅的色、香、味、形直接影响饺子的质量。

项目六

焙烤食品加工

任务一　面包加工技术

【知识目标】

能够说出面包制作的流程。

【技能目标】

能够用简单的设备加工一次发酵法面包和二次发酵法面包。

【德育目标】

通过糕点加工制作，培养学生细致耐心、勤于思考的优良品质。

【任务实施】

一、面包基本知识

(一)面包的特点

(1)易于机械化和大规模生产　生产面包有定型的成套设备，可以大规模机械化、自动化生产，生产效率高，便于节省大量的能源以及人力和时间。

(2)耐贮存　面包是经 150 ℃以上高温烘烤而成，杀菌比较彻底，甚至连中心部位的微生物也能杀灭，一般可储存几天不变质，比米饭、馒头耐贮存。

(3)食用方便　面包作为谷类食品的一种，其包装简单，携带方便，可以随吃随取，不像馒头、米饭还需配菜，特别适应旅游和野外工作的需要。

(4)易于消化吸收、营养价值高　制作面包的面团经过发酵，使部分淀粉分解成简单的、易于消化的糖，面包内部形成大量蜂窝状结构，扩大了人体消化器官中的各种酶与面包接触的面积。而且，面包表皮的碳水化合物经糊化后，也有利于消化吸收。一般来说，面包在人体中的消化率高于馒头 10%，高于米饭 20%左右。

(二)面包的分类

目前,国际上尚无统一的面包分类标准。随着面包工业的发展,面包的种类不断翻新。通常可以分为以下几类:

1. 硬质面包

硬质面包其实就是一种内部结构结实的面包。它的特点是越吃越香,经久耐嚼且具有浓郁的醇香。这种面包一般成分较低,配方中使用的糖、油脂皆为面粉用量的4%以下,所采用的面粉介于高筋和中筋面粉之间,并相应地减少加水量,其目的是控制面筋的扩展程度和体积的膨胀,缩短发酵所需时间,从而使烘焙后的食品具有整体的结实感。如法国面包,其特点是具有吐司面包所不及的浓馥麦香味道,表皮或硬或脆,内部组织有韧性,但并不太硬,有嚼劲。硬质面包的保质期较一般面包长,比较经济实惠。

2. 软质面包

其体形较大,柔软细腻,须用适当烤模烤焙。此类面包讲求式样美观,需要有良好的烤焙弹性,面筋须充分搅拌出来,基本发酵必须适当。其特性为表皮颜色呈金黄色,且薄而柔软,内部组织颜色洁白或浅如白色,并有丝状光泽,组织细腻均匀,咀嚼时容易嚼碎且不粘牙。

3. 脆皮面包

其特性为产品面团中裹入很多有规则层次的油脂,加热汽化成一层层又松又软的酥皮,外观呈金黄色。

4. 松质面包

可添加各种口味馅料,配方中使用的糖、油脂皆为面粉量的10%以上,馅料应为面团质量的20%以上,组织较为柔软。其特性为成分较高,配方中含糖、蛋、油脂量较多,外表形状及馅料变化多,外观漂亮,内部组织细致均匀,香甜柔软。

5. 杂粮面包

凡在软质或硬质面包中添加合适的谷物或核果,且添加量不低于面粉量的20%,为多谷物、高纤维含量、低糖、低油、低热量的产品均为此类。其特性为低成分,高纤维,配方中油、糖、蛋含量极微,甚至不添加。有些产品配方中含麸皮、稞麦、黄豆、葵花子等原料,其目的是通过杂粮的加入增加各种蛋白质、脂肪、氨基酸等营养成分,易于被人体吸收。此种面包外观光亮,内部组织较为紧密,外皮酥脆。杂粮面包中杂粮的亲水率较面粉低,其内部结构松软而富有弹性。也有分类将松质面包、杂粮面包等保健面包和三明治面包以及各种花样面包合并为一类。

二、面包加工工艺流程

面包的制作,无论是手工操作,还是机械化生产,都包括三大基本工序,即面团搅拌、面团发酵和成品焙烤。在这三大基本工序的基础上,根据面包品种特点和发酵过程,常将面包的生产工艺分为一次发酵法(直接法)、二次发酵法(中种法)和快速发酵法。

一次发酵法　一次发酵法的优点是发酵时间短,提高了设备和车间的利用率,提高了生产效率,且产品的咀嚼性和风味较好。缺点是面包的体积较小,且易于老化;批量生产时,工艺控制相对较难,一旦搅拌或发酵过程出现失误,无弥补措施。

二次发酵法　二次发酵法的优点是面包的体积大,表皮柔软,组织细腻,具有浓郁的香味,且成品老化慢。缺点是投资大,生产周期长,效率低。

快速发酵法　快速发酵法是指发酵时间很短(20～30 min)或根本无发酵的一种面包加工

方法。整个生产周期只需 2～3 h。其优点是生产周期短，生产效率高，投资少，可用于特殊情况或应急情况下的面包供应。缺点是成本高，风味相对较差，保质期较短。

(一)面包的基本配方

面包配方中基本原料有面粉、酵母、水和食盐，辅料有砂糖、油脂、乳粉、改良剂以及其他乳品、蛋、果仁等。面包配方一般用烘焙比来表示，面粉的用量为 100，其他配料占面粉用量的百分之几。

1. 一次发酵法配方

面包专用粉 100、水 58、白砂糖 6、油脂 3、酵母 1.4、食盐 1。

2. 二次发酵法配方

种子面团：专用粉 75、水 45、鲜酵母 2。

主面团：专用粉 25、糖 20、人造奶油 12、蛋 5、奶粉 4、盐 1.5、水 12。

(二)面团的调制

面团调制也称调粉或搅拌，它是指在机械力的作用下，各种原辅料充分混合，面筋蛋白和淀粉吸水润涨，最后得到一个具有良好黏弹性、延伸性、柔软、光滑面团的过程。面包制作最重要的两个工序就是面团的调制和发酵。面包生产成功与否，面团的调制占 25%的因素，发酵的好坏占 70%的因素，其他操作工序占 5%的因素，由此可见面团调制的重要。如果面团搅拌达到最佳程度，以后的工序便易于进行，并能保证产品质量。

1. 面团搅拌的投料顺序

调制面团时的投料顺序因制作工艺的不同略有差异。一次发酵法的投料顺序为：先将所有的干性原料（面粉、奶粉、砂糖、酵母等）放入搅拌机中，慢速搅拌 2 min 左右，然后边搅拌边缓慢加入湿性原料（水、蛋、奶等），继续慢速搅拌 3～4 min，最后在面团即将形成时加入油脂和食盐，快速搅拌 4～5 min，使面团最终形成。二次发酵法是将部分面粉和全部酵母、改良剂、适量水和少量糖先搅成面团，一次发酵后，再将其余原料全部放入和面机中，最后放入油脂和盐。由此可知，不论采用何种发酵工艺，油脂和食盐都是在面团基本形成时加入，原因是食盐和油脂有抑制面粉水化的作用。

2. 面团搅拌时间的确定

面团最佳搅拌时间应根据搅拌机的类型和原辅料的性质来确定。目前，国产搅拌机绝大多数不能够变速，搅拌时间一般需 15～20 min。如果使用变速搅拌机，只需 10～12 min。变速搅拌机，一般慢速（15～30 r/min）搅拌 5 min，快速（60～80 r/min）搅拌 5～7 min。面团的最佳搅拌时间还应根据面粉筋力、面团温度、是否添加氧化剂等多种因素在实践中摸索。

3. 加水量

加水量越少，会使面团的卷起时间越缩短，而卷起后在扩展阶段中应延长搅拌时间，以使面筋充分扩展。但水分过少时会使面粉的颗粒难以充分水化，形成面筋的性质较脆、稳定性较差，故水分过少做出的面包品质较差。相反，加水量多则会延长卷起的时间，但一般搅拌稳定性好，当面团达到卷起阶段后，就会很快地使面筋扩展，完成搅拌的工作。在无奶粉使用的情况下，加水率在 60%左右。

4. 面团温度的控制

适宜的面团温度是面团发酵的必要条件。实际上，在面团搅拌的后期，发酵过程已经开始了。为了防止面团过度发酵，以得到最好的面包品质，面团形成时温度应控制在 26～28 ℃。在生产实践中，面团温度在没有自动温控调粉机的情况下，主要靠加水的温度来调节，因为水在所有材料中不仅热容量大，而且容易加温和冷却。水的温度不仅与面团调制的温度有关，而且与调粉机的构造、速度(一般情况下，低速搅拌升温 2～3 ℃，中速搅拌升温 7～15 ℃，高速搅拌升温 10～15 ℃，手工搅拌升温 3～5 ℃)，以及室温、材料配合、粉质、面团的硬软、重量有关，所需水温可由经验公式计算得出。

所需水温＝(3×面团理想温度)－(室温＋粉温－机器摩擦升温)

5. 搅拌机的速度

搅拌机的速度对搅拌和面筋的扩展时间影响较大。一般地，稍快速度搅拌面团，卷起时间较快，完成时间短，面团搅拌后的性质也佳。对面筋特强的面粉如用慢速搅拌，很难使面筋充分扩展变得柔软而具有良好的伸展性和弹性。面筋稍差的面粉，在搅拌时应用慢速，以免使面筋折断。

(三)面团的发酵

1. 面团发酵的作用

面团的发酵是指以酵母为主，面粉中其他微生物参加的复杂发酵过程。在酵母的转化酶、麦芽糖酶等多种酶的作用下，面团中的糖分解为酒精和 CO_2。此外，面团中各种糖、氨基酸、有机酸、酯类等共同作用，使面团具有香味。此外，面团在发酵的同时也进行着一个熟成过程。面团的成熟是指经过发酵过程的一系列变化，使面团的性质达到制作面包的最佳状态，即不仅产生大量的 CO_2 气体和各类风味物质，而且经过一系列的生物化学变化，使得面团的物理性质(如伸展性、保气性等)达到最良好的状态。面团发酵的基本作用：在面团中积蓄发酵生成物，给面包带来浓郁的风味和香味；使面团变得柔软而易于伸展，在烘烤时得到极薄的膜；促进面团的氧化，强化面团的持气能力；产生使面团胀发的 CO_2 气体；有利于烘烤时的上色。

2. 酵母的发酵

发酵是使面包获得气体、实现膨松、增大体积、改善风味的基本手段。酵母的发酵作用是指酵母利用糖(主要是葡萄糖)经过复杂的生物化学反应最终生成 CO_2 气体的过程。

发酵过程包括有氧呼吸和无氧呼吸。在面团的发酵初期，酵母的有氧呼吸占优势，并迅速繁殖，产生很多新芽孢。随着发酵的进行，无氧呼吸逐渐占优势。越到发酵后期，无氧呼吸进行得越旺盛。整个发酵过程中以无氧呼吸为主对面包的生产和质量是有利的，因为一方面无氧呼吸产生酒精，可使面包具有醇香味；另一方面有氧呼吸会产生大量的气体和热量，过快地产生气体不利于面团中气泡的均匀分散，大气泡较多，过多的热量使面团的温度不易控制，过高的面团温度会引起杂菌如乳酸菌、醋酸菌的大量繁殖，从而影响面包质量。采用二次发酵工艺制作的面包质量较好的原因在于第一次发酵使酵母繁殖，面团中含有足够的酵母数量增强发酵后劲，通过对第一次发酵后面团的搅拌，一方面可使大气泡变成小气泡，另一方面可使面团中的热量散失并使可发酵糖再次和酵母接触，使酵母进行无氧呼吸。

影响酵母产气的因素：

(1)温度　温度高，酵母的产气量增加，发酵速度快。但温度过高，产气过快，不利于面团的持气和气泡的均匀分布。面团的发酵温度一般控制在 26～28 ℃。

(2)pH　酵母发酵的最适 pH 为 5～6，在此 pH 下酵母产气能力强。

(3)渗透压　面团发酵过程中，影响酵母活性的渗透压主要由糖和食盐引起。糖用量为

5%～7%时产气能力大，超出此范围，糖用量越多，发酵能力越受到抑制。食盐能够抑制酶的活性，食盐的用量越多，酵母的产气能力越低。食盐用量超过1%时，对酵母活性就有明显抑制作用。

3. 影响面团持气的因素

(1)面粉　面粉中蛋白质的数量和质量是面团持气能力的决定性因素，面粉的成熟不足或过度都会使面团的持气能力下降，成熟不足时应使用改良剂，成熟过度时应减少面团改良剂的用量。

(2)乳粉和蛋品　乳粉和蛋品均含有较多的蛋白质，对面团发酵的酸碱度有缓冲作用，均能提高面团的发酵耐力和持气性。

(3)戊聚糖　戊聚糖是一种植物胶，对面粉的焙烤特性有显著影响。有实验证实，在弱筋粉中添加2%的水溶性戊聚糖，能使面包的体积增加30%～45%。

(4)面团搅拌　面团搅拌到面筋网络充分形成而又不过度，此时面团的持气性最好。

4. 面团成熟

面团发酵时，经过一系列复杂的变化，达到制作面包的最佳状态，称作成熟，这一过程叫熟成，也就是调制好的面团经过适当时间的发酵，蛋白质和淀粉的水化作用已经完成，面筋的结合扩张已经充分，薄膜状组织的伸展性也达到一定程度，氧化也进行到适当程度，使面团具有最大的气体保持力和最佳风味条件。还未达到这一目标的状态，称为不熟，如果超过这一时期，则称为过熟，这两种状态的气体保持力都较弱。在面包制作中，发酵面团是否成熟是成品品质的关键。因此，如何判断发酵面团是否成熟十分重要。

鉴别面团发酵成熟的方法有以下几种：

(1)回落法　面团发酵一定时间后，在面团中央部位开始向下回落，即发酵成熟。但要掌握在面团刚开始回落时停止，如果回落幅度太大，则发酵过度。

(2)手触法　用手指轻轻按下面团，手指离开后，面团既不弹回，也不继续下落，表示发酵成熟。如果很快恢复原状，表示发酵不足；如果面团很快凹下去，表示发酵过度。

(3)温度法　面团发酵成熟后一般温度上升4～6 ℃。

(4)pH法　面团发酵前pH为6左右，发酵成熟后pH为5，如果低于5，则说明发酵过度。

(四)面包的整形

将发酵好的面团做成一定形状的面包坯称作整形。整形包括分块、搓圆、中间醒发、压片、成型。在整形期间，面团仍进行着发酵过程，整形室要求温度26～28 ℃，相对湿度85%。

1. 分块

分块应在尽量短的时间内完成，主食面包的分块最好在15～20 min完成，点心面包最好在30～40 min完成，否则因发酵过度影响面包质量。由于面包在烘烤中有10%～12%的质量损耗，在称量时将这一质量损耗计算在内。

2. 搓圆

搓圆就是使不整齐的小面块变成完整的球形，恢复在分割中被破坏的面筋网络结构。手工搓圆的要领是手心向下，用五指握住面团，向下轻压，在面板上顺一个方向迅速旋转，将面团搓成球状。

3. 中间醒发

中间醒发也称静置。面团经分块、搓圆后，一部分气体被排除，内部处于紧张状态，面团缺乏柔软性，如立即进行压片或成型，面团的外皮易被撕裂，不易保持气体。因此需一段时间的中间醒发。中间醒发的工艺参数为温度 27～29 ℃，湿度 80%～85%，时间 12～18 min。

4. 压片

压片是提高面包质量、改善面包纹理结构的重要手段。其主要目的是将面团中原来不均匀的大气泡排除掉，使中间醒发产生的新气泡在面团中均匀分布。压片分手工压片和机械压片，机械压片效果好于手工压片。压片机的技术要求是转速 140～160 r/min，辊长 220～240 mm，压辊间距 0.8～1.2 cm。如果生产夹馅面包，压辊间距应为 0.4～0.6 cm，面片不能太厚。

5. 成型

成型是将压片的小面团做成所需要的形状，使面包的外观一致。一般花色面包多用手工成型，主食面包多用机械成型。

(五)最终发酵

成型后还需要一个醒发过程，也称为最终发酵。经过整形的面团几乎已失去了面团应有的充气性质，面团经过整形时的辊轧、卷压等过程，大部分气体已被压出，同时面筋失去原有的柔软而变得脆硬和发黏，如立即送入炉内烘烤，则烘烤的面包体积小，组织颗粒非常粗糙，同时顶上或侧面会出现空洞和边裂现象。为得到形态好、组织好的面包，必须使整形好的面团重新再产生气体，使面筋柔软，增强面筋伸展性和成熟度。

醒发的工艺条件为温度 38～40 ℃、湿度 80%～90%。最终发酵时间要根据酵母用量、发酵温度、面团成熟度、面团的柔软性和整形时的跑气程度而定，一般为 30～60 min。对于同一种面包来说，最终发酵时间应是越短越好，时间越短，做出的面包组织越好。

最终发酵程度的判断常用的方法有：

(1)一般最终发酵结束时，面团的体积应是成品体积的 80%，其余 20%留在炉内胀发。对于方包，由于烤模带盖，好掌握，一般醒发到 80%即可。

(2)用整形后面团的胀发程度来判断，要求胀发到装盘时的 3～4 倍。

(3)根据外形、透明度和触感判断。发酵开始时，面团不透明和发硬；随着膨胀，面团变柔软，表面有半透明的感觉；最后，用手指轻摸面团表面，感到面团有种膨胀起发的轻柔感。根据经验利用以上感觉判断最佳发酵时期。

(六)面包的焙烤与冷却

焙烤是面包制作的三大基本工序之一，是指醒发好的面包坯在烤炉中成熟的过程。面团在入炉后的最初几分钟内，体积迅速膨胀。其主要原因有两方面：一方面，面团中存留的气体受热膨胀；另一方面，由于温度的升高，在面团内部温度低于 45 ℃时，酵母变得相当活跃，产生大量气体。一般面团的快速膨胀期不超过 10 min。随后的焙烤过程主要是使面团中心温度达到 100 ℃，水分挥发，面包成熟，表面上色。

1. 面包焙烤的温度和时间

面包焙烤的温度和时间取决于面包辅料成分多少、面包的形状、大小等因素。焙烤条件为温度 180～220 ℃，时间 15～50 min。焙烤的最佳温度、时间组合必须在实践中摸索，根据烤炉不同、配料不同、面包大小不同具体确定，不能生搬硬套。若使用的烤炉能控制面火和底火，在焙烤的初始阶段，面火 160 ℃，底火 180～185 ℃，底火应高于面火，以利于水分挥发，面包体积最大限度地膨胀。在焙烤的后期，面火应上升至 210～220 ℃上色，底火仍在 180～185 ℃。如果不能控制底火和面火，可用分阶段升温法，即初始温度 180～185 ℃，中间温度 190～200 ℃，最后温度 210～220 ℃。

2. 面包焙烤的湿度

有些面包烤炉上有加温器，通过加湿可以控制面包皮的厚薄。面包皮的形成是面团表面迅速干燥的结果。由于面团表面与干燥的高温空气接触，其水分汽化非常快。如果需要较厚的面包皮，一般需向烤炉内加湿，使面包表面水分汽化速率减慢，表面受到较大程度的焙烤，从而形成较厚的面包皮。

3. 面包的冷却、包装

由于刚出炉的面包表面温度高（一般大于 180 ℃），面包的表皮硬而脆，面包内部含水量高，瓤心很软，经不起外界压力，稍微受力就会被压扁，压扁的面包回弹性差，失去面包固有的形态和风味。出炉后经过冷却，面包内部的水分随热量的散发而蒸发，表皮冷却到一定程度就能承受压力，这时可以再进行挪动和包装。

任务二　饼干加工技术

【知识目标】

能够说出饼干制作的流程。

【技能目标】

能够用简单的设备加工饼干。

【德育目标】

通过糕点加工制作，培养学生细致耐心、勤于思考的优良品质。

【任务实施】

一、饼干基本知识

饼干的主要原料是小麦面粉，再添加糖类、油脂、蛋品、乳品等辅料。饼干花色品种繁多，常用的分类方法有两种：一种是按原料的配比分类；另一种是按成型方法与油糖用量的范围分类。

（一）按原料的配比分类

按原料的配比，将饼干分为以下 5 类（表 6-1）。

表 6-1　按原料的配比分类

种类	油糖比	油糖与面粉比	品种
粗饼干类	0∶10	1∶5	硬饼干、发酵硬饼干
韧性饼干类	1∶2.5	1∶2.5	低档甜饼干，如：动物饼干、什锦饼干等
酥性饼干类	1∶2	1∶2	一般甜饼干，如：椰子饼干、橘子饼干等
甜酥性饼干类	1∶1.35	1∶1.35	高档酥饼类甜饼干，如：桃酥等
发酵饼干类	10∶0	1∶5	中、高档苏打饼干

(二)按成型方法与油糖用量的范围分类

根据《饼干质量通则》(GB/T 20980—2021)的规定，饼干可分为酥性饼干、韧性饼干、发酵饼干、压缩饼干、曲奇饼干、夹心(或注心)饼干、威化饼干、蛋圆饼干、蛋卷、煎饼、装饰饼干、水泡饼干、其他饼干。

二、饼干加工工艺流程

韧性饼干的生产工艺流程：

原辅料预处理⟶面团的调制⟶辊压⟶成型⟶焙烤⟶冷却⟶包装⟶成品

发酵饼干的生产工艺流程：

(剩余面粉、乳粉过滤、水调温、食盐溶解、油脂、淀粉糖浆)
↓
面粉过筛、酵母活化、水调温⟶第一次调粉⟶第一次发酵⟶第二次调粉⟶第二次发酵⟶辊压⟶冲印成型⟶烘烤⟶冷却输送⟶整理⟶包装⟶成品
↑
制酥油

面团调制是将生产饼干的各种原辅料混合成具有某种特性面团的过程。饼干生产中，面团调制是最关键的一道工序，它不仅决定了成品饼干的风味、口感、外观、形态，而且还直接关系到以后的工序能否顺利进行。

(一)酥性面团的调制

酥性面团是用来生产酥性饼干和甜酥饼干的面团，要求面团有较大的可塑性和有限的黏弹性，面团不粘轧辊和模具，饼干坯应有较好的花纹，焙烤时有一定的胀发率而又不收缩变形。要达到以上要求，必须严格控制面团调制时面筋蛋白的吸水率，控制面筋的形成，主要注意以下几点：

1. 配料次序

辅料预混，是指在调粉操作前将除面粉以外的原辅料混合成糊糊状的混合物。对于乳粉、面粉等易结块的原料要预先过筛。

2. 面团调制时间和面团成熟度判断

面团调制时间的控制，是酥性面团调制的又一关键技术。延长调粉时间，会促进面筋蛋白的进一步水化，因而面团调制时间是控制面筋形成程度和限制面团黏性的最直接因素。在实际生产中，应根据糖、油、水的量和面粉质量，以及调制面团时的面团温度和操作经验，来具体

确定面团的调制时间。一般来说，油、糖少，用水多的面团，调制时间短(12～15 min)，而油、糖大，用水少的面团，调制时间长(15～20 min)。在酥性面团调制过程中，要不断用手感来鉴别面团的成熟度，即从调粉机中取出一小块面团，观察有无水分及油脂外露。如果用手搓捏面团，不粘手，软硬适中，面团上有清晰的手纹痕迹，当用手拉断面团时，感觉稍有延伸力量，拉断的面头没有回缩现象，则说明面团的可塑性良好，已达到最佳程度。

3. 糖、油的搅拌

在糖、油较多时，面团的性质比较容易控制，但有些糖、油量比较少的面团调制时极易起筋，要特别注意操作，避免搅拌过度。

4. 加淀粉与头子量

加淀粉是为了抑制面筋形成，降低面团的强度和弹性，增加塑性。而加头子量则是加工机械操作的需要，因为在用冲印法进行成型操作时，切下饼坯必然要余下一部分头子，另外生产线上也会出现一些无法加工成成品的面团(也称作头子)。为了将这些头子再利用，常常需要把它再掺到下次制作的面团中去。头子由于已经过辊轧和长时间的胀润，面筋形成程度要比新调粉的面团高得多。为了不使面团面筋形成过度，头子掺入面团中的量要严格控制，一般只能加入 1/10～1/8。如果面团筋力十分脆弱，面筋形成十分缓慢，加入头子可以增加面团强度，改善操作情况。

5. 面团温度

温度是影响面团调制的重要因素。温度低，蛋白质吸水量小，面筋强度小，形成面团黏度大，操作困难；温度高，则蛋白质吸水量大，面筋强度大，形成面团弹性大，不利于饼干的成型和保形，成品饼干酥松感差。另外，温度高、用油量大的面团可能出现走油现象，对饼干质量和工艺都有不利影响。因此，在生产中应严格控制面团温度，一般用水温来控制调粉温度。酥性饼干面团的调粉温度一般控制在 22～28 ℃，而甜酥饼干面团温度在 20～25 ℃。夏季气温高，可用冷水调制面团。

6. 静置时间

面团调制好后，适当静置几分钟到十几分钟，使面筋蛋白水化作用继续进行，以降低面团黏性，适当增加其结合力和弹性。若调粉时间较长，面团的黏弹性较适中，则不进行静置，立即进行成型工序。面团是否需静置和静置多长时间，视面团调制程度而定。

(二)韧性面团的调制

韧性面团是用来生产韧性饼干的面团。这种面团要求具有较强的延伸性和韧性、适度的弹性和可塑性、面团柔软光滑，强度和弹性不能太大。与酥性面团相比，韧性面团的面筋形成比较充分，但面筋蛋白仍未完全水合，面团硬度仍明显大于面包面团。

1. 面团的充分搅拌

要达到韧性面团的上述要求，调粉的最主要措施是加大搅拌强度，即提高机器的搅拌速度或延长搅拌的操作时间。

2. 投料顺序

韧性面团在调粉时可一次性将面粉、水和辅料投入机器搅拌，但也有按酥性面团的方法，将油、糖、蛋、奶等辅料加热水或热糖浆在和面机中搅匀，再加入面粉。如果使用改良剂，则应在面团韧性形成时(约 10 min 后)加入。由于韧性面团调制温度较高，疏松剂、香精、香料一般在面团调制的后期加入，以减少分解和挥发。

3. 淀粉的添加

调制韧性面团，通常均需添加一定量的淀粉。淀粉是一种有效的面筋浓度稀释剂，有助于缩短调粉时间，增加可塑性。在韧性面团中使用淀粉，还能使面团光滑，降低黏性。

4. 加水量的掌握

韧性面团通常要求面团比较柔软。加水量要根据辅料及面粉的量和性质来适当确定，一般加水量为面粉的22%～28%。

5. 面团温度

面团温度直接影响面团的流变学性质，根据经验，韧性面团温度一般在38～40 ℃。面团的温度常用加入的水或糖浆的温度来调整，冬季用水或糖浆的温度为50～60 ℃，夏季为40～45 ℃。

6. 面团调制时间和成熟度的判断

韧性面团的调制，不但要使面粉和各种辅料充分混匀，还要通过搅拌，使面筋蛋白与水分子充分接触，形成大量面筋，降低面团黏性，增加面团的抗拉强度，有利于压片操作。此外，通过过度搅拌，将一部分面筋在搅拌桨片剪切作用下不断撕裂，使面筋逐渐处于松弛状态，一定程度上增强面团的塑性，使冲印成型的饼干坯有利于保持形状。韧性面团的调制时间一般在30～35 min。面团调制时间不能生搬硬套，应根据经验，通过判断面团的成熟度来确定。韧性面团调制到一定程度后，取出一小块面团搓捏成粗条，感觉面团软硬。如果面团柔软适中，表面干燥，当用手拉断粗面条时，感觉有较强的延伸力，拉断面团两断头有明显的回缩现象，此时面团调制已达到了最佳状态。

7. 面团静置

为了得到理想的面团，韧性面团调制好后，一般需静置10～30 min以松弛形成的面筋，降低面团的黏弹性，适当增加其可塑性。另外，静置期间各种酶的作用也可使面筋柔软。

(三)苏打饼干面团调制和发酵

苏打饼干是采用生物发酵剂和化学疏松剂相结合的发酵性饼干，具有酵母发酵食品的特有香味，多采用二次搅拌、二次发酵的面团调制工艺。

1. 第一次搅拌与发酵

将配方中面粉的40%～50%与活化的酵母溶液混合，再加入调节面团温度的生产配方用水，搅拌4～5 min。然后在相对湿度75%～80%、温度26～28 ℃下发酵4～8 h，发酵时间的长短依面粉筋力、饼干风味和性状的不同而异。第一次较长时间的发酵，使酵母在面团内充分繁殖，以增加第二次面团发酵潜力，同时酵母的代谢产物酒精会使面筋溶解和变性，产生的大量CO_2使面团体膨胀至最大，继续发酵，气体压力超过了面筋的抗拉强度而塌陷，最终使面团的弹性降到理想程度。

2. 第二次搅拌与发酵

将第一次发酵成熟的面团与剩余的面粉、油脂和除化学疏松剂以外的其他辅料加入搅拌机中进行第二次搅拌。搅拌开始后，缓慢撒入化学疏松剂，使面团的pH达7.1或稍高为止。第二次搅拌所用面粉，主要是使产品口感酥松，外形美观，因而需选用低筋粉。第二次搅拌是影响产品质量的关键，它要求面团柔软，以便辊轧操作，搅拌时间一般4～5 min，使面团弹性适中，用手较易拉断为止。第二次发酵又称后续发酵，主要是利用第一次发酵产生的大量酵母，进一步降低面筋的弹性，并尽可能地使面团结构疏松。一般在28～30 ℃发酵3～4 h

即可。

(四)饼干成型

对于不同类型的饼干,成型方式是有差别的,成型前的面团处理也不相同。如生产韧性饼干和苏打饼干一般需辊轧或压片,生产酥性饼干和甜酥饼干一般直接成型,而威化饼干、曲奇饼干则需挤浆成型。

1. 冲印成型

冲印成型是一种古老且目前仍广泛使用的饼干成型方法。它的优点是能够适应多种大众产品的生产,如粗饼干、韧性饼干、苏打饼干等。凡是面团具有一定韧性的饼干品种都可用冲印成型。冲印成型机有旧式的间歇式冲印成型机和较新式的摆动冲印成型机。

2. 辊印成型

辊印成型机的上方为料斗,料斗的底部有一对直径相同的辊筒,一个叫作喂料辊,另一个叫作模具辊。喂料辊表面是与轴线相平行的沟槽,以增加对面团的携带能力,模具辊上装有使面团成型的模具。两辊相对转动,面团在重力和两辊相对运动的摩擦力作用下不断填充到模具辊的模具中。在两辊中间有一紧贴模具辊的刮刀,可将饼干坯上超出模具厚度的部分刮下来,即形成完整的饼干坯。当嵌在模具辊上的饼干坯随辊转动到正下方时,接触帆布传送带和脱模辊,在饼干坯自身重力和帆布摩擦力的作用下,饼坯脱模。脱了模的饼坯由帆布传送带输送到烤炉的钢丝网带上进入烤炉。这种设备只适用于配方中油脂较多的酥性饼干,对有一定韧性的面团不易操作。

3. 辊切成型

辊切成型是综合冲印成型及辊印成型两者的优点、克服其缺点设计出来的新的饼干成型工艺。它的前部分用的是冲印成型的多道压延辊,成型部分由印花辊、切割辊及橡胶辊组成。面带经前几道辊压延成理想的厚度后,先经花纹辊压出花纹,再在前进中经切割辊切出饼坯,然后由斜帆布传送带送走边料。这种成型方法由于先压成面片而后辊切成型,具有广泛的适应性,能生产韧性、酥性、甜酥性、苏打等多种类型的饼干,是目前较为理想的一种饼干成型工艺。

4. 挤出成型

挤出成型有钢丝切割成型、挤条成型、挤浆成型等。钢丝切割成型是利用挤压装置将面团从模孔中挤出,模孔有花瓣形和圆形多种,每挤出一定厚度,用钢丝切割成饼坯。挤条成型与钢丝切割成型原理相同,只是挤出模孔的形状不同。挤浆成型是用液体泵将糊状面团间歇挤出,挤出的面糊直接落在烤盘上,如曲奇饼干的成型。

(五)饼干的焙烤、冷却、包装

1. 焙烤

饼干焙烤的主要作用是降低产品水分,使其熟化,并赋予产品特殊的色、香、味和组织结构。在焙烤过程中,化学疏松剂分解产生的大量 CO_2 使饼干的体积增大,并形成多孔结构,淀粉胶凝,蛋白质变性凝固,使饼干定型。

对于配料不同、大小不同、厚薄不同的饼干,焙烤温度、焙烤时间都不相同。韧性饼干的饼干坯中面筋含量相对较多,焙烤时水分蒸发缓慢,一般采用低温长时焙烤。酥性饼干含油、糖多,含水量少,入炉后易发生“油摊”现象,因此常采用高温短时焙烤。苏打饼干入炉初期底火应旺，面火略低，使饼干坯表面处于柔软状态，从而有利于饼干坯体积膨胀和 CO_2 气体的逸散。如果炉温过低，时间过长，饼干易成僵片。进入烤炉中区后，要求面火逐渐增加而底火逐渐减弱，这样可使饼干膨胀到最大限度并将其体积固定下来，以获得良好的产品。

2. 冷却、包装

刚出炉的饼干表面温度在 160 ℃以上，中心温度也在 110 ℃左右，必须冷却后才能进行包装。一方面，刚出炉的饼干水分含量较高，且分布不均匀，口感较软，在冷却过程中，水分进一步蒸发，同时水分分布均匀，口感酥脆；另一方面，冷却后包装还可防止油脂的氧化酸败和饼干变形。冷却通常是在输送带上自然冷却，也可在输送带上方用风扇进行吹风冷却，但不宜用强烈的冷风吹，否则饼干会发生裂缝。饼干冷却至 30～40 ℃即可进行包装、储藏和上市出售。

任务三　蛋糕加工技术

【知识目标】

能够说出蛋糕制作的流程。

【技能目标】

能够在实验室条件下制作蛋糕。

【德育目标】

通过糕点加工制作，培养学生细致耐心、勤于思考的优良品质。

【任务实施】

一、蛋糕基本知识

蛋糕是用鸡蛋、白糖、小麦粉为主要原料，以牛乳、果汁、奶粉、香粉、色拉油、水、黄油、泡打粉为辅料，经过搅拌、调制、烘烤后制成的一种海绵状焙烤食品。

蛋糕根据其配料的不同可分为以下几类：

海绵蛋糕：又称清蛋糕，有丰富、细密的气泡结构，质地松软，富有弹性。

油脂蛋糕：质地酥散，滋润，带有油脂尤其是奶油的特有香味。

水果蛋糕：在油脂蛋糕中加入一种或几种水果制成的果味蛋糕。根据果料加入的多少又分为重型、中型和轻型 3 种水果蛋糕。

装饰大蛋糕：以海绵蛋糕或油脂蛋糕为糕坯，经过适当装饰制成的具有一定艺术品位的喜庆蛋糕，糕体装饰得华贵而又高雅，精美而又别致。

二、蛋糕加工工艺流程

白糖、饴糖（↓加入打蛋浆）　过筛←面粉（↓加入打蛋浆）

鸡蛋→去壳→蛋液→打蛋浆→调糊→浇模→烘焙→涂面油→成品

(一)原料准备

主要包括原料清理、计量,鸡蛋的清洗、去壳,面粉和淀粉的疏松、碎团、过筛(60 目以上)等,不过筛可能有块状粉团进入蛋糊中,而使面粉或淀粉分散不均匀,导致成品蛋糕中有硬心。

(二)打糊

对于以鸡蛋为主的清蛋糕来说,打糊主要是将鸡蛋与糖放在一起充分搅打,使鸡蛋胀发,尽量使蛋液中溶有大量空气泡,同时使糖溶解。打好的鸡蛋糊有稳定的泡沫,呈乳白色,体积为原来的 3 倍左右。打糊是蛋糕生产的关键,蛋糊打得好坏将直接影响成品蛋糕的质量,特别是蛋糕的体积质量(蛋糕质量与体积之比)。若蛋糊打得不充分,则焙烤后的蛋糕胀发不够,蛋糕的体积质量便小,蛋糕松软度差。若蛋糊打过头,则蛋糊的"筋力"被破坏,持泡能力下降,蛋糊下塌,焙烤后的蛋糕虽能胀发,但因其持泡能力下降而表面"凹陷"。

蛋糊的起泡性与持泡能力还与打蛋时的温度有关。打蛋时蛋糊温度升高,则黏稠度下降,起泡性增加,易于起泡胀发,但持泡能力下降,一般在 21 ℃时,起泡能力和持泡能力平衡。因此,冬季打蛋时应采取保暖措施,以保证蛋糊质量。

在工厂生产蛋糕时,有时用蛋量比较少,蛋糊比较稠,则可在打蛋加入适量的水。因水无起泡性,一般在蛋糊快打好时再加入,否则虽有利于打蛋时起泡,但蛋糊持泡能力太差而影响蛋糕质量。

油脂是消泡剂,当容器周围残留有油脂时,鸡蛋起泡性很差。因此,打蛋时容器一定要清洁。

对于油脂蛋糕来说,打糊主要是将糖与奶油混在一起先搅打,使糖均匀分散于油脂中,再将鸡蛋慢慢加入一起搅打至呈乳白色,即打糊完毕。

与鸡蛋不同,奶油起泡性很差,其打糊后的胀发性并不大,不过,油脂蛋糕的体积质量一部分是靠膨松剂来达到的。

(三)拌粉

拌粉即将过筛后的面粉与淀粉混合物加入蛋糊中搅匀的过程。对清蛋糕来说,若蛋糊经强烈的冲击和搅动,泡就会被破坏,不利于焙烤时蛋糕胀发。因此,加粉时只能慢慢将面粉倒入蛋糊中,同时轻轻搅动蛋糊,搅动要轻,以最少翻动次数,拌至见不到生粉即可。

对油脂蛋糕来说,则可将过筛后的面粉、淀粉和膨松剂慢慢加入打好的奶油与糖的混合物中,用打蛋机的慢挡或人工搅动来拌匀面粉,不宜用力过猛。

(四)装模、焙烤

为防止面粉下沉,拌糊后的蛋糊应立即装模焙烤。蛋糕模的形状各异,对焙烤蛋糕来说要在模内涂上一层植物油或猪油以防止黏模,然后轻轻将蛋糊均匀加于其中,并送至烤炉中焙烤,整个过程中不能用力撞击蛋糊。

蛋糕焙烤的炉温一般在 200 ℃左右。清蛋糕 180 ℃,20 min;油脂蛋糕 220 ℃,40 min。焙烤过程中,首先烤炉中水蒸气在蛋糕糊表面冷凝积露,待蛋糕糊表面温度上升至 100 ℃后,水分开始汽化,蛋糕糊内部水分向表面扩散,由表面逐渐蒸发出去。与此同时,蛋糕糊内部气泡逐渐受热膨胀,使蛋糕体积膨胀,当温度达一定程度后,蛋白质凝固和淀粉吸水膨胀胶凝,使蛋糕定型。淀粉胶凝需吸收大量水分,故成品蛋糕比较柔软。

当水分蒸发到一定程度后,再加上蛋糕表面温度的上升,在表面形成了由焦糖化反应和美拉德反应引起的金黄色，产生了特殊的蛋糕香味。

蛋糕烤熟程度可以蛋糕表面颜色深浅或蛋糕中心的蛋糊是否粘手为标准。成熟的蛋糊表面一般为均匀的金黄色，若有像蛋糊一样的乳白色，说明并未烤透。蛋糕中的蛋糊仍粘手，说明未烤熟；不粘手，则焙烤即可停止。

烤炉可以是间歇式的，也可以是连续式的。蛋糕大小、焙烤温度、时间的关系见表 6-2。

表 6-2　蛋糕大小、焙烤温度、时间的关系

蛋糕重量/g	炉温/℃	焙烤时间/min	上下火控制
＜100	200	12～18	上下火相同
100～450	180	18～40	下火较上火大
450～1 000	170	40～60	下火大，上火小

（五）冷却、脱膜、包装

刚出炉的蛋糕很柔软，需稍冷却后再脱模，脱模后的蛋糕冷透后再行包装、出售。

蛋糕出炉后可在表面刷上一层食用植物油使之光滑油亮，同时也具有一定的保湿和防止微生物生长的作用。

（六）装饰

装饰蛋糕在包装前需要进行色调装饰、裱花装饰、馅料装饰、表面装饰和模型装饰等。装饰需扎实的基本功、熟练精湛的技术，同时还涉及审美情调和艺术想象力。

评判蛋糕制品的品质，不仅要看其外观形态、体积大小和色泽，还要对其内部组织结构、口感和风味等进行综合评价。蛋糕制品中的某一缺陷，往往不是由单一因素造成的，须将各种相关因素综合考虑。如蛋糕的体积小，就有原料使用量不当、原料品质不良、操作失误等问题。

近年来，由于技术的进步、生产设备的改善和新的食品添加剂——蛋糕乳化发泡剂的应用，蛋糕的制作工艺越来越简单，蛋糕的品质也有很大提高。但生产中难免还是会遇到一些问题。

复习题

1. 简述一次发酵面包制作的工艺流程。
2. 面团搅拌的投料顺序如何？
3. 面包发酵原理是什么？
4. 加工饼干过程中，面粉头子是什么？如何处理头子？
5. 饼干成型有哪几种？
6. 做蛋糕时打蛋容器一定要清洁，特别是不能粘油，为什么？
7. 蛋糕蓬松的原理是什么？
8. 做蛋糕时要求用低筋面粉，为什么？

【师徒共研】

1. 在制作面包时，原料投放为什么要按照顺序进行？

首先，有些原料是需要加水溶解的，如果加晚了，就会造成物料溶解不均匀或影响面团形成的质量；其次，有的面包根据工艺要求需要添加油脂，如果加早了，会影响面筋的形成。

2. 在加工面包时，面团搅拌时间长短对面包质量有何影响？

面团搅拌时间长短直接关系面团形成的质量，时间短了，面筋不能充分形成，时间长了，已形成的面筋又被打断。一般情况下，面团搅拌时间在 15～20 min，具体时间要根据当时的条件而定，比如环境的温度、面筋的大小、增筋剂的添加等。

3. 如何鉴别面团发酵成熟？

(1)回落法　面团发酵一定时间后，在面团中央部位开始向下回落，即发酵成熟。但要掌握在面团刚开始回落时停止，如果回落幅度太大则发酵过度。

(2)手触法　用手指轻轻按下面团，手指离开后，面团既不弹回，也不继续下落，表示发酵成熟；如果很快恢复原状，表示发酵不足；如果面团很快凹下去，表示发酵过度。

(3)温度法　面团发酵成熟后一般温度上升 4～6 ℃。

(4)pH 法　面团发酵前 pH 为 6 左右，发酵成熟后 pH 为 5，如果低于 5，则说明发酵过度。

4. 简述面包发酵原理。

简单说就是面团形成后，面筋之间互相形成网状结构，而面包酵母在面筋网格中间进行新陈代谢产生 CO_2 气体，从而达到面团疏松的目的。

5. 面团搅拌过度会有何影响？

面团搅拌过度，因面筋已经打断，面包在发酵产气时很难包住气体，使面包体积扁小。此外，在搅拌时形成了过于湿黏的性质，造成在整形操作上极为困难，面团滚圆后也无法挺立，向四周扩展。用此面团烤出来的面包，同样因无法保存膨大的空气而使面包体积小，内部空洞大，组织粗糙而多颗粒，品质极差。

6. 何谓面团发酵成熟？

面团发酵时，经过一系列复杂的变化，达到制作面包的最佳状态，称作成熟，这一过程叫熟成，也就是调制好的面团。

7. 在饼干加工工艺中为什么加淀粉与头子量？

加淀粉是为了抑制面筋形成，降低面团的强度和弹性，增加塑性，而加头子量则是加工机械操作的需要，因为在冲印法进行成型操作时，切下饼坯必然要余下一部分头子，另外，生产线上也会出现一些无法加工成成品的面团(也称作头子)。为了将这些头子再利用，常常需要把它再掺到下次制作的面团中去。

8. 蛋糕的体积小，是哪些原因造成的？

可能由原料使用量不当、原料品质不良、操作失误等问题造成。

9. 蛋糕脱模困难，易黏烤模造成破损，是什么原因？

是由烤模不合格或烤模内蛋糕残屑未清除干净造成的。如烤模表面粗糙或烤模造型不好，烤模内黏附的蛋糕残屑未清除干净，模内油脂未涂均匀等，都可造成蛋糕脱模困难，易黏烤模造成破损。解决方法：选用光洁的金属材料，改进烤模结构造型；残屑清除干净，油脂涂抹均匀或用衬纸垫衬，最好是在烤模内涂上防黏涂料。

10. 面包体积过小是什么原因？如何解决？

面包体积过小主要是发酵未完全造成的，具体原因及解决方法如下：

(1)酵母添加量不足或者是酵母活性受到抵制。针对前者我们可以适当地添加酵母用量。酵母活力受到抵制可能有以下几个原因：盐或糖的用量过多致使渗透压过高；面团的温度过低，不适合酵母的生长。因此我们应根据配方适当降低糖、盐的用量，控制发酵所需温度。

(2)普通面粉不适合做面包，一般是由于面粉筋力不足，可以改用高筋粉或者添加0.3%～0.5%的改良剂来增加筋力，改善面团的保气性。

(3)搅拌不足或者搅拌过度。当搅拌不足时面团发酵未完全，搅拌过度会破坏面团的网络结构使持气力降低。因此应该严格控制面团的搅拌时间。

11. 面包内部组织粗糙是什么原因？如何解决？

面包内部组织粗糙的原因及解决方案：普通面粉的品质不佳，应该用面包粉(高筋力的面粉)；水的量添加不足或者水质不好，适当添加用水量并控制用水的硬度为2.9～4.3 mmol/L；油脂的添加量不足，应适当添加油脂的用量，使之不少于6%；发酵时间过长，面包内的气孔无法保持均匀细密，影响口感，应控制发酵时间不要超过4 h；搅拌不足，面包未完全发酵，应延长搅拌时间；搓圆不够，应使造型紧密，不能太松；撒手粉用量过多，应减少用量。

12. 面包表皮颜色过深是什么原因？如何解决？

面包表皮的颜色是糖在高温下通过美拉德反应生成的，颜色过深是由于：糖的用量过多，应减少用量；炉温过高，应根据具体情况(如面包的体积、形状、大小等)来确定最终的炉温；炉内的湿度太低，可以在中途喷洒一些水，最好用可以调节湿度的烤炉；烘烤过度，致使表面烤焦，颜色过深，应控制好烘烤时间。

13. 面包表皮过厚是什么原因？如何解决？

面包表皮过厚的原因及解决方案主要是：烘烤过度，应适当减少烘烤时间；炉温过低，应适当提高炉温；炉内湿度过低，应中途洒些水，最好用可调节湿度的烤炉；油脂、糖、奶用量不足，应适当增加用量；面团发酵过度，应减少发酵时间；最后醒发不当，一般最后的醒发温度为32～38 ℃，相对湿度为75%～85%。

14. 面包在入炉时下陷是什么原因？如何解决？

面包下陷主要是面包发酵过程中的气体泄漏，原因及解决方法如下：面粉筋力不足，可添加一些改良剂或者增加高筋粉用量；油脂与糖和水的用量过多，应减少其用量；搅拌不足，应增加搅拌时间；最后发酵过度，应减少最后发酵时间，最后发酵体积达到80%～90%时应入炉；盐的用量不够，应适当增加用量。

15. 面包易老化是什么原因？如何解决？

面包老化的原因及解决方法主要有以下几个方面：面粉筋力太差，应选用高筋粉；砂糖用量不足，应添加适量砂糖；水分不足，和面时加水量适当增加；油脂品质不良或者用量不足，应适当增加油脂的用量；搅拌不足，应增加搅拌时间；面团发酵时间不够，应延长发酵时间；最后发酵湿度过低，应增加醒发箱的湿度；烘烤温度过低，应根据产品大小、配方、品质要求确定适当的温度。

16. 面包口感不佳是什么原因？如何解决？

面包口感不好，有各方面的原因，其中主要原因及解决方法有以下几个方面：原材料不佳，应选用品质好的新鲜原材料；发酵所需的时间不足或过长，应根据不同制品的要求正确掌握发酵所需的时间；最后醒发过度，应严格控制最后醒发的时间及面坯胀发的程度，一般面坯胀发后的体积以原体积的 2～3 倍为宜；生产用具不清洁，应经常清洗生产用具；面包变质，应注意面包的贮藏温度及存放时间。

17. 饼干不光泽、表面粗糙是什么原因？如何解决？

产生的原因及解决方法：饼干喷油量太小，或喷油温度太低以致产生油雾困难，喷不匀，油不易进入饼干表面，影响饼干光泽，此时可增大喷油量，油温控制在 85～90 ℃，并在油中加入适量增光剂和辣椒红；配方中没有淀粉或淀粉量太少，此时可加入适量淀粉，必要时在炉内前部附设蒸汽设备，加大炉内湿度，使饼干坯表面能吸收更多的水分来促进淀粉糊化，以增加表面光泽；调粉时间不足或过头，应注意掌握好调粉时间；面带表面撒粉太多，应尽量不撒或少撒面粉。

18. 饼干口感粗糙是什么原因？如何解决？

产生的原因和解决方法：调粉时间不足或过头，此时应正确及时判断调粉成熟度；配方中膨松剂用量太少或太多，应调整适量加入膨松剂；配方中油、糖用量偏少，应适当增加油、糖用量，并加入适量磷脂。

19. 饼干粘底是什么原因？如何解决？

饼干粘底的原因和解决方法：饼干过于疏松，内部结合力差，此时应减少膨松剂用量；饼干在烤炉后区降温时间太长，饼干坯变硬，此时应注意烤炉后区与中区温差不应太大，后区降温时间不能太长。

20. 饼干凹底是什么原因？如何解决？

饼干凹底的原因：饼干胀发程度不够、饼干上针孔太少或面团弹性太大。如果出现此类问题，应该根据具体情况来增加膨松剂尤其是小苏打用量，使用有较多针的饼干模具，适当增加面团改良剂用量或增加调粉时间，并添加适量淀粉（面粉的 5%～10%）来稀释面筋量。

21. 饼干收缩变形是什么原因？如何解决？

产生的原因和解决方法：在面带压延和运送过程中面带绷得太紧，此时，应调整面带，在经第二和第三对轧辊时要有一定下垂度，帆布带在运送面带时应保持面带呈松弛状态；面团弹性过大，可适当增加面团改良剂用量或增加调粉时间，并添加适量淀粉（面粉的 5%～10%）来稀释面筋量；面带始终沿同一方向压延，引起面带张力不匀，此时应将面带在辊轧折叠时不断转换 90°方向。

22. 饼干起泡是什么原因？如何解决？

产生的原因和解决方法：烤炉前区温度太高，尤其面火温度太高，此时应控制烤炉温度，不可一开始就很高，面火温度应逐渐增高；面团弹性太大，烘烤时面筋挡住气体通道，气体不易散出，使表面起泡，此时应降低面团弹性，并用有较多针的模具；膨松剂结块未被打开，此时应注意对结块的膨松剂粉碎后再用；辊轧时面带上撒面粉太多，应尽量避免撒粉或少撒粉。

23. 饼干不上色是什么原因？如何解决？

产生的原因可能是配方中含糖量太少，此时需增加转化糖或饴糖用量。

24. 饼干冷却后仍发软、不松脆是什么原因？如何解决？

产生的原因和解决方法：饼干厚而炉温太高，烘烤时间短，造成皮焦里生，内部残留水分太多，此时应控制饼干厚度，适当调低炉温，增加烘烤时间，使成品饼干含水量<6%；烤炉中后段排烟管堵塞，排气不畅，造成炉内温度太高，此时应保持排汽畅通，排烟管保温，使出口温度不低于100 ℃，以免冷凝水倒流入炉内。

25. 饼干易碎是什么原因？如何解决？

产生的原因和解决方法：饼干胀发过度，过于疏松，此时应减少膨松剂用量；配料中淀粉和饼干屑用量太多，此时应适当减少其用量。

26. 饼干产生裂缝是什么原因？如何解决？

产生的原因和解决方法：饼干出炉后由于冷却过快，强烈的热交换和水分挥发，使饼干内部产生附加应力而发生裂缝，一般情况下，冬天温度低，且干燥，饼干易发生裂缝，尤其是含糖量低的饼干更为多见，此时应避免冷却过快，必要时在冷却输送带上加罩，有条件的可采用调温调湿设备；与面筋形成量、加水量、配方中某些原辅料的比例、烘烤温度、饼干造型，花纹走向、粗细、曲线的交叉和图案的布局等有关，这时针对发生裂缝的具体原因，采取改进配方、选择炉温、设计饼干模具等措施。

27. 蛋糕凝结程度不良是什么原因？如何解决？

多由鸡蛋不新鲜所致，新鲜的鸡蛋蛋液浓稠，发泡力强，不新鲜的鸡蛋蛋液则较稀薄，蛋黄黏壳或散黄，发泡力低，烘烤后凝结程度不及新鲜鸡蛋牢固。解决方法：加工蛋糕时须选用新鲜鸡蛋。

28. 蛋糕蓬松性较差是什么原因？如何解决？

出现此类问题首先应从膨松剂上找原因。市售的发酵粉又称泡打粉，它是一种复合膨松剂，其品牌甚多，宜选用膨胀性好的品种，且在贮藏过程中应防止吸潮分解，以免降低效用。

29. 蛋糕香气不正常是什么原因？如何解决？

此类问题通常是由香料调配不当引起。应选用香味良好的香精香料，并依照规定量使用，避免用量过多或不足。

30. 蛋糕制品外形欠佳是什么原因？如何解决？

一方面，未使用蛋糕发泡乳化剂的蛋糕面糊，由于稳定性差，空气泡容易发生合并和破裂，使蛋糕面糊中的空气泡量减少；另一方面，面糊浇注入烤模后在炉外停留时间太长，使蛋糕面糊的表层水蒸气蒸发干燥，结成一层皮膜，在进入烤炉中烘烤时，该层皮膜也会妨碍蛋糕制品体积膨发。解决方法：前后工序配合好，做好面糊，入模后及时入炉烘烤，如因故在炉外停留无法返工时，可将面糊顶表层稍予搅动后入炉烘烤。

31. 蛋糕蓬松不够体积过小或过于膨大是什么原因？如何解决？

由蛋糕面糊搅打不当引起。调制海绵蛋糕面糊时，对鸡蛋和砂糖的搅打，无论是搅打不足还是搅打过度，都会导致蛋糕体积小，蓬松不够；调制奶油蛋糕面糊时，脂肪与砂糖粉或与面粉搅打发松的程度不足，包含空气泡量小，会使蛋糕体积减小；而搅打发松过度，由于面糊中含空气量太多，蛋糕的体积过于膨大，到烘烤后期和冷却过程中会形成蛋糕顶面向下凹陷，内部组织结构变差，气孔粗大，有损制品品质。在实践过程中，当搅打发松的程度接近"最适点"之前，改用中速搅打，以利于及时观察、测定。宁可在接近"最适点"之前停止搅打，也不可搅打过度。

32. 蛋糕中心凝聚,而顶面向下凹陷是什么原因? 如何解决?

多因烘烤操作不当引发。在蛋糕烘烤过程中,从外表看似乎已烤熟,而内部尚未凝固熟透之时,如果移动烤模位置受到震动,或是打开炉门或取出观察,受到冷空气的侵袭,突然受冷,都会引起蛋糕中心凝聚,结成团块而塌落,造成顶面向下凹陷。解决方法:在蛋糕尚未熟透之前,切不可移动烤模和打开炉门,以免受到震动或冷空气侵袭。

【案例1 一次发酵面包制作】

一、实训目的

了解和掌握一次发酵法生产面包的工艺流程及技术要点。

二、设备及材料

(一)设备

立式搅拌机或卧式搅拌机、压面机、醒发箱、面团分割机(选用)、远红外线电烤炉、不锈钢操作工作台、刮板、擀面杖、电子秤、烤模、烤盘、模具、面团温度计、纸袋或塑料袋。

(二)材料

面包配料见表 6-3。

三、操作方法

(一)一次发酵工艺流程

配料──→搅拌──→发酵──→切块──→揉团──→整形──→醒发──→焙烤──→冷却、包装──→成品

表 6-3 面包配料 %

材料名称	配方 1	配方 2	配方 3
标准粉	100	100	100
水	46	58	48～55
白砂糖	18	18	20
鲜鸡蛋	4	12	8
活性酵母	夏天 1.2,冬天 2.0	1.4	1
乳粉	1	5	4
食盐	1	0.8	0.8
改良剂	0.3	0.5	0.3
黄油或奶油	3	—	10
豆油	2	—	—
香精	0.15	—	—
香兰素	0.07	—	—

(二)操作技术要点

1. 原辅料处理

按实际用量称量各原辅料,并进行一定处理。用 10 倍量的温水对酵母进行活化处理,面粉需过筛,盐和面包改良剂与面粉混匀,固体油脂需水浴熔化,冷却后备用。

2. 搅拌

将配方内的糖、盐和改良剂等干性物料先放入调粉机内，倒入配方中适温的水、蛋液和香精搅匀，再将面粉和酵母加入调粉机中，先低速搅拌约 3 min，再中速搅拌至面团表面呈光滑状，停止搅拌，加入融化冷却的黄油，再中速搅拌至面团成熟，调好后的面团温度控制在 26 ℃左右。

3. 面团的发酵

调好的面团装入不锈钢盆，在发酵箱内进行发酵，发酵温度 28 ℃左右，相对湿度 70%～80%，基本发酵 2 h，经翻面后再延续发酵 1 h 左右，发至成熟。

4. 成型

(1)分块　发酵结束后取出全部面团，按要求分割成重量相等的小块面坯，每块面坯都必须用台秤称，以保证重量一致。面坯的重量按下式计算：

$$面坯重量=成品重量\times 110\%$$

(2)搓圆　手工搓圆的要点是手心向下，用五指握住面团，向下轻压，在面板上顺一个方向迅速旋转，将面团搓成球状，面坯搓圆后置于烤盘中，烤盘须事先涂上油。

(3)静置　将搓圆后的面坯用保鲜膜或防油纸盖住，在面案上放置 12～18 min，使面筋松弛，利于做型。

(4)做型　按照不同的品种及设计的形状采用相应方法做型。

5. 醒发

将成型装盘后的面坯送入醒发箱内，醒发条件为温度 38～40 ℃，相对湿度 80%～90%，醒发时间 55～60 min。

6. 烘烤

将醒发好的面团放入烤炉中。烘烤初期，烤炉的面火温度 140 ℃，底火温度 170 ℃，时间约 10 min；烘烤中期，烤炉的面火和底火温度均为 180～220 ℃，时间 20～25 min；烘烤末期，烤炉的面火温度 160 ℃，底火温度 170 ℃，时间约 5 min。

7. 冷却、包装

将烤熟的面包从烤炉中取出，自然冷却后包装。

四、思考与讨论

(1)面团发酵中“翻面”能起到什么样的作用？

(2)根据所制作的面包质量，总结实验成败的原因。

【案例2　海绵蛋糕制作】

一、实训目的

通过实训，学生了解海绵蛋糕的生产工艺，熟悉并掌握各环节的操作要点。

二、设备及材料

(一)设备

打蛋机、搅拌盆、蛋扦、搅拌桶、筛子、垫纸、蛋糕圈、蛋糕板、烤盘、烤箱等。

(二)材料

面粉、蛋糕乳化油、鸡蛋、白糖、发酵粉、花生酱、奶油、脱脂淡奶等。

三、方法与步骤

(一)工艺流程

原料选择与处理——→打蛋——→调糊——→入模——→烘烤——→冷却——→脱模——→成品

(二)配料标准

低筋面粉250 g、鸡蛋500 g、白糖250 g、花生酱100 g、奶油45 g、蛋糕乳化油20 g、发酵粉5 g、脱脂淡奶适量。

(三)操作要点

1. 原料预处理

鸡蛋去壳取蛋液,将砂糖、糖浆、泡打粉混匀。将蛋糕乳化油和温水一起放在搅拌盆内,用蛋扦搅打均匀备用。

2. 打蛋

将鸡蛋、白糖、乳化油倒入打蛋机中,高速搅拌约15 min,使蛋液充入空气至完全蓬松,体积约为原来的2倍。

3. 调糊

将筛过的面粉和发酵粉慢慢地倒入搅拌桶,低速搅拌均匀,再加入花生酱和融化的奶油以及脱脂淡奶,缓慢搅拌均匀。

4. 入模

在烤盘内铺上垫纸,再放好蛋糕圈,将拌匀的物料装入备用的蛋糕圈内,并顺势抹平表面。

5. 烘烤

预热烤箱至170 ℃(或上火170 ℃、下火160 ℃)。将烤盘送入烤箱,约40 min,至完全熟透取出,趁热覆在蛋糕板上,冷却至室温包装。

四、思考与讨论

(1)打蛋液为什么要高速搅打?打蛋结束的标志是什么?

(2)为什么要低速调糊?

【案例3　戚风蛋糕制作】

一、实训目的

掌握戚风蛋糕生产的主要原料及工艺流程。

二、设备及材料

(一)设备

打蛋器、搅拌盆、蛋扦、搅拌桶、筛子、垫纸、模具、蛋糕板、烤盘、烤箱等。

(二)材料

鸡蛋5个(约50 g/个),低筋面粉85 g,玉米油40 g,鲜牛奶40 g,细砂糖60 g(加入蛋白中),细砂糖30 g(加入蛋黄中)。

三、制作步骤

(1)准备材料。面粉需要过筛,蛋白蛋黄分离,盛蛋白的盆要保证无油无水。

(2)用打蛋器把蛋白打到呈鱼眼泡状的时候,加入1/3的细砂糖(20 g),继续搅打到蛋白开始变浓稠,呈较粗泡沫时,再加入1/3的细砂糖。继续搅打到蛋白比较浓稠,表面出现纹路的时候，加入剩下的 1/3 细砂糖。

(3)再继续打一会儿，当提起打蛋器，蛋白能拉出弯曲的尖角的时候，表示已经到了湿性发泡的程度。还需要继续搅打。当提起打蛋器的时候，蛋白能拉出一个短小直立的尖角，就表明达到了干性发泡的状态，可以停止搅打了。如果搅打过头，蛋白开始呈块状，会造成戚风制作的失败。把打好的蛋白放入冰箱冷藏，开始制作蛋黄糊。

(4)把 5 个蛋黄加入 30 g 细砂糖，用打蛋器轻轻打散。不要把蛋黄打发。

(5)依次加入 40 g 玉米油和 40 g 鲜牛奶，搅拌均匀。再加入过筛后的面粉，用橡皮刮刀轻轻翻拌均匀。不要过度搅拌，以免面粉起筋(面粉如果起筋，可能会使蛋糕的口感过韧，影响蛋糕松软口感的)。

(6)盛 1/3 蛋白到蛋黄糊中。用橡皮刮刀轻轻翻拌均匀(从底部往上翻拌，不要划圈搅拌，以免蛋白消泡)。翻拌均匀后，把蛋黄糊全部倒入盛蛋白的盆中，用同样的手法翻拌均匀，直到蛋白和蛋黄糊充分混合。

(7)将混合好的蛋糕糊倒入模具，抹平，用手端住模具在桌上用力震两下，把内部的大气泡震出来。放进预热好的烤箱，170 ℃，约 50 min 即可。

四、产品的质量标准

形态：外形完整；块形整齐，大小一致；表面略鼓，底面平整；无破损，无粘连，无塌陷，无收缩。

色泽：外表金黄至棕红色，无焦斑，剖面淡黄，色泽均匀。

组织：松软有弹性；剖面蜂窝状小气孔分布较均匀；无糖粒，无粉块，无杂质。

滋味气味：爽口，甜度适中；有蛋香味及该品种应有的风味；无异味。

杂质：外表和内部均无肉眼可见的杂质。

项目七

米制方便食品加工

任务一 米制方便食品介绍

【知识目标】

掌握方便米饭的种类，了解各种方便米饭的工艺流程和保藏原理。

【技能目标】

能借用简易装置做出各种方便米饭。

【德育目标】

培养团队精神，养成严于律己、宽以待人、吃苦耐劳的良好品格。

【任务实施】

随着国民经济的发展，人民生活节奏的加快，形形色色的方便食品应运而生。以大米为主料的方便食品，种类逐渐增加，并占有一定的市场份额。为了进一步丰富人们的饮食生活，合理利用稻谷这一粮食资源，有必要对大米方便食品进行研究开发。

一、方便米饭的种类

（一）罐头米饭

将一定量大米与水置于金属罐中，蒸煮后进行抽气、卷边、加热杀菌，即制成罐头米饭。罐头米饭是方便米饭中最早问世的产品。第二次世界大战期间，国外已将其作为军用食品，20世纪70年代开始在市场上试销。我国于20世纪60年代前后已有生产厂家对罐头米饭进行研究试制，并作为特需进行小批量生产。罐头米饭产品含水量约60%，常温下可贮存5年，于开水中加热或汽蒸5～15 min即可食用，但携带不便。

（二）α-化米饭

为克服罐头米饭需要加热的缺点，第二次世界大战期间又研究出α-化米饭以供军需。目前该产品除用作军用食品、旅游食品以外，也逐渐民用。α-化米饭又称速煮米饭、脱水米饭、即食米饭，它是将大米淘洗、浸泡，经汽蒸或炊煮，再用热空气干燥而成。α-化米饭生产工艺比较简单，成本相对较低，复原后口感较好。不足之处是复原时间稍长，米饭易氧化酸败。产品水分含量为 5%～10%，常温下可贮存 2～3 个月，加开水浸泡 5～20 min 即可食用。

生产工艺：

大米⟶淘洗⟶浸泡⟶汽蒸⟶离散⟶干燥⟶筛选⟶包装⟶α-化米饭

（三）软罐头米饭

日本于 1971 年研制出软罐头米饭，它是将一定量的水和大米或半生半熟米饭，装入一种能耐高温的特殊塑料包装容器（蒸煮袋）内，经高温、高压蒸煮而成。目前，国内已有部分厂家生产软罐头米饭，品种有五香牛肉饭、香菇饭、肉丝蛋炒饭、咖喱鸡饭等。

软罐头米饭不必经过干燥、杀菌等特殊处理，既可保留米饭原有的营养成分与风味，又可长期保存。食用时，将蒸煮袋直接置于开水中加热 5～10 min 或用微波炉加热 2 min 即可。

（四）速冻米饭

将用普通方法蒸煮的米饭装入袋中，迅速冷冻，于－18 ℃低温下保存即成速冻米饭。炒饭类米饭采用个体速冻方法，饭团类米饭采用块状速冻方法。个体速冻方法有的是将米饭置于气流中边离散边冷冻，有的是将米饭置于液态氨中边搅拌边冷冻。采用个体速冻工艺生产的速冻米饭容易解冻，但必须注意流通过程中的温度管理。速冻米饭因不使用任何添加剂，不采用高温杀菌，能保持米饭原有的风味与营养。在所有方便米饭中，速冻米饭的食味、食感最接近于普通米饭，所以备受消费者青睐。速冻米饭在流通、销售过程中必须处于－18 ℃温度下，故物流费用较高。速冻米饭产品水分含量约 60%，－18 ℃下可贮存 1 年，汽蒸 5～10 min 或微波炉加热 5 min 便可食用。

（五）冷冻干燥米饭

将大米炊煮成米饭后，先冻结至冰点以下，使米饭中的水分变成固态冰，然后在较高真空度下，将冰直接转化为蒸汽而除去即制成冷冻干燥米饭。冷冻干燥米饭虽呈多孔状，但注入开水后米粒表面的淀粉便糊化，形成薄膜，阻碍水分的渗入，因此米粒中心仍有白心。实际上冷水浸泡复原比开水浸泡复原效果好，米粒吸水速度快。为提高冷冻干燥米饭的品质，大米经汽蒸或炊煮之后，可浸泡在冷水或温水中进行缓慢冷冻，使米粒内部产生较大的冰晶。此外，也可水洗除去米饭表层的淀粉。冷冻干燥米饭便于贮藏、携带和运输，但由于操作是在高真空和低温下进行，投资与操作费用大、成本高。此产品水分含量为 2%～5%，常温下可贮存 3 年，开水浸泡后食用。

（六）膨化米饭

膨化米饭可分为将大米直接膨化而成的 R 型膨化米饭与大米预糊化后再膨化而成的 G 型膨化米饭，后者居多。G 型膨化米饭的生产过程一般如下：大米先经淘洗、浸泡、汽蒸或炊煮后使淀粉 α-化，然后经干燥调整其水分含量，最后利用高温空气或微波或加热油脂等使其膨化。其中，α-化条件对米粒膨化度、复原性、食感等有很大影响。α-化不充分，膨化度较低，注入开水复原时，未 α-化的米粒不能复原。膨化前的水分调整因膨化方法而异，一般为 10%～20%。此外，调整水分后的米粒如放置 2～3 h，可提高膨化度。使用微波膨化，设备运转费用高，且难于均匀膨化。采用加热油脂膨化，产品脂肪含量高（20%左右），且油脂在高温（170～

200 ℃)下易劣变。目前实际生产中已极少运用这两种方法。膨化米饭的复原性优于 α-化米饭、冷冻干燥米饭,食用简便,但复原后的米饭缺少黏性。此产品水分含量为 5%～10%,常温下可贮存 3 年,开水浸泡 3～5 min 后食用。

(七)无菌包装米饭

大米被炊煮成米饭后,于无菌室内进行包装、密封即成无菌包装米饭。

生产过程中,为了抑制肉毒杆菌等能使人食物中毒的细菌的生长,有时将包装前的米饭 pH 调整为 5 左右。包装时封入脱氧剂尤为重要,这不仅可以抑制残存的好气性芽孢杆菌的生长,而且也可以抑制包装过程中混入的霉菌及其他好气性细菌的生长,从而防止因微生物繁殖而引起的成品变质。耐热性细菌对无菌包装米饭质量的影响也很大,为此可选用耐热性细菌少的糙米进行碾白。碾白时最好采用三机以上的多机碾白,糙出白率掌握在 87%～89%。无菌包装米饭复原后口感比罐头米饭好,但包装时如不封入脱氧剂,成品易变质,为此不得不使用耐热性、气密性俱佳的包装材料,导致成本上升。此产品水分含量约 60%,常温下可贮存 6 个月,食用时置于开水中直接加热 15 min 或在微波炉中加热 2 min 即可。

(八)冷藏米饭

将炊煮熟的米饭包装后于冷藏状态下保存即制成冷藏米饭。此产品包装后需经高温短时杀菌,流通过程中需冷藏条件。此产品水分含量约 60%,冷藏条件下可贮存 2 个月,食用时汽蒸 10 min 或用微波炉加热 2 min 即可。

二、米粉及方便米粉

(一)米粉生产工艺

米粉(线)是以大米为原料制成的,是我国自古就有的传统大米制品,著名的有福建的“兴化粉”、广东的“沙河粉”、云南的“过桥米线”、四川的“岳池米线”等。其制作过程如下:

大米预先用冷水浸泡彻底,加水用石磨或砂轮磨磨成细浆。除去多余水分,取出破成块状,加入沸水中略煮,使其外面的淀粉糊化,但勿使其中心部分糊化。取出拌匀,挤丝,并在沸水中煮熟。捞出在冷水中稍微放置,使米粉之间不至于互相黏结,便于整理。捞出,置于竹架上摊开,风吹日晒,干燥即可。风吹较日晒更为重要,因为风吹较日晒干燥均匀、迅速,且成品品质较佳。

(二)方便米粉生产工艺

方便米粉又叫即食米粉,生产过程如下:

洗米、浸泡⟶磨浆⟶蒸粉⟶压片、挤丝⟶复蒸⟶降温⟶干燥

1. 洗米、浸泡

制作米粉的原料,一般以晚籼米为好,再配上一定量的粳米。大米淀粉组织较硬,制作即食米粉应采用湿法较好,因此磨浆前必须进行洗米、浸泡。浸泡可使大米组织软化,不仅节省磨浆的动力消耗,而且米浆粒度较细。浸泡时间以 2～4 h 为宜,此时大米水分含量为 30%左右。目前,常采用射流式洗米机完成洗米、浸泡作业,并将浸泡后的大米输往钢磨进行磨浆。

2. 磨浆

米浆浓度取决于磨浆时的加水量,不同类型、等级的大米加水量是不同的。加水量大,利于进一步软化大米组织,但不易磨细。加水量过小,又会使后续脱水机的转鼓上浆不匀,造成

吸干后的湿粉料水分含量偏高，且在成品干燥时消耗热能多，产品质量较差。加水量以25%～30%为宜，这样磨出的米浆含水量为58%～62%。磨浆设备使用两台串联的钢磨，头道粗磨，二道精磨。磨出的米浆经34目筛过滤，流入吸干机脱水后便为湿粉料。为便于湿粉料成型，其水分含量在38%～45%较适宜。吸干机由真空泵、转鼓及螺旋辊刀三部分组成。吸干机工作原理是：当被抽真空的转鼓以0.9 r/min转速在浆池内连续转动时，借助内外压力差，米浆便被吸附在转鼓表面并迅速脱水，脱水后的湿粉经过螺旋辊刀时被刮落。

3. 蒸粉

将脱水后的湿粉料送往蒸粉机，经过蒸汽加热使粉料逐步糊化。蒸料时要掌握好时间与蒸汽量。蒸料时间太短，淀粉不能充分糊化，不利于挤丝成型。蒸料时间太长，淀粉过度膨胀后，大量吸进水分，且糊化过度，将影响产品成型及成品质量。蒸粉合理参数为：蒸汽压力$(2\sim2.5)\times10^5$ Pa，蒸料时间1.5 min。蒸粉机工作过程如下：从吸干机刮落的湿粉料直接落入蒸粉机上，该机以2 m/min速度通过蒸汽室，蒸汽室长3 m。蒸汽通过汽管喷入蒸汽室内对粉料直接加热，使粉料初步糊化。加热温度可通过改变蒸汽压力进行调节，一般蒸粉料的温度为96 ℃左右。蒸制后的粉料由刮刀刮落至压片机。

4. 压片、挤丝

压片有两个作用：一是使初步糊化的粉料组织得到改良，二是使压榨成型后的粉片在输送带上运行时自然挥发出部分水分，并降低粉片的温度，有利于提高挤丝成型质量。初步糊化的粉料在压片机内螺旋的挤压作用下，挤压成粉片，粉片再由挤丝机挤出粉丝。

挤丝机丝孔直径为0.5～0.8 mm。由于挤出的丝条直径小，食用时复水软化较快，并具有一定韧性。

5. 复蒸

所谓复蒸就是将挤压成型的米粉丝，通过复蒸机蒸制一定时间，使米粉丝达到完全糊化。复蒸机的工作过程是：将落到输送带上的米粉丝以0.4 m/min速度通过长6 m的复蒸室，经过复蒸室的时间为15 min。复蒸室同样用蒸汽加热，改变蒸汽压力可以调节加热温度，蒸汽压力应控制在$(0.8\sim1)\times10^5$ Pa。复蒸后的米粉丝离开复蒸室时，被转速为1.89 r/min的滚动切刀切成120 mm的小段，其水分含量应低于46%。有的即食米粉生产线是在复蒸后再单独设置一台切断机。

6. 降温

为了避免将大量水蒸气带入烘干房，应先将复蒸后的米粉丝经风冷降温，以排除水蒸气并同时完成从可塑体到弹性体的转变，将丝状组织固定，避免在烘干房热风干燥时产生裂痕。切断后的米粉丝在长8 m的风冷降温机的输送带上，以0.4 m/min速度缓慢移动，输送带上方加2台轴流风机，进行风冷降温。降温时间20 min，水分含量降低1.2%～2.5%，米粉丝温度接近室温。

7. 干燥

热风干燥的目的是排除水分，固定组织和形状，便于保存。即食米粉的干燥通过缓慢脱水来实现。烘干机和风冷降温机的输送带首尾相连，米粉丝落入烘干室后随输送带移动，烘干室侧面装有列管式换热器和轴流风机。干燥的热空气不断吹入烘干室内，米粉在热空气的对流与辐射作用下不断干燥直至达到要求。

三、其他米制食品

糯米年糕是我国一种传统的小吃食品。近年来，市场上出现了米面包、大米蛋糕、米饼干、糙米食品等新产品。但总地说来，除作为主食外，市场上大米加工的食品还比较少。因此开发大米系列食品的市场潜力很大。

(一)年糕

年糕，又称米糕或黏糕，是一种传统小吃食品，加工制作方便，耐贮藏，食用方法多样，所以很受人们欢迎。糯米年糕的工艺流程如下：

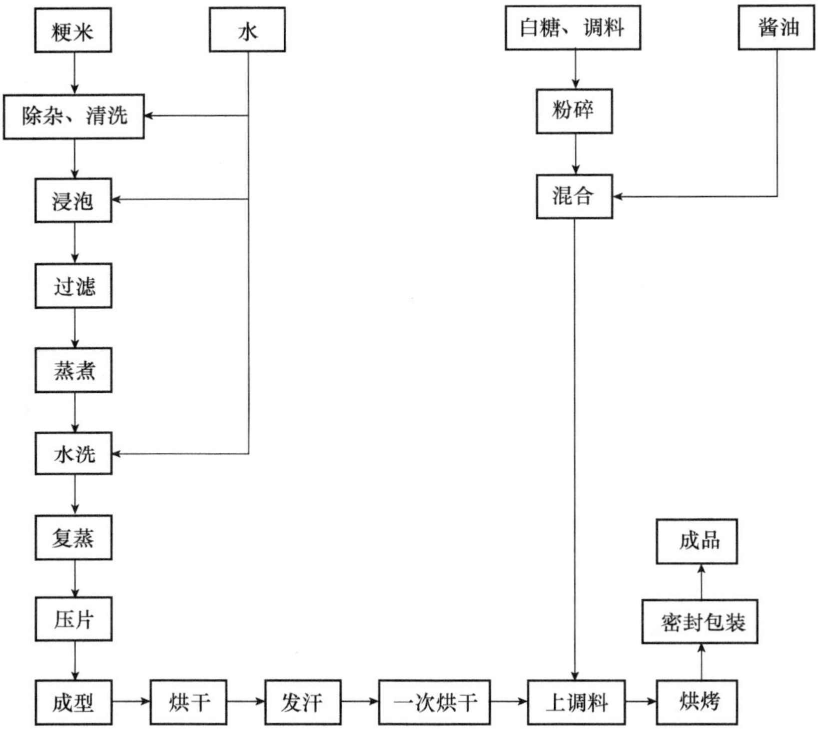

制作工艺要点如下：

(1)除杂清洗　选择精白糯米，除去砂石等杂质，并用清水反复冲洗干净。

(2)浸泡　清水浸泡 12～24 h，待米粒发胀，含水量为 35%～40%即可。

(3)磨粉　可将浸泡好的米倒入粉碎机料斗，开机把湿米磨成湿米粉。

(4)揉粉　使米粉强度均匀，同时筛理除去团块，以保证成型的产品质地均匀。

(5)配料　在压模成型之前将辅料加入米粉中拌匀，配方还可根据当地口味做适当调整。甜米糕要求制品有色时，可以使用红糖作甜味剂。

(6)汽蒸　发酵米糕的加工是在汽蒸前发酵 30 min。将压模成型的米糕放入蒸笼上猛火蒸 25 min 即可起锅。

(7)包装　食品零售商一般采用散装堆积的形式，销售时用纸包。水分含量较低的米糕可以存放较长的时间。也可真空密封包装，在 121 ℃下灭菌 15 min 即可长期保存。

(二)米面包

原材料有米粉、砂糖、脱脂奶粉、水、食盐、酵母、鸡蛋、起油酥等。米面包的工艺流程如下：

配好的米粉、砂糖、脱脂奶粉、水、食盐、酵母、鸡蛋、起酥油 ⟶ 混合 ⟶ 发酵（27 ℃，90 min） ⟶ 排气 ⟶ 分割 ⟶ 室温醒发（15 min） ⟶ 整形 ⟶ 二次发酵（37 ℃，90 min） ⟶ 烘烤（180 ～ 200 ℃） ⟶ 成品

(三)大米蛋糕

原材料有新鲜鸡蛋、砂糖、大米粉等。大米蛋糕的工艺流程如下：

鸡蛋搅打 —加入砂糖→ 混合搅打 —直至相对密度达到 0.28→ 加入过筛后的米粉 ⟶ 慢速搅拌 —相对密度在 0.45 时→ 倒入型模 ⟶ 180 ℃ 烘烤 30 ～ 50 min ⟶ 成品

(四)米饼干

米饼干是以大米为原料的一种小吃食品，可加入海藻、芝麻、红辣椒、糖、香辛料等制成营养丰富、风味独特的保健休闲食品，市场销售前景较好。一般配方(%)为：粳米 95、白砂糖 5、酱油适量。生产设备有：淘米器具、蒸煮机、烘干机、烘箱、压片机、成型机、封口机。

(五)糙米食品

由于糙米相对丰富的必需营养成分和生理活性，欧、美、日等国非常推崇食用糙米。例如，近年来日本开发出的发芽糙米很受市场的青睐，目前已产业化与商品化。

发芽糙米实质上是糙米的活性化。其突出的特点是富含 γ-氨基丁酸(GABA)，米胚中含有 25～50 mg/100 g 的 GABA，糙米中 GABA 的含量约是大米的 5 倍，而发芽糙米的含量又是糙米的 2 倍。经分析，发芽糙米的必需营养成分、生理活性成分等与糙米相比，种类更多，含量更高。据资料，糙米发芽 3 d 后，可溶性糖增加 3 倍；可溶性蛋白增加 13.8%；维生素 C 由发芽前未检出，提高到 1.78 mg/100 g；维生素 B_2 由 0.056 mg/100 g 提高到 0.19 mg/100 g；维生素 E 由 13.2 mg/100 g 提高到 33.49 mg/100 g；GSH(谷胱甘肽)由 3.64 mg/100 g 提高到 9.48 mg/100 g；膳食纤维比糙米多 0～15%，比大米多 2.7 倍。据日本大量临床试验表明，长期食用发芽糙米，对人体机能和代谢的平衡、疏导、调节十分有益。其生产工艺流程如下：

优质糙米 ⟶ 精选 ⟶ 浸泡 ⟶ 催芽 ⟶ 水洗 ⟶ 检验 ⟶ 包装

另外，如水洗后干燥也可制成干制品。

(六)高蛋白米粉

高蛋白米粉的蛋白质含量为 27.2% ～ 28.8%，淀粉含量为 33.8% ～ 35.7%，糖为 23.8%～24.4%，脂肪为 6.1%～6.4%，纤维素为 1.0%～1.5%，灰分为 2.7%～2.8%。而大米粉则依次为 8.6%、89.3%、0.3%、1.6%、0.8%和 0.7%。而且，高蛋白米粉中，8 种必需氨基酸的含量大部分都超过联合国粮农组织暂行规定的氨基酸含量标准。从生物学意义看，用高蛋白米粉制成的食品，更容易被婴幼儿所吸收利用，也符合世界卫生组织的要求。碎米经 α-淀粉酶进行局部酶解生产高蛋白米粉的工艺如下：

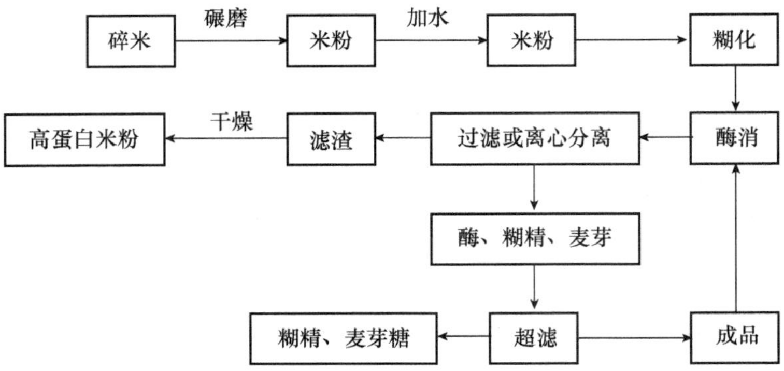

任务二　米制速冻食品加工

【知识目标】

掌握各类米制速冻食品制作工艺以及工艺关键技术要点。

【技能目标】

能够制作基本的米制速冻产品。

【德育目标】

培养团队精神，养成严谨、认真的态度。

【任务实施】

一、速冻汤圆

汤圆是我国传统的点心食品，深受广大消费者的喜欢。它以糯米粉为原料制作外皮，内包各种馅心，制成方便食品。汤圆馅心在常温下难以保存、外皮易老化，保存时间短，故不能进行规模化生产。速冻汤圆是利用传统制作与现代技术相结合而制成的工业化产品，经过精细加工后，再速冻、冷藏，既保留了产品的原有风味，又能较长时间保质。特别是全自动汤圆机、无馅汤圆机、包馅汤圆机的研发，积极推进了速冻汤圆市场的发展。

（一）豆沙的制作

1. 制作流程

赤豆──→泡洗──→煮熟──→去皮取沙──→加糖、加油──→炒制──→豆沙馅调制

2. 操作要点

泡洗：用洁净的水洗净赤豆，除去杂质。

煮熟：加水煮豆，先旺火后文火，每千克赤豆加水 1.5～3 kg。

去皮取沙：将煮熟的赤豆放入铜筛中，开动机器，湿豆沙沉入桶底，再经过铜筛，入笼挤干水分得干沙块。可采用手工去皮取沙，将煮熟的赤豆放在铜筛中，加水搓擦去皮，豆沙流入桶

底，滤去清水，将豆沙放入袋中，沥干即成。

加糖、加油：将锅内的猪油烧熟，倒入白糖炒化熬开，糖、沙的质量比一般为 1∶(1～1.5)。

炒制：当糖发稠表面起小泡时，即放入豆沙搅匀，炒至豆沙中的水分基本蒸发变干，变得稠浓不沾手，趁热倒桂花酱拌匀即成豆沙馅。在炒制中应注意：炒制豆沙宜用文火，使水分充分挥发，豆沙充分吸收糖、油，色泽由红变黑，硬度和面团接近；炒沙时要不停地擦锅底搅炒，以免炒焦而产生苦味。

豆沙馅调制：在豆沙馅中添加适量的单甘酯和褐藻胶，使馅心呈融溶状，制得的豆沙馅色泽紫黑油亮，软硬适度，口感细腻、爽口，无焦苦味。

(二)面团制作

1. 制作流程

制米粉⟶水磨粉⟶调制面团

2. 操作要点

制米粉：制作汤圆一般采用水磨粉。水磨粉以糯米为主(占 80%～90%)，加入 10%～20%粳米，经淘洗，冷水浸透，连水带米一起磨成粉浆，然后装入布袋，挤出水分即成水磨粉。

调制面团：常用的面团调制方法有两种，即煮芡法和热烫法。

(1)煮芡法　取水粉总用量的 1/3，用适量的冷水拌成粉团，塌成饼状，投入适量的沸水中煮成熟芡，再将其制成的粉料一起揉搓到光洁、细滑、不粘手为止。

(2)热烫法　将米粉置于盆中，加适量沸水，搅拌，揉搓至面团表面光洁。

(三)速冻汤圆制作

1. 工艺流程

面团、豆沙馅⟶成型(捏皮，捏窝)⟶检验⟶装盘⟶速冻⟶包装⟶检验⟶冷藏

2. 操作要点

成型：将米粉面团下剂子，搓圆。先捏成半圆球形的空心壳(中间稍厚，边口稍薄，形似小锅)称为“捏皮”。装豆沙，把口收拢、收小，封口包死，掐去剂头，然后两手托起，搓成圆形，称“捏窝”。要求：心包在中间，皮厚薄均匀。

检验：要求包口紧而无缝，大小均匀一致。

装盘：将同级的汤圆装入冷冻盘中。

速冻：温度控制在－35～－32 ℃，时间 20 min。

包装：分 250 g 及 500 g 食品塑料袋或盒装。

检验：要求封口紧密，无异物，包装表面洁净。

冷藏：温度控制在－18 ℃。

3. 产品质量标准

(1)感官指标　色泽：清白如玉，具有汤圆应有的色泽。

气味和滋味：具有汤圆应有的米香味和滋味，柔和爽口，无异味。

(2)理化指标　砷(以 As 计)≤0.5 mg/kg；铜(以 Cu 计)≤5.0 mg/kg；铅(以 Pb 计)≤1.0 mg/kg。

(3)微生物指标　细菌总数≤100 个/kg；大肠杆菌≤6 个/kg；致病菌不得检出。

二、速冻粽子

(一)原料及包装

(1)白糯米　采用优质的粳糯米(圆糯米),不得使用籼糯米;采用当年产的优质糯米,不得是多年的陈米;不得有发黄、发绿、黑斑、沙粒、木屑等其他杂质;夹杂的大米不得超出3%,碎米不得超出5%;水分及农药残留都必须符合国家标准;所有的糯米厂商都必须是经过SC认证;不得有长虫、虫蛀、发霉等情况发生;包装袋必须牢固、完好,以免漏糯或二次污染。

(2)牛肉　牛肉中间不得夹有生毛、骨头、筋等其他杂质;每车次牛肉必须有合格证及检疫报告;牛肉的理化指标必须达到国家标准,肉必须来自非疫区,牛肉的包装要求牢固、完好,不得发生二次污染。

(3)粽叶　每张粽叶的规格:150 g粽子的粽叶长最少为35 cm,宽为8 cm,每两片粽叶包一个粽子;50 g粽子的粽叶长最少为32 cm,宽为7 cm。粽叶要求每张都是完好无损、无破、无断叶、无虫眼的保鲜箬叶(是一种粽叶);每张粽叶的颜色应是保鲜的绿色,不可以有干黄的颜色或其他颜色的大片斑点;粽叶必须是薄嫩的箬叶,不能是厚老的箬叶,不得夹有毒烂、坏死的箬叶;粽叶在保鲜过程中不得使用有毒或对人体有害的物品和化学试剂;粽叶的包装必须用真空包装,无漏气现象,真空外也必须有外包装(当地生产的可以用简装包装)。

(4)白棉线　缝纫用白棉线,线采用棉质线,不得用腈纶等遇热收缩的线;要求不缩水、有弹力、不易拉断、粗细均匀;不得有发霉、虫蛀等质量问题的发生;白棉线的包装要求牢固、完好,不发生二次污染。

(5)红豆、黑豆　豆子必须饱满、颗粒完整,有红豆、黑豆固有的香味;不得有沙粒、土块、豆壳、茅草等杂质;不饱满颗粒不得超出2%,其他杂质不得超出1%;不得有发霉、长虫、虫蛀等现象发生;红豆、黑豆的包装要求牢固、完好,不发生二次污染;水分及农药残留都必须符合国家要求。

(6)色拉油　色拉油是一种加工去腥的油脂,颜色为透明浅黄色;色拉油中不得含有水分、沉淀、悬浮物等杂质;色拉油不得有异味、有色物质氧化等变质现象;色拉油的理化指标都必须达到国家标准;色拉油的包装采用铁桶灌装,不得发生泄漏及二次污染。

(7)玉米　玉米采用速冻甜玉米,个体必须饱满、颖粒完整,有玉米固有的清香味,颗粒是小粒玉米,色泽金黄色;不得有沙粒、石子、咬不动的玉米粒和其他杂质;不得有变味、变质、干耗、虫蛀等问题;包装要求牢固、完好,不发生二次污染,在冷库中贮藏。

(8)蜜枣　枣必须个体饱满、颗粒完整,有固有的清香味,甜味适中;不得有沙粒、石子、树枝、茅草、枣核等杂质;蜜枣是由去核青枣用糖腌制而成。

(9)花生　花生必须籽粒饱满、颗粒完整,有花生固有的清香味;花生为红衣小粒花生;不得有沙粒、土块、花生壳、茅草、发芽颗粒等杂质;不饱满颗粒不得超出29%,其他杂质不得超出19%;不得有发霉、长虫、虫蛀等现象发生;包装要求牢固、完好,不发生二次污染;水分及农药残留都必须符合国家要求。

(10)莲子　莲子必须籽粒饱满、颗粒完整,有莲子固有的味道;不得有沙粒、土块、茅草、芯儿、发芽颗粒等杂质;不饱满颗粒不得超出2%,其他杂质不得超出1%;不得有发霉、长虫、虫蛀等现象发生;莲子的包装要求牢固、完好,不发生二次污染;水分及农药残留都必须符合国家要求。

(11)调味品及添加剂　调味品及添加剂必须有产品合格证、生产日期、产品执行标准、保质期、卫生许可证号、生产厂家等标记或证件；调味品及添加剂不得超过保质明，应在离保质期一半时间以上；产品和包装应相符，无变色、变味、杂质、破袋等现象；调味品及添加剂的理化指标都必须达到国家标准。

(二)原材料检验

按照原料质量检验相关标准对原材料进行验收。

(三)制馅

1. 牛肉粽子

(1)牛肉处理　将牛肉去除筋、皮、骨头等杂质后进行清洗，清洗干净后切成小块，每粒馅重 6～8 g。

(2)香菇　将干香菇挑拣干净后，用温水浸泡 8 h，将根部去干净，切成 0.3 cm×0.3 cm×0.3 cm 的颗粒(香菇的添加与否应根据包装上配料表中的标示而定)。

(3)预拌调味料　将牛肉、香菇与配方用量的小料搅拌均匀，在 0～10 ℃环境下腌制 4 h 左右，待用。

2. 豆沙粽子

(1)选豆　将小红豆分次倒入选豆机的漏斗中，再开动选豆机，人从选豆机的输送带上把沙粒、茅草等杂质挑选出来，机器把小一点的沙粒、茅草等杂质选出来，好的小红豆流入机器后面的周转箱中。

(2)清洗　把选好的小红豆称好定量的重量，放在大的周转箱中，放入凉水进行清洗，同时将另外的一个周转箱也放入凉水，水要高出小红豆 20 cm 以上，用不锈钢铲子上下翻动，把浮在上面的杂质用漏勺(纱网状的漏勺)除掉，再用漏勺把好的小红豆用淘洗的方法，放到另外的那个装满水的周转箱中，将剩下的沙粒等杂质倒掉，如此反复清洗两遍。

(3)煮制　先在夹层锅中放入一半的凉水，用淘洗的方法把小红豆倒入锅中，煮小红豆的水用量是 1 份小红豆 3 份水，如第一次放水多了就减，少了就加；盖上盖子放入蒸汽开始煮，开始时蒸汽压力为 0.3 MPa，开锅后蒸汽压力为 0.2 MPa，整个过程控制在 80 min 左右，小红豆以用手可以捏烂为准。

(4)磨浆　把煮好的小红豆放入周转箱中，把胶体磨调到最小，通上冷却水，开动胶体，用周转箱接在出口上，把煮好的热的小红豆倒入胶体磨的漏斗中进行磨浆；在磨浆过程中一定要注意胶体磨的出口，以防热浆飞溅把人员烫伤；磨浆时如果太干，可以加一点温水。

(5)炒制　把刚才煮红豆的夹层锅清洗干净，装上搅拌器；在锅内加入油，再把磨好的红豆浆倒入锅中，加入称量好的白糖；先开动搅拌器，再把蒸汽开到 0.3 MPa 加热炒制，在炒制过程中油要分次慢慢加入，以防止豆沙粘锅，见有粘锅现象就往锅内加少许油，油是有定量的，要有计划地加入，要做到不粘锅、不多油；炒制整个过程控制在 2～3 h；炒制时人一定要离锅远一点，以防红豆飞溅出来烫伤人。

(6)冷却　把炒好的豆沙用白色的周转箱装上，放在通风处自然冷却，冷却到豆沙中心温度为 20 ℃左右再放入保鲜库中贮藏待用。

(7)制成小馅　把冷却了的豆沙用手搓成长条，切成一个一个的小馅，馅的重量是 50 g 粽子为 7～9 g，馅的表面撒上少量淀粉，以防馅与馅之间粘在一起，装在盒中待用。

3. 蜜枣粽子

将蜜枣中的残核去除干净后，用刀切成配方要求大小的块状，7～9 g/50 g 粽，21～27 g/150 g 粽。（注：防止蜜枣中间塞米导致米夹生，所以一定要切成小块。）

4. 红豆粽子

红豆捡干净后，用 1.5%的蛋白糖溶液在 60 ℃温水中浸泡 2～3 h，煮制 30 min 冷却后待用，要求内外甜度一致，或直接购置糖渍红豆，添加剂的添加量符合 GB 2760—2014 的要求，符合食品卫生要求，50 g 粽子馅重为 7～9 g。

5. 八宝粽子

红豆、黑豆、花生：捡干净后，用 1.5%的蛋白糖溶液在 60 ℃温水中浸泡 2～3 h，煮制 30 min 冷却后待用，要求内外甜度一致，添加剂的添加量符合 GB 2760—2014 的要求，符合食品卫生要求。

莲子：将莲子中的杂质去除干净后，用 1.5%的蛋白糖溶液在 60 ℃温水中浸泡至完全浸透，吸水约 100%即可。

（四）拌米

1. 泡米

把定量的白糯米先挑选一次，把黑米、石粒等杂质挑选出来，用凉水漂洗 3 次，再用凉水浸泡，浸泡时间为 3～4 h。

2. 脱水

将泡好的米放入脱水机中，需上色入味的粽子品种启动开关 15～20 s 后立即关闭机器停转即可，其他品种启动开关 10～15 s 后立即关闭机器停转即可。

3. 拌米

将米和按配方配好的小料倒入卧式拌米机中搅拌均匀即可；如人工拌米，必须搅拌均匀，静置 20 min 后包制。（注：八宝粽子拌好的米分装前搅拌均匀。）

（五）洗粽叶

把真空粽叶拆开放入周转箱中（要定量），放入凉水浸泡 4 h 以上，人工用刷子来回刷洗，粽叶的正反两面都必须刷洗，从清水中摆洗 3 次，放在清水中浸泡待用。

（六）包制

用清洗好的粽叶弯折成一个漏斗形；放入拌好的整个粽子的一半米（每个品种相应的米）；在米上加入每个品种相应的馅；盖上余下的一半米；把粽叶叠过来包成一个四角的粽子；用线把粽子捆扎好，粽子捆线要在粽子身上捆七圈，七圈要在粽子身上均匀分布，打成死结。捆扎讲究“甜松咸紧、肥松瘦紧”的包制方法。包制好的粽子单个重为 39～41 g（含粽叶），熟制后为 54～56 g（合粽叶）。成型好的粽子应尽快熟制，时间不得超过 2 h，如来不及熟制，应入冷库存放。（注：包制时必须按配方要求进行包制，八宝粽子内要求每种馅料至少含有一颗。）

（七）熟制

把包制好的粽子放入杀菌锅用特制的筐子装，每筐都不装得太满，都必须离筐子的边有 2 cm 的距离；筐子装满后放在特制的车上排好，筐子堆高不超过 5 个筐子；在最上面的一个筐子的粽子上要用不锈钢盘压住，然后送入杀菌锅中，杀菌锅中只可以装 3 车（15 筐）；每次杀菌锅工作盖上盖之前都要在上法兰与下法兰的接触面加油，装满后盖上盖子，扣上法兰，锁上保险，打开气泵使气垫充气；往锅内加水，水加到规定的位置；通气过程中不断打开气阀排出锅内冷气，但不得使进气速度太快而导数锅内水剧烈翻腾，使粽子脱线，成次品或浪费。80 ℃时关掉一半出气阀，95 ℃时关闭出气阀；通气使锅内水温达到均匀的 121 ℃时，关闭气阀，进行保温，并开始保温计时，保温时间 15～20 min(50 g 粽 15 min，150 g 粽 20 min，如糯性不好，可适当延长时间)；保温过程中使两温度表始终保持在 121 ℃，气压通过蒸汽或调节放气保持在 0.15～0.2 MPa；打开排水闸门排水，排水时要打开气泵和阀门向锅内加压，排水时锅内压力在 0.1～0.15 MPa，热水排完后放入凉水，放凉水时打开上端的排气阀排气；凉到锅内温度 80 ℃时，排掉气垫内的气，用凉水把法兰冲凉一下，关掉进入锅内的凉水，打开保险和锅盖；待放气、放水结束后(即气压表显示为“0”，水位管显示“无水”)，关闭放水，打开注水和放气进行注水冷却；关闭注水阀，打开放水阀放水，放尽水后旋推门锁柄，用特制的车子把装粽子的筐子拉出来。150 g 粽子冲洗干净后铺蒸盘上用蒸汽灭菌；1.3 MPa 压力下 10 min 冷却后包装。

(八)冷却

从锅内取出粽子倒入冷水中再次冷却(10 min 左右)后捞出，放在食品车上沥水。捞出粽子放在不锈钢速冻盘中，捞出时要把粽子上面粘的饭粒清洗掉，把破的、开裂的、掉线的都要挑出来。

(九)速冻

粽子在不锈钢盘中要把表面的水分吹干，然后在速冻库或速冻机中速冻，粽子的速冻时间为 3～4 h，粽子中心温度要达到－15 ℃以下。

(十)包装

速冻好的粽子先进行质检，检测好的产品应及时包装，防止因解冻而使产品品质不良。如不能及时包装，应送至冷库，包装前再取出。

封口必须平整，封好口的袋子必须无漏气现象，日期号码在固定的位置，150 g 粽子根据实际生产品种在包装袋名对应方框内画“√”。

包装箱的品名必须和产品相对，纸箱封口胶带必须当中是一条直线，两头胶带搭头不得超出 5 cm；纸箱外必须在明显的部位盖有产品批号。包装标准：落地产品及有大开裂漏米现象等的严重残次品不得混入。

称量工序如下。①400 g 精装及混合装：包装称量范围 430～438 g(含粽叶、线绳，不含袋)，每箱装 12 袋，顺着箱底摆放 3 层，每层 4 袋(散装粽子为套环形收缩膜；精装及混合装粽子加贴棱形标贴，于扎线前道工序贴于粽体，要求加贴规范、端正，字体朝外；混合装粽子包装箱箱体相应位置加盖“××香粽混合装”字样)。②2 500 g 散装：速冻后的粽子套上彩条后进行塑封，要求彩条入粽体中央，塑封紧密，包装称量范围 2 700～2 710 g(含粽叶、线绳，不含袋)，每箱装 4 袋，顺着箱底摆放 2 层，每层 2 袋。③150 g 一粒装：每袋净含量 150 g(不含粽叶、包装袋)，每箱装 30 个。

(十一)入库

封好箱的成品应及时入库，成品在外停留时间，夏季不超过 15 min，冬季不超过 20 min，成品按要求码好或按库管要求摆放。入库的产品必须摆放整齐，产品分类，以满足出货。做到先入库产品先出库，以免产品在库中压库时间太长，发生产品变质、过期等质量事故。

【知识拓展】

豆沙馅中添加一定量的单甘酯(1.0%)和褐藻胶(0.3%),其作用主要是:单甘酯具有乳化、分散、稳定、抗淀粉化作用,使汤圆馅心内的游离水分变成结合水分,不易生成冰晶体;褐藻胶为亲水性的分子,强的水合性、黏结性,使馅心水分难以生成冰结晶。

在豆沙馅制作中的煮焖豆时,必须凉水下锅,先旺火烧开,后小火焖煮,否则易把豆烧僵,影响出沙。炒沙有意控制炉火,炉火过旺,易使豆沙炒焦而生苦味。

由于糯米粉质较松,粉粒坚实而少韧性,含有较多的支链淀粉,采用煮芡法制得的面团组织紧密、柔和、不易破裂、光滑有黏性,比热汤法制得的面团效果好。

在速冻汤圆的生产过程中,现代化生产已经应用到了更多的机械设备,如和面机、压面机、搅拌机、汤圆机等,可大大提升生产效率,节减成本,利于管理。

【师徒共研】

1. 你是如何理解将米饭 α-化这一工序的?

它可以使淀粉彻底 α-化。以前使食品成熟的热加工技术如烘烤、蒸煮等,也可以使食品的生淀粉即 β 淀粉变成 α-淀粉,即所谓 α 化,也是淀粉熟化。但是这些制品放置一段时间后,已经展开的 α-淀粉又收缩恢复为 β 淀粉,也就是所谓"回生"或"老化"。这是所有含淀粉的食品普遍存在的现象。这些食品经"老化"后,体形变硬,食味变劣,消化率降低,这是由于淀粉 α-化不彻底。

2. 在制作米粉之前,浸泡原料的作用是什么?

浸泡的作用就是让米粒按工艺要求吸收所需水分,软化米粒的坚固组织。经过一段时间的浸泡,米粒结构变得疏松,不但容易粉碎或磨浆、产量高,而且粗细度均匀,生产出的米粉韧性大、口感好。浸泡时间以 2～4 h 为宜,一般水分含量不超过 30%,否则粉碎机容易堵塞筛孔。检查浸泡效果,用拇指与食指按压米粒,能搓碎且无颗粒感即达到要求。

3. 高蛋白米粉制成的食品有何意义?

从生物学意义看,用高蛋白米粉制成的食品,更容易被婴幼儿所吸收利用,也符合世界卫生组织的要求。碎米经 α 淀粉酶进行局部酶解可生产高蛋白米粉。

4. 榨粉后为何要进行复蒸?

复蒸:大米淀粉再进行 1 次熟化过程,使其表面进一步糊化,然后再烘干,才能保证成品的糊汤率很低,米粉表面光滑、韧性好、咬劲足。复蒸一般都采用高压复蒸柜,柜内蒸汽的温度超过 100 ℃,高温、高压可以缩短蒸粉时间(105 ℃,5 min),这样可大大提高米粉质量。

5. 糊化程度对产品质量有何影响?

油炸膨化方式是靠淀粉糊化后具有一定的凝胶性和成膜性来确保在油炸过程中形成空间网络的膨松结构,淀粉糊化时,分子间氢键断开,水分子进入淀粉微晶间隙,不可逆地充分吸水,这个过程就是淀粉 α-化。在冷却过程中,淀粉又发生老化,淀粉颗粒高度晶格化,包住水分,为产生较高的膨化率奠定基础。如果糊化不完全,将导致产品的膨化率下降。为了防止糊化不完全，调粉时应调入1%的复合膨松剂。

6. 醒发处理产品对膨化质量有何影响?

面条在冷却过程中淀粉β-化，包住淀粉在糊化时吸收的水分，在高温油炸时，微晶粒中水分急剧汽化喷出形成疏松多孔结构达到膨化目的。若老化不充分，会导致产品膨化率下降30%左右。如果糊化时不加复合膨松剂，面条在相对湿度60%～70%的条件放置24 h才可老化。膨松剂的加入可将面条的老化时间缩短到12 h。

水分含量对产品质量的影响：

面团中水分含量的影响：水分改变面团的结构特征，水分过高会形成糊，过低，胶凝不彻底影响糊化度，一般控制在30%的含水量为最好。

坯料中水分含量的影响：干燥后的坯料水分含量过高，油炸时则很难将水分在短时间内排除，造成膨化率降低，口感发软，不酥脆；水分过低，又很难使汽化后的水分产生足够的喷射蒸气压力，以致降低产品的膨化率。生产实验表明，坯料中水分应在7%～9%较适宜于油炸，8%为最好。

7. 油温对产品质量有何影响?

在油炸过程中，加热速度和油温也要适宜，加热过快，坯料表面瞬间失水硬化，则制品的体积将会缩小、干硬，且易造成制品卷曲、发焦，影响感官效果；油温过低，坯料内部水分汽化速度缓慢，短时间形成的喷爆压力较低，且时间长导致产品的膨化率下降，不酥脆。通过生产实验证明，油温应控制在190～200 ℃较适宜。

项目八

豆类食品加工

任务一　大豆的加工

【知识目标】

了解大豆的重要营养成分组成，常见的加工方法。

【技能目标】

熟练说出大豆相关制品的工艺流程。

【德育目标】

培养学生在掌握专业知识的同时，还要注重提高综合能力，为今后走向工作岗位打下良好的基础。

【任务实施】

一、大豆的主要组成成分

（一）常量成分

1. 蛋白质

大豆蛋白质含量高达40%左右，位居植物类食品原料之首。根据在籽粒中所起的作用不同，大豆中的蛋白质一般可分为贮存蛋白、结构蛋白和生物活性蛋白。其中贮存蛋白是大豆蛋白的主体，作为食物，主要利用大豆中的贮存蛋白。这些蛋白颗粒周围虽有磷脂质膜，但膜易破裂，所以可用水抽提。根据溶解性不同，大豆蛋白质可分为白蛋白（清蛋白）和球蛋白，大豆中90%以上的蛋白质为球蛋白。

大豆球蛋白是多组分蛋白。根据沉降速度法，将大豆球蛋白超离心分离，可得到2S、7S、11S、15S 4种组分。对于生物机体，几乎所有的外来蛋白质都可以作为抗原，而且每种蛋白质都能诱导特异抗体的产生。免疫学分析表明，大豆球蛋白至少是由大豆豆球蛋白、β-伴大豆球蛋白、α-伴大豆球蛋白以及 γ-伴大豆球蛋白 4 种不同的蛋白组成。表 8-1 为大豆球蛋白主要组分及其含量。

表 8-1　大豆球蛋白主要组分及其含量

蛋白组成		含量/%		相对分子质量（$\times10^3$）
超离心分析法	免疫分析法	超离心分析法	免疫分析法	
2S 球蛋白	α-伴大豆球蛋白	15.0	13.8	18～33
7S 球蛋白	β-伴大豆球蛋白	34.0	27.9	180～210
	γ-伴大豆球蛋白		3.0	105～150
11S 球蛋白	大豆球蛋白	41.9	40.0	300～350
15S 球蛋白	实际是大豆球蛋白聚合体	9.1	—	600

由表 8-1 可看出，大豆蛋白主要由 7S 和 11S 蛋白组成。这两种蛋白质决定了大豆蛋白的胶凝性、起泡性、保水性、吸油性等加工功能特性。研究表明，大豆蛋白产品——豆腐的得率和品质不但与大豆蛋白质的含量有关，而且与其组成（如 7S 蛋白与 11S 蛋白的比例、11S 蛋白的亚基组成）有重要关系。

2. 脂质

大豆含 20%左右的油脂，大豆油脂的主要特点是不饱和脂肪酸含量高，61%为多不饱和脂肪酸，24%为单不饱和脂肪酸。大豆油脂中还含有可预防心血管病的 α-亚麻酸。除脂肪酸甘油酯外，还含有 1.3%～3.2%的磷脂。大豆磷脂的主要成分是卵磷脂、脑磷脂及磷脂酰肌醇。在食品工业中，大豆磷脂广泛用作乳化剂、抗氧化剂和营养强化剂。

3. 碳水化合物

大豆中的碳水化合物含量约为 25%，主要成分为蔗糖、棉籽糖、水苏糖等低聚糖以及纤维素和多缩半乳糖等多糖。

棉籽糖和水苏糖不能被人体直接吸收，而肠内又缺少水解棉籽糖和水苏糖所必需的半乳糖苷酶，大豆在肠内微生物菌丛的代谢下，产生二氧化碳、氢气及少量甲烷。所以食用富含大豆低聚糖的产品后往往有胀气症状，从而限制了大豆在食品工业中的应用。大豆低聚糖可使肠内的有益菌——双歧杆菌增殖，对维护肠道健康有很好的保健作用。

（二）重要的微量成分

1. 大豆异黄酮

大豆异黄酮是一类生物类黄酮，是指以 3-苯并吡喃酮为母核的化合物，主要有 9 种异黄酮糖苷（即糖苷型大豆异黄酮：β-葡萄糖苷、乙酰基葡萄糖苷和丙二基葡萄糖苷各 3 种）和 3 种相应的糖苷配基（即苷元型大豆异黄酮）。大豆中前者的含量为 97%～98%，而后者的含量为 2%～3%。

大豆籽粒中异黄酮含量为 0.05%～0.7%。虽然大豆胚轴中异黄酮浓度约为子叶的 6 倍，但子叶占大豆籽粒重的 95%以上，因此大豆异黄酮主要分布在大豆子叶中。

这些异黄酮在大豆食品中的含量与组成受加工过程的影响，例如：热处理、脱气、酶水解和发酵。热处理使一部分丙二酰基葡萄糖苷型向乙酰基葡萄糖苷型转化。热处理过程的去除泡沫也会造成异黄酮的流失。在 β-葡萄糖苷酶的作用下，葡萄糖苷型的异黄酮会向相应苷元型转化。在大豆发酵食品（腐乳、味噌、纳豆等）的加工过程中发现，葡萄糖苷型的异黄酮会向相应苷元型转化。

大豆及普通大豆食品中的异黄酮主要以糖苷型形式存在。但许多研究表明，游离型大豆异黄酮具有更强的生物活性，游离型大豆异黄酮在抗自由基、抗氧化、抗脂质过氧化、抗溶血、抗肿瘤、抗菌等生物活性方面均比糖苷型大豆异黄酮高。动物实验表明，食物中大部分以糖苷形式存在的黄酮类化合物不能通过小肠壁直接进入血液中，只有苷元能够从小肠处被直接吸收。

研究表明：大豆异黄酮对癌症、动脉硬化症、骨质疏松症以及更年期综合征具有一定的预防作用。自然界中异黄酮资源十分有限，而大豆异黄酮含量丰富，从而赋予了大豆及其制品的重要性。

2. 大豆皂苷

大豆皂苷为苷类化合物的一种，具有溶血活性和起泡特性，达到一定浓度时具有苦涩味。大豆中至少含有 5 种大豆皂苷精醇，可分别与半乳糖、葡萄糖、鼠李糖、木糖、阿拉伯糖、葡萄糖醛酸失水缩合而成大豆皂苷。目前至少已经分离出 10 种主要的大豆皂苷。

大豆皂苷在大豆中的含量达 0.1%～0.5%，大豆子叶中含量为 0.2%～0.3%，下胚轴中高达 2%。近年的研究表明，大豆皂苷具有抗高血压和抗肿瘤等活性。

3. 蛋白酶抑制素

大豆中含有一类毒性蛋白，可抑制胰蛋白酶、胰凝乳蛋白酶、弹性硬蛋白酶及丝氨酸蛋白酶的活性，称为蛋白酶抑制素或胰蛋白酶抑制素。其含量为 17～27 mg/g，占大豆贮存蛋白总量的 6%。

食入大豆蛋白酶抑制素将影响动物的胰脏功能，因此在大豆食品加工中，需钝化其活性。100 ℃加热 10 min 可将其 80%的活性钝化。用实验鼠做实验表明，蛋白酶抑制素的残留率低于 40%不会引起胰脏肿大。目前，一般的大豆加工制品中，蛋白酶抑制素残留率低于 20%左右。

4. 大豆脂肪氧化酶

大豆脂肪氧化酶活性很高，当大豆籽粒破碎后，只需少量水分存在，该酶就可以催化大豆中的亚油酸、亚麻酸等不饱和脂肪酸氧化，生成相应的氢过氧化物。氢过氧化物分解成各种挥发性化合物，形成大豆特有的风味。

大豆脂肪氧化酶作用下的脂肪氢过氧化物对胡萝卜素有漂白作用，对蛋白质中的巯基有氧化作用。因此在小麦面粉中加入 1%的含脂肪氧化酶活力的大豆粉，能改善面粉的颜色和质量。

5. 大豆中的矿物质和维生素

大豆中矿物质含量丰富，总含量为 4.0%～4.5%，其中的钙含量是大米的 40 倍(240 mg/100 g)，铁含量是大米的 10 倍，钾、B 族维生素、维生素 E 含量也很丰富，维生素 A 含量较少。

6. 大豆凝集素

大豆凝集素是大豆中另一种毒性蛋白，湿热处理可将其同蛋白酶抑制素一起失活，少量残留也不会对人体造成危害。此外，生大豆中还含有一种成分不明的物质，食用该物质可使动物的甲状腺肿大，称为甲状腺肿素，加工中的一般热处理或补碘可消除其影响。

二、大豆制品的分类

目前，我国大豆食品加工的花色品种较多，据粗略估计，在传统大豆制品中共有 2 大类 9 个系列 100 余个品种。在新型大豆制品中共有 5 大系列 300 余个品种。表 8-2 为传统大豆制品名称，表 8-3 为新型大豆制品名称。

表 8-2　传统大豆制品名称

大类	系列	品种
非发酵大豆制品	豆腐	南豆腐、北豆腐、老豆腐、嫩豆腐、板豆腐、水豆腐、冻豆腐、内酯豆腐、包装豆腐、果蔬豆腐、花生豆腐
	半脱水制品	白豆腐干、白豆腐丝、干豆腐、百页、千张、豆腐皮、厚百页、白干、豆干
	卤制品	香干、五香干、兰花干、包干、菜干、茶干、豆腐油丝、豆丝、黄豆腐、圆豆腐、豆腐片、豆腐干、酱干、卤干
	油炸制品	豆腐泡、炸豆腐、油豆腐、油丝、油炸豆腐条、炸素虾、炸素鸡、豆腐果
	炸卤制品	素什锦、素蟹、素鸡、素火腿、素猪排、素肉粉、素肚、辣干、辣片、辣三角
	熏制品	熏干、熏豆腐、熏素鸡、熏素肠、熏素肚
	干制品	豆腐片、豆棒、豆腐衣、甜片、月片、豆腐粉
发酵大豆制品	腐乳品	腐乳、酱豆腐、红腐乳、白腐乳、臭腐乳、辣腐乳、红方、白方
	其他类	霉豆腐、霉千张、霉豆渣、臭干子、豆豉、豆酱、酱油、发酵豆乳、豆乳干酪

表 8-3　新型大豆制品名称

系列	品种
油脂系列	色拉油、烹调油、调和油、人造奶油、起酥油、粉末油脂等
蛋白系列	豆粕、豆饼、浓缩蛋白、组织蛋白、分离蛋白、水解蛋白、肽型蛋白、乳清蛋白、蛋白饮料、纤维蛋白、凝胶蛋白、蛋白添加食品、蛋白粉、脱脂豆粉等
大豆制品系列	豆乳粉、豆奶、调制豆乳、花色豆奶、豆浆晶、豆浆粉、豆腐粉、大豆精粉、超微细粉、速食豆腐脑粉、海绵豆腐、大豆炼乳等
磷脂系列	浓缩磷脂、粉末磷脂、粉状磷脂、膏状磷脂、液体磷脂、高纯度磷脂、氢化卵磷脂、改性磷脂、卵磷脂胶囊、磷脂冲剂、磷脂洗发香波、磷脂化妆品、磷脂饲料、磷脂脂肪乳等
副产品利用系列	大豆低聚糖、大豆皂苷、大豆异黄酮、大豆纤维、大豆黄浆水生产 B 族维生素产品、大豆脱膜剂、大豆干酪素、大豆脂肪酸、大豆活性炭等

三、传统大豆制品加工

(一)传统非发酵大豆制品的加工

1. 豆腐生产

所谓豆腐凝胶，是指大豆蛋白加热变性后，在凝固剂作用下相互结合到一起，形成三维网络结构，将水、低聚糖、油脂等其他成分包容在一起的凝胶产物。

豆腐凝胶制作方法的复杂性表现在其多样性方面。在长期的豆腐生产实践中，为了满足不同的饮食习惯和不同的消费需求，在不同的地域环境中形成了不同的加工方法制作不同的豆腐产品。

(1)豆腐类制品的分类和名称　豆浆凝固成型后的产品称为鲜豆腐或豆腐。在此基础上，经进一步发酵、卤浸、油炸、冷冻、烟熏、脱水等操作而制得的产品称为豆腐加工制品。这两类可以统称为豆腐类制品。我国南北之间饮食习惯有较大差别，所以有南豆腐、北豆腐之分。南豆腐水分含量高，质地细嫩，故又称为水豆腐、嫩豆腐、软豆腐。北豆腐水分含量相对较低，坚实挺括，有一定韧劲，故又称为老豆腐、硬豆腐或普通豆腐。我国常见鲜豆腐可分为五大类，除北豆腐和南豆腐外，还有豆腐脑、干豆腐和充填豆腐。干豆腐是水分含量最低、强度最高的一类产品，根据厚薄不同可分为豆片（厚度为 10～20 mm）、百叶（厚度为 2 mm 左右）、千张（厚度为 0.5 mm 左右）。用于进一步加工制作的豆腐一般属于北豆腐或干豆腐。表 8-4 是我国常见鲜豆腐的种类和名称。

表 8-4　我国常见鲜豆腐的种类和名称

豆腐名称	水分含量/%	常用凝固剂	中文别名
豆腐脑	95 左右石膏、GDL①	豆花	豆腐花
南豆腐	85～90	石膏、GDL、酸浆水②	嫩豆腐、软豆腐、水豆腐
北豆腐	80～85	卤水、盐卤、石膏	老豆腐、硬豆腐、普通豆腐
干豆腐	60～70	卤水、盐卤	豆片、百叶、千张
充填豆腐③	90 左右 GDL	GDL	盒豆腐、内酯豆腐

注：①GDL 为葡萄糖酸内酯；②酸浆水为黄浆水发酵液；③充填豆腐不属于传统豆腐。

（2）豆腐加工方法分析比较　豆浆制取方法分析比较：豆腐是大豆蛋白凝胶产品，因此无论哪一种豆腐，都必须将大豆蛋白从大豆籽粒中提取出来。所谓豆浆，其实就是大豆蛋白和大豆油脂的水提液。为了有效地将蛋白质提取出来，一般先将大豆籽粒在水中浸泡，使蛋白体吸水膨胀，然后将大豆加水磨碎，最后将不溶性成分豆渣分离出来，从而获得大豆蛋白水提液或豆浆。

大豆磨碎时，在脂肪氧化酶作用下，将产生一种特有的豆香味，但也有人对此不习惯，称为“豆腥味”。为此，有人用热水磨浆，将大豆脂肪酶尽快杀灭，这种磨浆方法称为热法磨浆。与此相对应，用常温水磨浆称为冷法磨浆。大豆磨碎后的浆渣混合物称为豆糊，其浆渣分离的方法有两种：一种是磨后直接分离，称为冷分离；另一种是将豆糊加热后再分离，称为热分离。

检验浸泡条件是否适度的办法：把浸泡后的大豆掰成两半，如豆瓣内侧已基本呈平面，中心部位略呈浅凹面，则浸泡适度；如豆瓣内侧完全呈平面，则浸泡过度；如豆瓣内侧尚有深的凹陷，为浸泡不足。

（3）豆腐制取方法分析比较　豆腐脑、绢豆腐、南豆腐、北豆腐和干豆腐都属于传统豆腐。豆腐类型不同，其制作程序也不同，但无论哪一种豆腐，其制作都有一个将凝固剂与豆浆混合使豆浆凝固的过程。这是豆腐制作的核心，对豆腐的品质和得率影响最大。加入凝固剂的操作在传统豆腐生产中俗称点浆、点脑或冲浆。此操作的难度有三点：第一，凝固剂的使用量受水质、大豆原料、凝固剂原料、豆浆浓度和温度、点浆操作本身等多种不易控制因素的影响，也因豆腐类型不同而不同；第二，既要在尽量短的时间内将凝固剂与豆浆混合均匀，又要限制凝固剂的加入速率；第三，搅拌过程中，要避免破坏已形成的凝胶结构。所以，手工点浆需要不断在实践中总结经验，才能准确掌握操作要领。

凝固剂与豆浆混合后，对于传统豆腐，需要静放一段时间，使豆浆充分凝固，俗称蹲脑、蹲缸、养脑、涨浆。这个操作也很重要，但容易控制。

不同类型的豆腐具有不同的质构。南豆腐、北豆腐和干豆腐在豆浆凝固后需要质构重建才能得到所需质构。所谓质构重建，就是将容器中的凝乳（豆脑）转移到型箱中（俗称“上箱”），施加一定的压力，泄出部分水（俗称“黄浆水”），使凝胶网络致密，从而提高豆腐强度，改善质构。当施压条件一定时，凝乳的持水能力越高，豆腐产品得率越高，强度越小；相反，凝乳的持水能力越低，产品得率越低，强度越大。另一方面，豆腐产品的强度还受凝乳强度的影响。此外，凝乳的持水能力和强度影响施压泄水的难易程度。因此，对于水分含量要求较低的豆腐产品，除了向型箱转移时不可避免地破坏一部分凝胶组织结构外，还要在转移前采取适度的破坏凝乳的措施，俗称“破脑”。“破脑”和“上箱”操作以及操作过程中物料的温度变化对豆腐产品品质有重要影响，但是手工操作中不易严格控制。

2. 腐竹的生产

腐竹是由煮沸后的豆浆，经一定时间保温，浆面产生软皮，揭出烘干而成的。腐竹营养价值高(蛋白质 50%)、易于贮存、食用方便。腐竹制品的加工与豆腐的主要区别是腐竹制作不需要添加凝固剂点脑，只是将豆浆中的大豆蛋白结膜挑起干燥即成。

(1)生产原理　现代科学技术证明，腐竹是由热变性蛋白质分子依活性反应基团借副价键凝结成的蛋白质膜，其他成分在薄膜形成过程中被包埋在蛋白质网状结构之中，不是构成薄膜的必要成分，用电子显微镜可以观察到小于 0.5 μm 的脂肪球。豆浆是一种以大豆蛋白质为主体的溶胶体，大豆蛋白质以蛋白质分子集合体——胶粒的形式分散于豆浆之中。大豆脂肪以脂肪球的形式悬浮在豆浆里。豆浆煮沸后，蛋白质受热变性，蛋白质胶粒进一步聚集，并且疏水性相对升高，因此熟豆浆中的蛋白质胶粒有向浆表面运动的倾向。

当煮熟的豆浆保持在较高的温度条件下时，一方面豆浆表面的水分不断蒸发，表面蛋白质浓度相对增高；另一方面蛋白质胶粒获得较高的内能，运动加剧，这样使得蛋白质胶粒间的接触、碰撞机会增加，副价键形成容易，聚合度加大，以致形成薄膜，随时间的推移，薄膜越结越厚，到一定程度揭起烘干即腐竹。

(2)工艺流程　大豆⟶清选⟶脱皮⟶浸泡⟶制浆⟶揭竹⟶烘干⟶成品⟶包装

(3)工艺要点　制浆：腐竹生产中的制浆过程与豆腐类生产中的制浆过程极为相似。腐竹生产用豆浆浓度应控制在 6.5～7.5 波美度(蛋白质浓度 2%～3%)的范围内。豆浆浓度过低，蛋白质含量少，蛋白质胶粒间的碰撞机会减少，不易发生聚合，薄膜形成速度慢，甚至不能形成薄膜；豆浆的浓度过高，虽结膜速度快，但会影响腐竹的质量，产品颜色深、灰暗，易出现浓浆现象，出一、二级腐竹少。

生产腐竹用大豆最好在浸泡前破瓣脱皮，这样所得产品色泽光亮明快，有利于提高产品质量。

揭竹：煮沸后的豆浆，放入腐竹成型锅内成型。成型锅是一个长方形的浅槽，槽内每隔 50 cm 有一格板，格板上隔下通，槽底及四周带有夹层，用于通蒸汽或热水恒温。成型锅的深度一般为 4 cm，豆浆只放一半，即 2 cm 左右。放入成型锅的豆浆经一段时间的恒温，即可在表面形成一层淡黄色薄膜，随着时间的延长，薄膜不断加厚，达到一定厚度时用手或竹竿把膜揭起，即湿腐竹。目前国内已研制出腐竹揭皮机，正在推广应用。

揭竹过程中，应注意三个因素，即温度、时间和通风条件。温度过高，腐竹易起“鱼眼”，产品颜色加深，易起锅巴，腐竹的产率低，质量差；温度低，结皮速度慢，生产周期长，如果温度过低，则不能形成完整的皮膜。揭竹时，恒温温度应严格控制，一般以(82±2)℃为宜，并要保持稳定，不能忽高忽低。揭竹时，每支腐竹的成膜时间掌握在 10 min 左右为宜。时间太短，皮膜过薄，缺乏韧性，揭时易破断；时间太长，皮膜过厚，质量不好。通风良好，也是提高腐竹质量和生产效率的必备条件。通风不好，成型锅上方的水蒸气浓度大，浆面水分不易蒸发，皮膜形成慢。

烘干：湿腐竹揭起搭在竹竿上沥尽豆浆后，应及时烘干。烘干的方法有暖房烘干和机械烘干。普通的暖房烘干，大多采用的是一次烘干法，即将湿腐竹悬挂在温度为 35～45 ℃、安有通风装置的暖房内，一次连续烘干 8～10 h。这种方法要使腐竹含水量降到 7%左右（行业标准是 10%，这在南方很难达到 3～6 个月的保存期）极易造成碎品碎支。因这种一次性连续干燥，使表面水分不断蒸发，腐竹内外水分相差较大，容易断裂。经改进的三次烘干法，生产的腐竹不易断裂，内外干燥均匀，支条不扭曲，其大体方法：第一次在 60 ℃左右的暖房内烘 30 min 左右，使腐竹表面不黏后即出暖房，稍凉后从杆上取下平摆在竹篷上，再进同一暖房在同一温度下继续烘干 120 min 左右，至水分降至 15%～20%时，再出暖房。经分级处理后，进另一暖房，此暖房不需通风，温度控制在 45～50 ℃，这样再持续烘干 5 h 左右，水分即可降至 7%～8%。

（二）传统发酵大豆制品的加工

研究发现大豆制品中有许多对身体有益的成分，如腐乳中异黄酮的糖苷形大多转化成苷原形，这种转化不仅有利于人体吸收，并且异黄酮的生理活性也主要表现在苷原形。发酵大豆制品中生理活性成分的新发现使发酵大豆制品的身价倍增，这里介绍的发酵大豆主要包括腐乳、豆豉等。

1. 腐乳

腐乳又称豆腐乳，是一种富有营养的蛋白质发酵食品。它是用大豆或豆饼先制成乳白坯，然后接入培养的菌种进行发酵、腌制、加汤料、装坛、封盖等，再经过 3 个月以上的后发酵而成的。

在腐乳发酵过程中，微生物使大豆蛋白质水解，水解产物中具有多种氨基酸。这些氨基酸不仅产生鲜味，而且也是人体必需的营养成分。加的汤料中含有黄酒、红曲、面酱、香料、砂糖等辅料，它们对腐乳的色、香、味起着重要作用。

（1）腐乳的主要分类　腐乳根据外观颜色不同可分为红色、白色、青色 3 种。根据风味不同又可分为南味和北味。北方地区一般喜食味偏咸的红色腐乳，而南方地区一般喜食味偏甜的米黄色的腐乳。我国腐乳主要分类见表 8-5。

表 8-5　我国腐乳主要分类

<table>
<tr><td>分类依据</td><td colspan="5">工艺</td><td colspan="6">产品特征</td></tr>
<tr><td rowspan="3">主要类型</td><td rowspan="3">腌制型</td><td colspan="4">发酵型</td><td colspan="3">色泽</td><td colspan="3">风味</td></tr>
<tr><td rowspan="2">天然接种</td><td colspan="3">纯种发酵</td><td rowspan="2">红腐乳</td><td rowspan="2">白腐乳</td><td rowspan="2">青腐乳</td><td rowspan="2">醉方</td><td rowspan="2">糟方</td><td rowspan="2">别味腐乳</td></tr>
<tr><td>毛霉型</td><td>根霉型</td><td>细菌型</td></tr>
<tr><td>典型产品或生产厂家</td><td>太原市腐乳厂</td><td>小型工厂或作坊</td><td>上海“鼎丰”玫瑰腐乳</td><td>南京、上海一些厂家</td><td>克东腐乳</td><td>云南“路南”腐乳</td><td>广州白腐乳</td><td>北京“王致和”臭豆腐</td><td>青岛“青福牌”腐乳</td><td>江苏“新中”腐乳</td><td>虾子腐乳、火腿腐乳</td></tr>
</table>

(2)腐乳的一般制作工艺流程

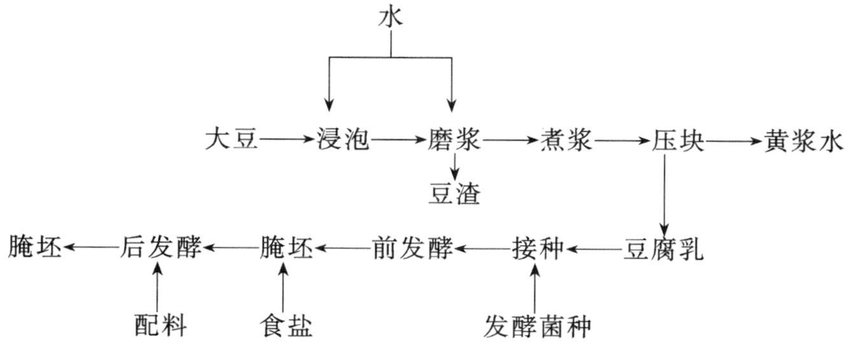

原料处理:各种大豆品种都可作为制造豆腐乳的原料。颗粒饱满、无霉变、无虫蛀的为好,并清除沙土杂质,洗净浸泡。若采用冷榨豆饼为原料,可用稀碱液浸泡至豆饼柔软为止。要求磨得细腻柔嫩,滤出浆液。豆浆出量掌握在大豆原料质量的 8～10 倍。

煮浆点卤:把豆浆倒入锅中,大火煮 30 min,使其温度上升至 95～100 ℃,加热时间越快越好。煮至锅内豆浆表面有一些起沸泡时,一边起浆,一边掺入冷豆浆,防止锅内沸泡成沫而流溢于锅外。把煮熟的豆浆倒入缸或木桶内,待温度下降至 85 ℃左右时,立即进行点卤凝固。常用的凝固剂为盐卤。盐卤浓度 20～24 波美度,用量每 100 kg 大豆加盐卤 8～10 kg。点卤时可用细流方式均匀添加,一边用铁瓢划动豆浆,一边淋洒盐卤,使缸或桶中豆浆上下翻动。照此循环数次,直至浆卤全部混合均匀后,使蛋白质渐渐凝固成豆腐花而与水分离,最后把余下的盐卤浇在面上,然后加盖,静置养浆 4～5 min,使其进一步凝固。点卤时应注意温度不宜过高或过低。过高会造成豆腐坯粗脆发红,过低则蛋白质凝固太慢,会使浆乳混浊不清。一般在 82 ℃左右最好。若用石膏凝固剂,可预先将石膏炒或烧一下,磨成粉点浆。

压块制坯:豆浆点卤后,待浆水澄清,即可将凝固状的豆腐花倒入压榨豆腐的框布内,豆腐框为木制的,长、宽各 36 cm,框内用白龙头布作包浆布。包浆后送入木制豆腐压榨机内进行压榨,使水分溢出,由轻逐渐加重,直至水分全部排出。然后松榨,去掉包浆布即成豆腐块,晾 10 min 后,趁热用小刀划成 4 cm×4 cm×1.5 cm 的小方块,这就叫豆腐坯。

发酵盐腌:把晾干后的豆腐坯放在铺有草席的竹篱上,间距 1 cm,继续晾 4 h 后,送进发酵室进行发酵。发酵室四周密封,内设若干床架,便于排放竹篱,这是传统的发酵法。它利用空气中低温霉菌自然发酵,最适温度为 15 ℃。3～4 d 后,豆腐坯表面开始发霉,并生成较多的白色菌丝,6～7 d 后产生少量黄色孢子,再经 3 d 长满霉菌发酵即成,此过程为前发酵。后发酵是先将上述毛坯盐腌,再加入不同配料装坛,进行压气发酵,直至制成成品。在前发酵中,待菌毛长出腐坯表面 2 cm 时,从发酵室内取出,每块分开,不让其互相粘连,然后逐块顺序排放于坛内。底部先铺一层食盐,放一层腐坯,坯上再撒盐,照此法层层装至容器口,上面盖一层 2 cm 厚的食盐。一般掌握每 100 kg 豆腐坯加盐 20 kg,经过 1 个月后,坛内自然排出水分,洗去未溶化的盐粒,此时菌毛变成一层润滑的腐乳膜。再逐块取出放在竹筛上晾 8 h 后,使其干燥收缩。

装坛加汁:将经过两次发酵干燥后的腐乳,逐块整齐地装入坛内。装量视市场需要而定。一般大坛装 1 000 块,小坛装 50～100 块。为方便消费者,可用小坛装贮,每坛 20～30 块,然后加入乳汁。乳汁的制作方法如下。先用面粉加水做成面团,再用糯米浸泡蒸饭,趁热拌进白曲，用量按 100 kg 糯米配 2.5 kg 白曲。放入发酵室 2 d 左右，使其变成稀饭样。然后用红曲 15 kg 同面团一起搅拌发酵，变成红曲浆，加入上面的糯米稀饭中拌匀，使其发酵产生酒味，再取出磨成细浆，即成乳汁。把这些乳汁放入装有腐坯的坛内，以一层坯一层乳汁依次装满，最后密封加盖，3 个月后即成美味可口的豆腐乳。每 100 kg 大豆可制成豆腐乳约 5 200 块。

2. 豆豉

豆豉是整粒大豆经蒸煮发酵而成的调味品。

(1)豆豉的分类(表 8-6)

表 8-6　豆豉的分类

分类依据	豆豉名称	特征	典型产品
状态	干豆豉	发酵好后再晒干，含水量小	多数豆豉属此类
	水豆豉		山东临沂豆豉
原料	黑豆豆豉	色黑褐	江西、浏阳、临沂豆豉
	黄豆豆豉	色黄	上海、江苏一带豆豉
口味	淡豆豉	发酵好后不加盐	浏阳豆豉
	咸豆豉	发酵好后加盐	多数属此豆豉
微生物	毛霉型豆豉	在 5～10 ℃下利用空气中的毛霉制曲	水川、潼川豆豉
	曲霉型豆豉	在 26～35 ℃下利用空气中的曲霉制曲	上海、武汉、广东豆豉
	根霉型豆豉	在 28～32 ℃下制曲	东南亚一带豆豉
	丝菌型豆豉	在较低温度下制曲	云南、贵州、四川一带豆豉

(2)豆豉的一般制作工艺流程

大豆→清洗→浸泡→蒸煮→冷却→制曲

↓

干豆豉←干燥←发酵←拌曲←洗曲

发酵↓水豆豉；辅料↑拌曲

清选与浸泡：大豆清选的目的是去除破损粒和杂物。清选后，在 40 ℃以下的水中浸泡 2～7 h 至水含量达 45%，再进行蒸煮。

蒸(煮)豆：蒸煮可以去除可能干扰发酵的杂菌，释放一些菌生长所需的营养。蒸煮不够，大豆蛋白不能完全变性，导致不能充分被微生物利用；蒸煮太过，豆粒结构软化，不能维持豆豉较好的颗粒形态，影响豆豉外观。传统方法是将浸泡后的大豆在 100 ℃下蒸煮 5 h，为防止加热不均匀，需要间隙搅拌。工业化生产是在 0.1 MPa 下蒸煮 45 min 至 1 h。蒸煮后的水分应受到控制，使微生物易于生长且大豆不会破裂。不同类型的豆豉，其最佳水分不同，曲霉型为 50%左右，毛霉型为 45%左右。

制曲：即微生物在大豆上生长的过程，也称前发酵。工业上制曲如下。①曲霉型曲：蒸煮大豆冷却至 35 ℃后按质量比接入 0.3%的米曲霉或其他曲霉孢子，然后在 25 ℃下培养。如果品温达 35 ℃，应翻曲以降温。待大豆表面长满黄绿色孢子，则表明曲已成熟，通常需 72 h 左右。②毛霉型曲：蒸煮大豆冷却至 30 ℃后接入 0.5%的毛霉孢子，然后在 27 ℃培养，通过通风控制品温不超过 18 ℃。至 10～12 d 菌丝体的颜色变为灰色略带黑色时可以收曲。在此期间，应翻曲两次。③细菌型曲：大豆蒸煮沥水后用麻袋或其他有盖容器装好，然后置于较高的温度下(25 ℃以上)发酵 3～4 d,当大豆表面布满黏液且有特殊风味时即成曲。

洗曲:洗曲工序是曲霉型豆豉生产的特有工序。曲用水洗,以去除霉菌孢子、菌丝体和部分酶。孢子会给最终产品带来霉味和涩味,表面酶过多会使大分子过分水解,导致可溶物增多,使表面不光滑。通常洗曲时间为 10 min。洗曲后,大豆堆积在敞口容器中,并间歇向大豆洒水使水分含量达 50%左右。为增加豆豉的风味,将盐、少量的糖和挑选的调味料混入曲中。混合物装入坛中,层层压实直至体积达 80%,然后用塑料膜封口。

发酵与干燥:曲霉型豆豉置于坛中,在 30～35 ℃发酵 4～6 个月。发酵完毕后将豆豉置于太阳下曝晒,使豆豉水分含量为 30%左右。毛霉型豆豉不需水洗,而是直接与盐或调味料混合。发酵需在 20 ℃下进行 10～12 个月。豆豉中加盐可防止变质,同时赋予豆豉较好的风味,但发酵期较长。细菌型豆豉没有后发酵过程,拌料后的豆曲含水量达 45%左右为宜,此时为水豆豉,出坛后经干燥,将含水量降至 20%左右,即干豆豉。

【知识拓展】

大豆属一年生豆科草本植物,别名黄豆。目前,大豆已成为除水稻、小麦和玉米 3 种粮食作物之外产量最多的农作物。大豆从古至今都是人类重要的粮食与油料作物,也是当今世界上经济价值最大的豆科作物。

大豆作为重要的粮、油、饲兼用作物已遍布世界各地,但分布很不平衡,主要集中在美国、巴西、阿根廷、中国等少数几个大豆主产国。大豆在我国分布较广,除个别海拔极高的寒冷地区以外均有种植。我国大豆按种植熟制可划分为北方春大豆区、黄淮流域夏大豆区、长江流域春夏大豆区、东南春夏秋大豆区、华南四季大豆区。

大豆籽粒含有丰富的蛋白质、脂肪、无机盐、卵磷脂和维生素 E 等多种有效生理活性成分。大豆蛋白质含量高达 40%左右,比小麦、玉米、大米等粮食作物高几倍以上,人体所必需的氨基酸种类较齐全,所以有“绿色乳牛”“田中之肉”的美称。大豆脂肪含量可达 20%,比动物脂肪更富含油酸和亚油酸,这类不饱和脂肪酸可降低胆固醇,对预防血管硬化、高血压大有益处。大豆无机盐中的钙、磷、铁极易被人体消化,是贫血病人的有益食品。大豆还富含磷脂胆碱等对神经系统有保健作用的物质及维生素 E 等抗衰老物质。大豆食用方法多样,可直接食用,也可加工成各类副食品。现如今豆类的应用已不仅仅局限于饮食范畴,例如大豆纤维可用于生产服装以及床上用品,还可用大豆提取大豆低聚糖、大豆蛋白等。

我国大豆加工利用历史悠久,早在战国名著《楚辞·招魂》中就有关于豆豉和豆酱的记录。明代李时珍在《本草纲目》中记有“大豆腐之法,始于前汉淮南王刘安”,说明在 2 000 多年前的西汉,人们就已经掌握了豆腐的制作方法。汉墓马王堆的竹简上出现有“黄卷”即豆芽字样,说明早在先秦西汉时已有大豆的简单食用及加工方法。战国至秦汉时期,大豆还被作为肥料和饲料,《战国策·齐策四》中记载:“君之厩马百乘,无不被绣衣而食菽粟者。”到魏晋时期,大豆调色、调味工艺得到发展。隋唐、宋、元时期豆腐生产已相当普及,创造了大豆榨油的方法,发芽豆、豆粥等豆制品上市发售。明清以后,豆制品的种类更加繁多,生产工艺也更加精细,在豆腐和豆酱的加工、豆油的榨制、肥料和饲料利用、医疗等方面有了新的发展。如今,大豆制品的种类更加丰富。其中豆腐因其营养丰富、物美价廉,流传最为广泛,其衍生物达四五十种。中餐豆腐名菜云集，如江苏的“平桥豆腐”，湖南的“火宫殿臭豆腐”，四川的“麻婆豆腐”等，辽宁还有豆腐宴、专吃豆腐。1993 年，被誉为“大豆之乡”的黑龙江垦区把每年的 9 月 1 日定为“黑龙江垦区大豆节”。1996 年，在哈尔滨市举行的第三届亚洲冬季运动会上，大豆被选作吉祥物，体现了中国人对大豆的热爱。进入 21 世纪后，一股“豆腐热”从东方延至西方。美国人把豆腐称为“植物肉”，认为其是有益健康的理想食物，并把每年的 8 月 15 日定为豆腐节。我国相关企业或机构也积极开展大豆食品宣传活动，进一步弘扬大豆食品文化，充分利用其营养价值，完善中国人的饮食结构。

任务二　绿豆的加工

【知识目标】

掌握绿豆的传统制品加工工艺及新兴制品加工工艺。

【技能目标】

熟练说出绿豆相关制品的工艺流程。

【德育目标】

通过学习，培养学生在掌握专业知识的同时，还要具备提升综合能力的意识，为今后走向工作岗位打下良好基础。

【任务实施】

绿豆籽粒中含有蛋白质 2%～26%、淀粉 56%左右、纤维素 3%～4%、脂肪 1%以下。绿豆中所含的脂肪主要是软脂酸、豆油酸和亚麻酸。此外，绿豆还含有丰富的维生素、矿物质等营养素。特别令人关注的是绿豆中还具有清热消暑和利尿的药性成分，如香豆素、鞣质、蒽苷、酚苷、黄酮苷等生理活性物质。如在炎热的盛夏，绿豆汤是众多家庭必备的传统清凉饮料。此外，还有绿豆粥、绿豆沙、绿豆糕、绿豆粉皮、绿豆粉丝等。绿豆还是酿造名酒的好原料，如四川泸州的“绿豆大曲”、安徽的“明绿液”、山西及江苏的“绿豆烧”、河南的“绿豆大曲”等，都独具风味。绿豆芽营养丰富、美味可口，且生长期短，无论工厂还是家庭，一年四季均可生产。绿豆制品的制作与食用也正体现了我国医食同源的特点。

一、传统绿豆制品

(一)传统绿豆制品种类

1. 绿豆芽

绿豆芽清洁卫生、营养丰富，既可当作新鲜蔬菜，又可冷冻或制作罐头。它不仅畅销国内市场，近年来在亚洲及欧、美等国家和地区也极为畅销。

2. 绿豆淀粉

淀粉是豆制品加工厂生产粉皮、凉粉等产品的主要原料。可利用豆制品的前半部分设备生产淀粉，既充分发挥设备的加工潜力，又增加了经济效益，所以现在许多豆制品厂都自己生产淀粉。

3. 绿豆粉皮

粉皮是利用绿豆淀粉加工而成的片状半透明的产品，是夏季极好的菜肴原料。

4. 绿豆粉丝

绿豆粉丝细滑强韧，光亮透明，为粉丝中的佳品，备受人们的青睐。

龙口粉丝是山东省的著名特产，以绿豆为原料，利用优质的水源和独特的气温、风力等自然条件进行生产，在国内外市场上声誉卓著。

5. 绿豆糕

绿豆糕是著名的糕点之一，是很好的清热解毒、保肝益肾的消夏小吃。

绿豆糕按其口味有南、北之分：北，即京式，制作时不加任何油脂，入口虽松软，但无油润感，又称“干豆糕”；南，包括苏式和扬式，制作时需添放油脂，口感松软、细腻。

(二)绿豆芽制作工艺

绿豆⟶筛选⟶清洗⟶浸泡⟶石灰水浸豆⟶育芽⟶淋水⟶漂洗⟶成品

1. 筛选

生产绿豆芽，要选用发芽势好、发芽率高的新鲜绿豆，挑出杂质、破粒、虫蛀粒、杂豆等。

2. 清洗

将绿豆倒入木桶或淘箩内，用水淘洗 6～7 次，以淘清泥沙，漂去嫩豆。漂洗时，可用竹篱顺时针方向轻轻兜底搅动，让嫩豆逐渐浮到豆面最上层，再用竹篱捞去。嫩豆不能发芽且容易腐烂，影响其他绿豆发芽。

3. 浸泡

将绿豆浸泡于清水中，浸豆水的深度不要超过豆粒的 1 倍，大约浸泡 6 h；要求每小时翻动 1 次，以保证绿豆上下浸透、膨胀均匀。

4. 石灰水浸豆

绿豆浸胀后放到淘箩内沥干，豆粒不要超过淘箩体积的 30%～40%。待 80%的芽头顶出时，将淘箩放进石灰水缸内淘 7 min，至豆壳稍转黄时取出，再搁 1 min，随即用水漂清。石灰必须事先化成糊状灰浆，然后用 100 kg 水加 4 kg 石灰浆配制成石灰水。

5. 育芽、淋水

当小芽长到半个豆粒长时，装缸放入豆芽机或暖房内育芽，温度控制在 20～25 ℃，装豆前先把缸用沸水冲洗 3～4 遍，使缸预热并消毒。装缸后，每隔 3～6 h 淋清洁水 1 次，水要浸过豆芽，然后排出，水温以 22 ℃左右为宜(图 8-1)。

6. 漂洗

待豆芽生成后，应分层取出，以免折断。取出的豆芽放在凉水中淘洗，除去豆皮和杂质，即可上市。生豆芽所用的工具要洗净、消毒、晾干，以备再用。豆芽生成过程在夏季需 3～5 d，每千克绿豆可生产豆芽 8 kg 以上。

绿豆芽的质量要求：梗长 76～90 mm，芽身挺直、洁白，无豆壳。

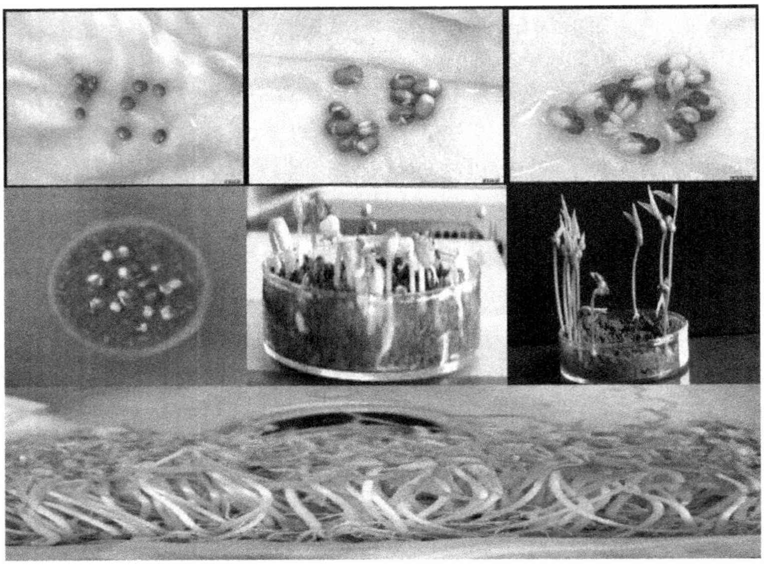

图 8-1　绿豆芽长势图

(三)绿豆淀粉制作工艺

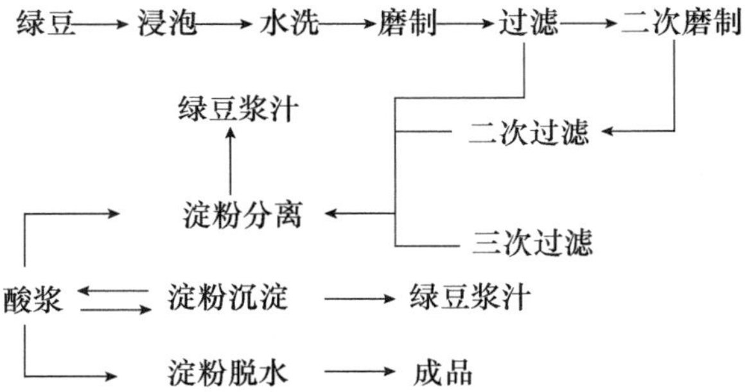

1. 浸泡

将经过挑选的绿豆洗净，去除杂质，先用沸水烫一下，再放入 35～45 ℃的温水浸泡 6～10 h，豆水比为 1∶2。然后换水再泡，直到用手捏挤时豆皮能剥离，豆肉也易粉碎时为止。水温用添加冷、热水调节。一般绿豆热水浸泡时间需要 21～23 h；也可直接用凉水浸泡，每隔 24 h 换 1 次水，凉水浸豆需要 65～70 h。

2. 水洗

浸泡后的原料，用水冲洗，以除去没泡开的死豆及杂质。

3. 磨制

用绿豆生产淀粉时磨制的细度比豆制品生产中要细得多，而且磨制为双磨法，即两次磨制。第一次磨碎后进行分离，分离出的渣子再进行第二次磨碎，使绿豆中的淀粉得以充分提取。磨制设备为石磨、砂轮磨、钢磨等。

磨制工序要求定量进料、定量给水。一般绿豆磨制过程的第一次磨制加水量为绿豆的 14 倍，第二次磨制加水量为绿豆的 6 倍。加上泡料时绿豆吸的水，前后耗水量约为原料绿豆的

22倍。

4. 过滤

过滤是使磨好的豆糊中的淀粉乳与渣子分离开。过滤过程一般为3次。第一次磨制后豆糊送入第一次分离机分离，分离出的渣子加水进行第二次磨制；第二次磨制后的豆糊送入第二次分离机分离，分离出的渣子加水送入第三次分离机分离。3次分离出的淀粉乳都进入淀粉分离罐中。

5. 淀粉分离

分离淀粉采用的方法目前有机械法、流槽法和酸浆法3种。酸浆法分离淀粉是我国一直流传下来的古老工艺方法，是一种比较经济的方法，一般用酸浆法分离淀粉要经过三级分离。

(1)一级分离　淀粉乳过滤后，每100 kg加入8～10 kg酸浆(沉淀淀粉时的上清液，其有酸味，故名酸浆)，搅拌均匀后，静置沉淀9～10 min，淀粉便沉积于容器底部，这时开始放吸管去掉废液。当液面离淀粉层20 m时，停止排放废液，然后再加入配好酸浆的淀粉液，搅拌均匀，静置沉淀后排掉废液。如此循环进行，直至容器充满后，准备二级分离。在排放废液时要尽量避免吸出淀粉，因此要掌握好沉淀的时间和吸水量最低限度，同时吸水操作要轻，防止把淀粉搅起。

(2)二级分离　二级分离是将容器内的淀粉进一步净化，把剩余的蛋白质及其他水溶性物质分离出去。二级分离采用的方法是洗涤法。操作时在淀粉液中加入1/8的清水并搅拌均匀，静置10 min后撇除上层的豆汁，当距离淀粉层5 cm时停止撇豆汁，立即冲入少量清水继续搅拌，搅后进行三级分离。

(3)三级分离　将二级分离后的淀粉液，过细筛滤去杂物后输送到沉淀容器内再沉淀，12 h后即可取出淀粉进入脱水工序。三级分离行业上称“上盆”。

6. 脱水

脱水的目的是将淀粉中多余的水分滤掉，以便于淀粉的运输、使用等。土法脱水是将较细的豆包布四角吊起，把淀粉液倒入，经过十几个小时后，使淀粉含水量降到44%时便取出，此时淀粉成为硬块状。从容器中取出淀粉液脱水时，要先把上层的酸浆吸走，存放在酸浆罐里，然后取出中层的黑粉液，最下层才是白淀粉，淀粉沉淀后，上、中、下三层差异分明，只要取时注意，最后就可获得洁白的淀粉。

(四)绿豆粉皮制作工艺

淀粉过滤→冲调→制皮→成品

1. 淀粉过滤

将含水量45%～50%的淀粉加2.5倍的水搅拌均匀后倒入另一容器，容器上口加滤布把淀粉乳中的杂质过滤干净。淀粉乳在容器中还要继续搅拌，否则淀粉就会沉淀。

2. 冲调

把容器内的淀粉乳取出1/5，加入5 ℃的热水冲调，使其成为半熟的糊状。将半熟状的淀粉糊兑入淀粉乳中，搅拌均匀，无疙瘩。淀粉糊与淀粉乳之比为1∶4，混合之后温度为60 ℃以上。冲调过程中要严格控制加入水的比例，在兑淀粉时，要同时兑入白矾水[事先将明矾(白矾)用热水溶解]，白矾的用量为每100 kg淀粉加2.5 kg。

淀粉与淀粉乳经过搅拌以后，全部成为糊状液体，便可以制作粉皮了。

3. 制皮

开动粉皮机前应将传动铜板清洗干净，并用布浸食用油擦一次，以利于揭皮。开机时将调好的糊状淀粉液放入料斗中，打开料斗节门让其匀速地流入传动铜板的调节槽内。调节槽出料口高度调到 0.6 cm，行走的传动铜板将液体带走，进入蒸汽加温箱，将淀粉糊蒸熟。出了加温箱后，用冷水喷淋降温，至机器终端，揭皮辊把粉皮取下来，并切成方块，人工折叠后装箱内。

制皮工序中必须控制好粉皮的薄厚，要求均匀一致；调节好加热的温度和喷淋的冷却水，能制出高质量的粉皮。

4. 成品

绿豆粉皮呈绿色，半透明，有光泽，柔软且具有弹性。切制尺寸为 17 cm×28 cm，每 100 kg 绿豆淀粉出粉皮 400 kg 以上。

质量要求：每 100 g 成品中水分不得超过 88 g，淀粉不得低于 15 g。微生物指标要与制作豆腐相同。

(五)绿豆粉丝制作工艺

1. 一般绿豆粉丝的制作工艺

绿豆⟶浸泡⟶锉粉⟶打糊⟶搅面⟶揣面⟶漏丝⟶拉锅⟶理粉⟶晾晒

(1)浸泡　绿豆经过挑选后，洗涤，加水浸渍，冬天浸 30～36 h，夏天浸 15 h 左右。

(2)锉粉　将含水量为 40%的绿豆用带孔的金属板锉成颗粒大小均匀的碎粉，或者用石磨磨碎。

(3)打糊　在 12 kg 的碎粉中，加入 35～40 ℃温水 1.5～2.0 kg 使碎粉吸水；再用光洁的木棒进行急速搅拌，同时从缸边徐徐加入约 70 ℃的热水 2～3 kg，使粉温达到 45～50 ℃，再加沸水 9～10 kg，使淀粉糊化，糊体透明、均匀，用手指可拉成细丝。

(4)搅面　取碎粉 20～25 kg 分几次加入面缸，用双手将面糊上掏，并把碎粉压下，一直和到不见生粉为止。

(5)揣面　揣面时双手握拳，左右、上下交替地揣入面团中，使黏性渐增，硬性渐减。此时面团的温度应始终维持在 40 ℃以上。

(6)漏丝　从面缸中捧出一块面，放入漏瓢中，并用手轻轻拍打面团，使其漏成粉丝。待粉丝粗细一致时，将瓢迅速移到水锅的上方，对准锅心，底与水面的距离决定了粉丝的粗细。一般以 50 cm 为宜，漏粉时锅中的水温须维持在 95～97 ℃。当漏瓢中的面团漏到剩 1/3 时，应及时添加面团。

(7)拉锅　用长竹筷将锅中上浮的粉丝依次拉到装有冷水的拉锅盆中，再顺手引入装有冷水的理粉缸中。

(8)理粉　将理粉缸中的水粉丝清理成束、环绕成圈，然后穿上竹竿，挂在木架上，把水粉理直整平，悬挂约 2 h；待粉丝内部完全冷却以后，再从架上取下，泡入清水缸中漂洗过夜，第二天取出晾干。

(9)晾晒　水粉丝取出后在微风、弱光下晾晒 2～3 d，待水分含量降至 16%时，便可进行整理包装。切忌让粉丝在烈日下曝晒或严寒冰冻。

2. 龙口粉丝的制作工艺

绿豆⟶浸泡⟶磨浆⟶调糊⟶压丝⟶漂晒

(1)浸泡　将绿豆洗净，分两次浸泡。第一次按每 100 kg 原料加水 120 kg，夏季用 60 ℃

温水，冬季用100 ℃开水，浸泡时间为4 h左右。待水被豆吸干后，冲去泥沙、杂质，然后进行第二次浸泡(室温即可)，浸泡时间夏天为6 h，冬天为16 h，一定要浸透。

(2)磨浆　磨浆时每100 kg原料绿豆加水400～500 kg，磨成浆后，用80目筛网过滤，除去豆渣。经12～16 h沉淀后，倒掉粉面水和微黄的清液。也可采用酸浆法沉淀，即在浆内加入酸浆水，夏天加7%酸浆水，冬天加10%左右，15 min即可沉淀，撇去粉面清水。为使粉丝洁白，可采用二次沉淀。最后把沉淀的淀粉铲出，装入袋内，经12 h沥干水分，即得湿淀粉。

(3)调糊　每100 kg湿淀粉加55 ℃温水100 kg，拌匀调和。再用180 kg沸水向调和的稀糊粉中急冲，并迅速用竹竿用力搅拌至糊起泡为止，即黄粉。将黄粉按每100 kg加入400～500 g明矾，明矾先用水溶解后再拌入淀粉内，调和均匀。

(4)压丝　先在锅上安好漏粉瓢，锅内水温保持在97～98 ℃。瓢底离锅水的距离，可根据粉丝粗细要求和粉团质量而定，粗粉丝距离小些，细粉丝距离大些。瓢底孔眼直径一般为1 mm。操作时，将粉团陆续放入粉瓢内，粉团通过孔眼压成细长的粉条，直落锅内水中，当凝固成粉丝浮于锅中水面上时，即可把粉丝捞起。

(5)漂晒　粉丝起锅后，放入冷水缸中降温，然后把清漂的粉丝排于竹竿上，放在冷水池或缸内泡1 h左右，待粉丝较为疏松、不结块时捞出晒干。晾晒前还要用冷水打湿粉丝，再轻轻搓洗，使之不黏拢。最后晒至干透，取下捆扎成把，即粉丝产品。

质量要求：色白如玉，光亮透明，丝长条匀，一泡就软，吃起来润滑爽口，有咬劲；70%的粉丝长度不短于60 cm。

(六)绿豆糕制作工艺

1. 京式绿豆糕

(1)配料比例　绿豆粉13 kg，绵白糖或白糖粉11.7 kg，糖桂花0.25 kg，清水适量。

(2)制作方法

①拌粉　将糖粉放入和面机里，加入用少许水稀释的糖桂花，搅拌；再投入绿豆粉，搅拌均匀，倒出过80目筛，即成糕粉(以能捏成团为准)。

②成型　在蒸屉上铺好纸，将糕粉平铺在蒸屉里，用平板轻轻地推平表面，约1 cm厚再上一层糕粉，然后用一张比蒸屉略大一点的光纸盖好糕粉，用糕镜(即铜镜、铜捺)压光；取下光纸，轻轻扫去屉框边上的浮粉，用刀切成4 cm×4 cm的正方块。

③蒸糕　将装好糕粉的蒸屉四角垫起，依次叠起，放入特制的蒸锅内封严；把水烧开(不宜过开，以免糕色变红)，蒸15 min后取出，在每小块制品顶面中间，用适当稀释溶化的食用红色素液打一点红；然后将每屉分别平扣在操作台上，冷却后即成。

2. 苏式绿豆糕

(1)配料比例

①豆沙绿豆糕　绿豆粉8.25 kg，绵白糖8 kg，麻油5.75 kg，面粉1 kg，豆沙3 kg。

②清水绿豆糕　绿豆粉9.15 kg，绵白糖8.65 kg，麻油6.25 kg，面粉1 kg。

(2)制作方法

①拌粉　将绿豆粉、面粉置于台板上，把糖放入中间并加入麻油的一半搅拌均匀。

②制坯　预备花形或正方形木质模型供制坯用。清水绿豆糕制坯简单，只需将糕粉过80目筛后填入模内(木模内壁要涂一层麻油)，按平撳实，翻身敲出，放在铁皮盘上，即成糕坯。夹心，即豆沙绿豆糕制坯，是在糕粉放入模中少一半时放入馅心——豆沙，再用糕粉盖满压实，刮

平即成。

③蒸糕　制成的糕坯连同铁皮盘放在多层的木架上，然后将糕坯连同木架入笼隔水蒸10～15 min，待糕边缘发松且不粘手即好。若蒸制过久，会使粉坯松散或缩筋。

④成品　蒸熟冷却后在糕面刷一层麻油即成。

二、新兴绿豆制品

（一）绿豆酸奶

绿豆酸奶是以绿豆和鲜牛奶为原料，经过乳酸菌发酵制成的饮料。它不仅营养丰富，而且具有一定的医疗保健作用。

1. 制作工艺

选料⟶脱皮⟶浸泡⟶磨浆⟶分离⟶脱臭⟶调制⟶灭菌⟶发酵

2. 操作要点

（1）选料　选用籽粒饱满、无虫蛀、无霉变的绿豆，除去泥沙等杂物。

（2）脱皮　将清选后的绿豆放入脱皮机脱皮，脱皮率应在95%以上，否则会影响产品的口感和外观。

（3）浸泡　将脱皮的绿豆洗净，在室温下浸泡4～5 h，当用手挤压有白浆冒出时即可。

（4）磨浆　将有色素的浸泡水倒掉，加入相当于干豆重5～6倍的水，调整pH至8～9，再细磨一次并过60目筛。

（5）分离　用自分式磨浆机，经过200目筛子将豆渣和浆分开。

（6）脱臭　向分离以后的绿豆浆通入高温蒸汽，当温度达到120 ℃时，喷入脱臭罐中进行真空脱臭。从真空脱臭罐中出来的绿豆浆具有一股清香味，除去了豆腥味。

（7）调制　绿豆浆经过真空脱臭后，加入40%～50%的鲜牛乳，充分混合后再加入混合液总重量的6%～8%的白砂糖，并使其充分溶解。

（8）灭菌　混合浆在90 ℃条件下保持30 min，可以杀死几乎全部病原菌和细菌，使浆中酶的活力钝化，使抑菌物质失活，并使浆中蛋白质变性，以利于乳酸菌生长。

（9）发酵　杀菌后的浆液冷却到37～40 ℃后，加入3%的发酵剂（与大豆酸奶的发酵剂相同）在42 ℃条件下培养2～3 h，当酸度达到90左右时，终止发酵；再放到4～5 ℃的冷库内静置24 h完成后熟即成品。

（二）绿豆饮料

1. 工艺流程

绿豆⟶选料⟶蒸煮⟶分离⟶过滤⟶加酶处理

↓

成品⟵灭菌⟵配料装罐

↑　　　　　　↓

浓缩

2. 操作要点

（1）选料　选用优质绿豆，除去虫豆、霉粒及其他杂物，洗净备用。

（2）蒸煮　在锅内加入干豆重量5～6倍的水，开锅后投入洗净的绿豆。在0.2 MPa压力条件下蒸煮至豆粒膨胀而不破皮为宜。

(3)分离、过滤　用泵将豆汁抽出，经绒布过滤。

(4)加酶处理　在豆汁中加入适量的 α-淀粉和中性蛋白，处理 2 h，使豆汁中的淀粉和蛋白质分解，然后过滤并静止澄清。

(5)配料装罐　绿豆原汁制成后，可根据需要配制成不同种类的产品。

①瓶装绿豆汁饮料　将原汁加 1～2 倍水稀释，加糖并调好酸度。然后装罐、密封、灭菌，检验合格后装箱。

②软包装绿豆汁饮料　将未经防腐处理的绿豆原汁，加入适量白糖，调味后装入塑铝复合袋(盒)中，在 80 ℃水溶锅中灭菌 1 h。

③绿豆浓缩原浆　将原汁投入真空浓缩罐中，在 80～93 kPa、46～53 ℃条件下浓缩到所需要的浓度，将浓缩液放出、装罐，并进行高温灭菌。

【知识拓展】

绿豆是温带、亚热带和热带高海拔地区广泛种植的粒用豆类食物。我国绿豆栽培有 2 000 多年的历史。

绿豆是高蛋白质、低脂肪、中淀粉的食药兼用豆类作物，是人们理想的营养保健食品。据研究，绿豆籽粒中蛋白质含量高达 19.5%～33.1%，明显高于禾谷类作物。绿豆蛋白质为全价蛋白质，含有人体必需的 8 种氨基酸，含量是谷类的 2～5 倍。籽粒中含淀粉约 50%，仅次于谷类。纤维素高达 3%～4%，而谷类只有 1%～2%。脂肪含量较低，一般在 1%以下，主要是软脂酸、亚油酸和亚麻酸。绿豆还富含维生素、矿物质等营养元素。其中硫胺素是鸡肉的 17.5 倍；核黄素是谷类的 2～4 倍，且高于猪肉、牛肉、鸡肉、鱼；钙是谷类的 4 倍，是鸡肉的 7 倍；铁是鸡肉的 4 倍；磷是谷类及猪肉、鸡肉、鱼肉、鸡蛋的 2 倍。

绿豆营养丰富，用途广泛，民间称其为“养人、养地、养畜禽”的作物。同时因其具有清热、解毒的药理作用，又是医食同源的豆类，被誉为“粮食中的绿色珍珠”。绿豆既是日常饮食佳品，又是糕点、饮料、酿酒、制粉的工业原料，广泛应用于食品工业、酿酒工业、医药工业等。

很多与绿豆食品相关的习俗也保留至今。

端午吃绿豆糕的习俗：绿豆糕是我国传统的清凉解热的夏令食品，它小巧油润，内嵌馅料，色泽浅黄，口味清香绵软。安徽、陕西、江西北部、浙江等地有端午节吃绿豆糕的习俗。“糕”“高”同音，有向上腾达的寓意，与粽子一起就成“高中”了，所以吃绿豆糕和粽子寓意为高中，意为对莘莘学子的美好祝愿。

入伏喝绿豆汤的习俗：俗语有“六月六，熬绿豆”。相传清初苏州有个名医叫叶天士，每年六月六都要煮一大缸绿豆汤放在门前，供过往行人饮用。据说喝完可以不长热疖、痱子。研究表明，在伏天喝绿豆汤或绿豆粥，的确具有清凉败火、解暑去毒的功效。六月六还是播种红豆、绿豆的时候，俗语有“陆月陆，种红绿”。

小暑时节吃“三宝”——黄鳝、蜜汁藕、绿豆芽：按照中医的理论，小暑之后阳气上升、阴气下降，此时人们容易心火表于外，形成眼睛发黏、口腔溃疡、睡眠不足等多种“上火”症状。因此在饮食上，应选用清热、降温、排毒的食物，豆芽和莲藕就属于这类碱性食物，食后对人体酸碱平衡有好处。炎炎夏日，烹制道绿豆芽菜肴可以清热解毒、利尿除湿，所以很多地方流行小暑吃绿豆芽。

洗菠菜磨绿豆，推扒谷过大年：扒谷是山东寿光人引以为豪的手工美食，据传起源于齐桓公时代。扒谷以绿豆、菠菜为原料制成，春节期间吃腻了油腻食物，炒上一盘绿绿的扒谷，吃在嘴里松软鲜香，唇齿留香，令人回味。

黔江土家山寨的绿豆粉：春节期间，土家族制作绿豆粉只做 8 kg，有“双 8 双发”的意思。经“泡、磨、烙、烫”四道传统工序制作而成的土家绿豆粉，口感好，老少皆宜，食用方便，非常受人青睐。

任务三　其他豆类的加工

【知识目标】

掌握以赤豆、豌豆和蚕豆为原料的食品加工工艺。

【技能目标】

熟练说出赤豆、豌豆和蚕豆相关制品的工艺流程。

【德育目标】

通过学习，培养学生在掌握专业知识的同时，还要具备提升综合能力的意识，为今后走向工作岗位打下良好基础。

【任务实施】

赤豆的学名为小豆，但谷称红豆或红小豆。赤豆的营养非常丰富。我国人民自古就有食用赤豆的习惯，如制作赤豆沙、豆馅等。

豌豆富含人体必需的 8 种氨基酸，以豌豆为原料的加工品种较多，如豌豆黄、豌豆糕、豌豆凉粉等。烙炸是用豌豆面摊制而成的产品，可制作多种菜肴。将烙炸经再加工炸制，还可制作出更多的花色品种。北京豌豆黄曾是清宫的消暑小吃，已有 200 多年的历史。

蚕豆又名胡豆，是一种营养价值很高的豆类，也是一种小食品。上海、绍兴一带制作的五香豆，四川的怪味胡豆、开花豆等，都是市场畅销的名品小吃。茴香豆是绍兴的著名特产，自从鲁迅在小说里把它与孔乙己联系在一起后，茴香豆更是声名远播。

一、赤豆沙

(一)原料

赤豆 20 kg，砂糖 22 kg，食油 7.5 kg。

(二)生产流程

洗豆 → 煮豆 → 磨豆 → 炒沙 → 回沙

（炒沙 ↑ 砂糖、食油；回沙 ↑ 食油）

1. 洗豆

将赤豆用水浸泡 3～4 h,使豆粒吸水膨胀,去掉泥沙、灰土等,并淘洗干净。

2. 煮豆

50 kg 豆约用 125 kg 水,放在锅中煮,先用大火,待煮开后再用文火,煮到豆皮脱开、用手捏豆成粉末状,说明已煮好,即可将灶火熄灭。

3. 磨豆

选用石磨或砂轮磨磨豆子。磨出的豆泥若不需要去皮,可用布袋将豆沙装好榨出水分,然后进行炒沙;若需要去皮,可用 24 目筛子滤除细皮渣,并用布袋压出水分,然后再炒沙。

4. 炒沙

炒沙时,先在锅内下 1 kg 食用油,再将豆沙倒入,用一般火力,并不断用铁铲从锅底翻起,以防止炒焦。炒至半干后将砂糖投入,继续用文火翻炒,直至砂糖熔化;再将 5 kg 食油分 2～3 次投入,继续翻炒,炒至不粘手,说明豆沙已炒好。如果用于夹心面包和蛋糕心,此种豆沙即可用;若是用于绿豆糕和酥皮点心的馅料,则还需进行回沙。

5. 回沙

将炒好的豆沙取出,在案板上摊开冷却,然后装入容器。隔 1～2 d 后,把豆沙再次放入锅中加热。一般要重复上述操作 2～3 次。每次都需事先在锅内加一些油,用文火加热,并不断翻炒。这样,糖和油可以充分渗透到豆沙的颗粒内,使豆沙组织变得更加细腻,耐贮性增强。

二、烙炸

(一)设备及工具

煤火炉或煤气灶,摊制铁铛 2 个,柳木制作的马勺 2 个,铁制小铲 2 个,硬纸托板 2 个,油碗 1 个,油刷 1 个,调糊容器 1 个,铁勺 1 把,竹帘、支架及小糊桶各 1 个。

(二)生产流程

调糊──→摊制──→冷却、折叠──→成品

(三)操作要点

1. 调糊

在容器内按 1∶3 的比例放入豌豆面和水,用竹棍搅拌,直到没有面疙瘩为止。

2. 摊制

打开灶火,烧热铁铛后,用油刷在铛上刷一些食用油;然后用小糊桶舀一桶提到灶台上,用铁勺将糊舀入左、右两个铁铛内;放下糊桶和铁勺,两手分别拿起马勺在两铛糊中转圈晃动,把糊摊圆;待糊熟透后用小铲将周围的毛边铲下放回豌豆糊中,摊好后的底皮直径应在 40 cm 左右。出铛时先用小铲沿四周转起一圈,使烙炸底皮翘起;然后右手拿托板,左手用小铲将烙炸铲上托板;最后将烙炸放到竹帘上。

3. 冷却、折叠

烙炸放在竹帘上,将四周的底皮向内折叠,成为长 21～22 cm、宽 15～16 cm 的块状。当烙炸凉后将其翻过来码入包装屉内。

4. 成品

烙炸成品为深黄色。要求成品薄厚一致,四角整齐,每 100 kg 原料可出成品 350 kg

以上。

质量要求：100 g 产品水分不超过 75 g，淀粉不低于 18 g。

三、豌豆糕

（一）配方

豌豆 500 g，豆沙馅 200 g，白糖 100 g，糖腌桂花和黄色素少许。

（二）生产流程

浸泡→蒸制→制泥→冷却→成型→成品

↑

灭菌

（三）操作要点

1. 浸泡、蒸制

豌豆洗净，用滚开水浸泡 20 min；将皮剥去，放在盘里，加满清水，再滴上几滴碱水，上笼蒸 15 h，待豌豆酥烂后取下。

2. 制泥、冷却

将冷却后的豌豆用网筛擦成泥，用白布包起后，压干水分，加一半白糖和色素搓匀，放进冰箱冰镇约 30 min。

3. 成型

将冷却后的豌豆泥放在案板上，两面用白布夹住，用手按成长 33 cm、宽 20 cm 的长薄片，拿去白布，用刀将豆泥对切成两半；一块铺上豆沙馅，要铺得均匀，用另一块豆泥盖上，再在上面铺上糖腌桂花；最后铺上另一半白糖，按平后即形成五层糕。食用时可切成菱形块，装于盘中。

产品特点：五色分层，甜沙适口。

四、豌豆黄

（一）配方

老豌豆 500 g，琼脂 12.5 g，白糖 100 g，青梅、桂花少许。

（二）生产流程

去皮→蒸制→加琼脂→冷却→切块

1. 去皮、蒸制

将豌豆用磨粗磨一次，除去皮，放在碗内，揉成细泥，加白糖和水约 1 kg 调和，上笼蒸熟。

2. 加琼脂、冷却

将琼脂加少量水蒸化或煮化（煮时不要用金属锅，以免变色），过滤后倒入豌豆泥内，放进青梅、桂花搅匀后冷却，再放入冰箱冻硬。

3. 切块

食用时，取出切成长 3 cm、宽 2.5 cm 的小方块即可。

产品特点：浅黄色，细香甜，清凉爽口，为夏季的消暑佳品。

五、绍兴茴香豆

(一)配方

蚕豆 1 kg,香料(大茴香、桂皮),精盐适量。

(二)操作要点

将蚕豆入锅,加水约 0.5 kg,煮沸 15～20 min,加香料和盐,边煮边搅拌,待锅内的水煮干,即成茴香豆。如在加料时再增加少量甘草、辣椒粉,即成五香辣味豆。

产品特点:香味独特,细细咀嚼,回味无穷。

六、脆香椒盐豆

(一)配方

蚕豆 500 g、花生油 50 mL、花椒盐 15 g。

(二)操作要点

(1)将无虫蛀、饱满的干蚕豆用水浸泡,在室温下浸泡 2 d,每天换水 1～2 次,泡好后捞出,沥净水分,吹晾至干。

(2)将铁锅置于旺火上烧热,加入花生油烧至七成热,倒入蚕豆翻炒 10～15 min,再改文火继续翻炒,待蚕豆皮呈暗红色散发出焦香味时,即可离火。

(3)将花椒盐用旺火炒焦(无麻涩味),碾成细末,与精盐拌匀,再次上火翻炒 2～3 min。

(4)将花椒盐趁热撒入炒熟的蚕豆中拌匀,凉后即成。

【知识拓展】

蚕豆种植范围广泛,世界各地均有生产和分布,以亚洲和地中海沿岸国家栽培最多。主产国为中国、埃塞俄比亚、澳大利亚、摩洛哥、埃及、法国等,中国的种植面积和产量均居世界首位。我国大多数省份均有种植,以长江流域以南为多。我国蚕豆划分为南方秋播蚕豆种植区和北方春播蚕豆种植区。其中,南方秋播蚕豆种植区包括广东、广西、福建等南方丘陵地区,上海、江苏、浙江、江西、安徽、湖南、湖北等长江中下游地区,云南、四川、贵州、陕西等西南山地、丘陵地区;北方春播蚕豆种植区包括西藏、青海和甘肃西南部等地区,内蒙古、河北、山西、宁夏河套地区及甘肃河西走廊等内陆地区,新疆天山南北等北疆地区。

蚕豆具有多重应用价值。首先,蚕豆是营养丰富的粮食作物,特点是高蛋白质、富淀粉、低脂肪。据测定,蚕豆蛋白质含量约 30%,仅次于大豆,比小麦和玉米高约 2 倍。蚕豆中糖类含量为 47%～60%,还含有丰富的维生素(超过大米和小麦)及人体必需的 8 种氨基酸(总量达 9.71%,是小麦的 3.3 倍,玉米的 2.95 倍,马铃薯的 4.6 倍)。其次,蚕豆是优质的饲料作物。蚕豆茎叶繁茂、柔嫩多汁,营养成分较高,可以直接做畜禽青饲料。蚕豆干茎叶和荚壳粉碎后也是优质饲料,可补充蛋白质。蚕豆还是良好的养地绿肥作物。蚕豆根瘤大而多,固氮力强,可留给后作较多的氮素。据测定,蚕豆平均每季每亩固氮量达 14.8 kg,远高于大豆和豌豆,留茬土壤速效氮含量约每亩 19.7 kg,是小麦、玉米、马铃薯的近 3 倍。蚕豆茬口的速效磷、速效钾也高于其他作物。另外,蚕豆茎叶繁茂,根系粗壮,还田后可为土壤提供较多的有机质,加上碳氮比低,易腐烂,所以蚕豆是优质绿肥及良好的养地作物。

【师徒共研】

腐竹的生产原理?

腐竹是由热变性蛋白质分子依活性反应基团借副价键凝结成的蛋白质膜,其他成分在薄膜形成过程中被包埋在蛋白质网状结构之中,不是构成薄膜的必要成分,用电子显微镜可以观察到小于 0.5 μm 的脂肪球。

项目九

肉制品加工

肉制品是以肉类为原料加工而成，制作过程中加入调味料、香辛料、糖及蛋白、食品添加剂等。肉制品加工是指对原料肉处理的过程，包括物理的或化学的方法，并配以适当的辅料和添加剂。肉制品加工按加工工艺分为腌制、酱卤、熏烤、干制等。

任务一　腌肉制品加工

【知识目标】

掌握腌制的基本原理；掌握常见腌肉制品加工方法。

【技能目标】

能够进行腊肠等的加工。

【德育目标】

培养产品质量意识和诚实守信的品质。

【任务实施】

腌肉制品是以畜禽肉类为主要原料，经食盐、酱料、硝酸盐或亚硝酸盐、糖或调香料等腌制或酱渍后，再经清洗造型、晾晒风干或烘烤干燥等工艺加工而成的一类生肉制品。腌制的目的已从单纯的防腐保藏发展到改善风味和色泽，提高肉制品的质量，从而使腌制成为许多肉类制品加工过程中一个重要的工艺环节。

随着食品科学的发展，在腌制时常加入品质改良剂如磷酸盐、异维生素 C、柠檬酸等以提高肉的保水性，获得较高的成品率。

一、腌肉制品的种类和特点

腌肉制品根据加工工艺及产品特点，可分为咸肉类、腊肉类、酱肉类和风干肉类。

(一)咸肉类

咸肉又称腌肉，是原料肉经腌制加工而成的生肉类制品。其主要特点是肥肉呈白色，瘦肉呈玫瑰红色或红色，具有独特的腌制风味。常见咸肉类有咸猪肉、咸羊肉、咸水鸭、咸牛肉和咸鸡等。

(二)腊肉类

原料肉经食盐、硝酸盐、亚硝酸盐、糖和调味香料等腌制后，再经晾晒或烘烤或烟熏处理等工艺加工而成的生肉类制品。成品肉的主要特点是呈金黄色或红棕色，整齐美观，不带碎骨，具有腊香，味美可口。主要代表有中式火腿、腊猪肉、板鸭、腊鱼等。

(三)酱肉类

原料肉经食盐和酱料腌制、酱渍后，再经脱水(风干、晒干、烘干或熏干等)而加工制成的生肉类制品。酱肉类具有独特的酱香味，肉色棕红。常见有清酱肉、酱封肉和酱鸭等。

(四)风干肉类

原料肉经腌制、洗晒(某些产品无此工序)、晾挂干燥等工艺加工而成的生肉类制品。其主要特点是干而耐咀嚼，回味绵长。常见的有风干猪肉、风干牛肉、风干羊肉、风干兔和风干鸡等。

二、腌制方法

肉类腌制方法有干腌法、湿腌法、混合腌制法和注射腌制法，不同腌肉制品对腌制方法有不同的要求，有的产品采用一种腌制法即可，有的产品则需要采用两种甚至两种以上的腌制法。

(一)干腌法

干腌法就是将腌制剂擦在肉的表面，然后层堆在腌制架上或层装在腌制容器内，依靠肉外渗汁液将其溶解，形成高浓度食盐溶液。此种腌制法设备简单、易操作，小规模工厂多采用此法。

(二)湿腌法

湿腌法就是将腌制材料在沸水中溶解，冷却后倒入容器中，腌制液的量要没过肉的表面，通常为肉重量的50%～60%。腌制剂通过扩散和水分转移，渗入肉品内部，并获得比较均匀的分布，直至它的浓度最后和盐液浓度相同。

湿腌法的优点是腌制肉的盐分均匀，肉质较为柔软，盐水可重复使用，劳动强度低。不足之处是蛋白质流失严重，所需腌制时间长，香味不及干腌法，含水量高，不易储藏。

(三)混合腌制法

混合腌制法是将干腌法和湿腌法结合起来的腌制方法，即先用干的混合腌制剂擦在肉的表面，进行干腌，再浸渍在容器中用腌制液腌渍。混合腌法可以增加制品贮藏时的稳定性，防止产品过度脱水，免于营养物过分损失。

(四)注射腌制法

注射腌制法常和干腌或湿腌结合进行，即将盐液注入鲜肉内，再按层擦盐，但盐水浓度应低于注射用的盐水浓度，以使肉吸收水分。

注射腌制法可以降低操作时间，提高生产效益，降低生产成本，但其成品质量不及干腌制品，风味稍差，煮熟后肉的收缩程度比较大。

任务二　酱卤制品加工

【知识目标】

掌握酱卤制品的分类和酱卤制品加工过程。

【技能目标】

能够进行酱卤制品加工。

【德育目标】

培养产品质量意识和诚实守信的品质。

【任务实施】

酱卤制品是中国典型的传统熟肉制品。其主要特点是原料肉经预煮后，再用香辛料和调味料加水煮制而成。酱卤制品成品都是熟肉制品，产品酥软，香味浓郁，不适宜贮藏。根据地区不同和风土人情的特点，我国形成了独特的地方特色传统酱卤制品。

一、酱卤制品种类

酱卤制品一般可分为 3 种：白煮肉类、酱卤肉类和糟肉类。白煮肉类可视为酱卤肉类未经酱制或卤制的特例；糟肉则是用酒糟或陈年香精代替酱汁或卤汁加工的一类产品。

二、酱卤制品的加工方法和特点

白煮肉类制品是原料肉经(或未经)腌制后，在水(盐水)中煮制而成的熟肉类制品。白煮肉类的主要特点是最大限度地保持了原料肉固有的色泽和风味，一般在食用时才调味。其代表品种有白斩鸡、盐水鸭、白切猪肚、白切肉等。

酱卤肉类制品是肉在水中加食盐或酱油等调味料和香辛料一起煮制而成的一类熟肉制品。有的酱卤肉类的原料肉在加工时，先用清水预煮 15～20 min，再用酱汁或卤汁煮制成熟。某些产品在酱制或卤制后，需再进行烟熏等工序。其主要特点是色泽鲜艳、味美、肉嫩，具有独特的风味。产品的色泽和风味主要取决于调味料和香辛料。酱卤肉类主要有苏州酱汁肉、卤肉、道口烧鸡、德州扒鸡、糖醋排骨等。

糟肉类制品是原料肉经白煮后，再用“香糟”糟制的冷食熟肉类制品。其主要特点是保持原料固有的色泽和曲酒香气。糟肉类有糟肉、糟鸡、糟鹅等。

任务三　熏烤制品加工

【知识目标】

掌握熏制的原理;掌握常见熏烤制品的加工方法。

【技能目标】

能进行烤鸭、培根等熏烤制品的加工。

【德育目标】

注重食品安全,养成良好的职业道德。

【任务实施】

烟熏就是利用没有完全燃烧的木材烟气对肉制品进行加工,使肉制品具有特有的熏烟风味。

一、熏烟燃料

熏烟是植物性材料,由不含树脂的阔叶树、竹叶或柏枝等缓慢燃烧或不完全氧化产生,是一种蒸汽、气体、液体(树脂)和微粒固体的混合物。较低的燃烧温度和适当空气的供应是产生熏烟的必要条件。熏烟的成分常因燃烧温度、燃烧室的条件、形成化合物的氧化变化以及其他许多因素变化而有差异。一般认为,熏烟中最重要的成分为酚、醇、酸、羰基化合物和烃类等。

一般硬木为烟熏最适宜的燃料,软质木或针叶树(如松木)应避免使用。使用新鲜或半干的木材作为燃料时,能更好地控制温度和熏烟浓度。胡桃木为优质烟熏肉的标准燃料,但难获取,一般所用的木屑都为混合硬木屑。在某些国家采用特殊的烟熏粉,它是含有特别香味成分的热带木材的混合物,有些成分含有硫黄,在燃烧时产生使颜色加强的硫酸。

二、烟熏在肉制品加工上的作用

烟气中的酚类、芳香醛、酮、羰基化合物、酯、有机酸类物质附在肉上,赋予肉特有的香味;形成烟熏的茶褐色,促进硝酸盐的发色作用;熏烟中的酚类物质等渗入肉的内部,可防止脂肪氧化;熏烟中的酚、醛、酸类物质渗入,使产品脱水干燥,抑制微生物的生长,防止腐败变质。

三、烟熏的方法

烟熏的方法有直接烟熏法和间接烟熏法。直接烟熏法是在烟熏室内使用木片燃烧直接烟熏。其缺点是熏烟的密度和温度有分布不均匀的状况。间接烟熏法是用烟雾发生器将烟送入烟熏室而对制品进行烟熏。此法不仅可以克服直接烟熏法的缺点,而且燃烧的温度可控制在400 ℃以下,所产生的有害物质较少,故被广泛采用。烟熏法按温度可分为冷熏、温熏、热熏和焙熏等。

(一)冷熏

肉制品在30 ℃以下进行的烟熏方法,主要用于干制的香肠以及带骨火腿和培根等。冷熏是在熏制的同时对制品进行干燥，这种肉制品含水量在 20%～40%，可长期贮藏，而且可促进成熟，增加风味。缺点是低温时间长(25 ℃条件下需 4～7d)，制品失重较大，在夏季及气温较高地区很难控制，在冬季气温低时才宜采用。

(二)温熏

在 30～35 ℃对制品进行熏制的方法，主要用于西式火腿和培根等制品的加工，需 1～2 d。此法烟熏时，应使温度缓慢上升，决不可使温度急速升高。在此温度下熏制时，应严格控制微生物的生长，尽量缩短烟熏时间。

(三)热熏

在 50～80 ℃进行的一种熏制方法。一般温度控制在 60 ℃，时间为 5 h 左右。在此温度下，蛋白质几乎全部变性，制品表面较硬而内部含水较多，富有弹性。此法在短时间内即可达到烟熏的目的，可使生产操作循环合理化。

(四)焙熏

温度超过 80 ℃的一种烟熏方法。一般为 90～120 ℃，时间为 2～4 h。这一过程分为两个阶段：第一阶段是熏烤 3～4 h，第二阶段是将温度降到 70～75 ℃，继续烟熏 12～14 h，当火腿中心温度达 68 ℃时，熏制过程结束。熏制后的肉品即可食用。采用此法熏制的肉制品脂肪融化较多，适合于熏制瘦肉。

此外，还有烟熏液法和电熏法等方法。

任务四　干制品加工

【知识目标】

掌握干制的基本原理、影响食品干制的因素以及干制方法，了解肉干等的加工方法。

【技能目标】

掌握肉干等的加工方法。

【德育目标】

培养产品质量意识，养成良好的职业道德。

【任务实施】

肉干是以畜禽瘦肉为原料，经修割、预煮、切丁(片、条)，调味、复煮、收汤、干燥等先熟加工再成型干燥，或先成型干燥再熟加工制成的熟的肉干制品。

采用传统工艺加工生产的肉干，其风味独特、营养丰富、贮存期较长，居家旅行携带方便，是人们喜爱的肉类方便食品。

一、干制的基本原理

肉类食品的脱水干制是一种有效的加工和储藏手段。新鲜肉类食品含有丰富的营养物质，但水分含量一般都在60%以上，如保管贮藏不当，极易腐败变质。经过脱水干制，其水分含量可降低到20%以下。各种微生物的生命活动，必须有一定的水分存在。肉类食品脱水之后使微生物失去获取营养物质的能力，抑制了微生物的生长，可达到贮藏的目的。

（一）降低食品的水分活性

水分是各种微生物生长发育过程中所必需的一类营养物质，但并非所有的水分都能被微生物所利用，如添加一定数量的糖、盐的水溶液，其大部分水分就不能被微生物利用。因此，把能被微生物、酶化学反应所利用的水分称为有效水分，并采用水分活度来衡量有效水分的多少。每一种微生物生长，都有所需的最低水分活度值，当肉品中水分活度值低于最低值时，微生物繁殖受到抑制。通常鲜肉、煮制后鲜肉制品的水分活度在0.99左右，而霉菌、酵母菌需要的水分活度分别在0.80、0.88以上，细菌生长所需的水分活度在0.91～0.99。由此可见，仅仅将肉类进行煮制并不能达到长时间贮藏的目的，只有将煮制后的肉制品再进行干制，降低水分活度才能抑制肉制品中大多数微生物的生长，进而达到延长贮藏时间的目的。但是必须指出，一般干燥并不能使肉制品中的微生物完全死亡，只是抑制其活动，若以后环境适宜，微生物仍会继续生长繁殖。因此，肉类在干制时一方面要进行适当的处理，减少制品中的各类微生物数量；另一方面干制后要采用合适的包装材料和包装方法，防潮、防污染。

（二）降低酶的活力

干肉制品的保藏性除与微生物有关外，还与酶的活力、脂肪的氧化等因素有关。随着水分活度的降低，干肉制品的稳定性增加，但脂肪的氧化与其他因素不同，在水分活度为0.20～0.40时反应速度最慢，接近无水状态时反应速度又增加。实验证明，脱脂干肉制品的含水量为15%时，其水分活度低于0.70。因此，干肉制品的含水量低于20%时较为适宜。

二、肉品的干燥种类

肉品的干燥根据其热源不同可分为自然干燥和加热干燥，后者包括烘房干燥、远红外辐射干燥和微波干燥；根据干燥时的压力不同，分为常压干燥和减压干燥。

（一）自然干燥

要求设备简单、费用低，但受自然条件的限制，温度条件很难控制，大规模生产时很少采用，只是在某些产品加工中作为辅助工序采用。如风干香肠的干制等。

（二）烘房干燥

烘房干燥也叫对流热风干燥，是直接以高温的热空气为热源，借对流传热将热量传给物料。对流干燥室中的气温调节比较方便，物料不至于过热，但热空气离开干燥室时带走相当大的热量，导致对流干燥热能的利用率较低。

（三）远红外辐射干燥

和传统干燥技术相比，远红外辐射干燥技术干燥速度快，设备简单，受热均匀，产品外观和机械性能都有提高，在干燥的同时还可以起到灭菌的作用，使用方便，容易操作，成本低，可明显提高制品质量。

（四）微波干燥

微波干燥是指用电磁波（微波）透过被干燥食品，使食品中的极性分子（水、糖、盐）随着微波极性变化而以极高的频率转动，产生摩擦热，从而使干燥食品内、外部同时升温，迅速放出水分，达到干燥的目的。这种效应在微波一旦接触到肉块时就会在肉块内外同时产生，无须热传导、辐射、对流，故干燥速度快，且肉块内外加热均匀，表面不易焦糊。但微波干燥设备投资费用较高，干肉制品的特征性风味和色泽不明显。微波干燥包括常规干燥和与其他干燥方法组合的干燥法。后者在食品工业中被广泛采用，以提高干燥产品质量及降低成本。

(五)常压干燥

常压干燥过程包括恒速干燥和减速干燥两个阶段。

在恒速干燥阶段，水分蒸发速度快，肉的温度低，加热对肉的品质影响较小，除去了肉中绝大部分的游离水。进入减速干燥阶段后，肉表面形成的硬膜阻止了内部水分的扩散，导致肉块内部水分含量过高，这样的干肉制品储藏性能差，易腐烂变质。因此，在干燥初期，肉品水分含量高，可适当提高干燥温度；随着水分减少，应及时降低干燥温度。除了干燥温度外，湿度、通风量、肉块的大小、摊铺厚度等都影响干燥速度。

常压干燥时温度较高，且内部水分移动，常导致成品品质变劣、挥发性芳香成分逸失等缺陷，并且干燥时间较长。

(六)减压干燥

减压干燥是指将食品置于真空环境中进行干燥的方法。肉品的减压干燥有真空干燥和真空冷冻干燥。

1. 真空干燥

真空干燥是指肉块在未达结冰温度的真空状态下加速水分蒸发而进行的干燥。真空干燥常采用的真空压力为533～6 666 Pa，干燥中品温在常温至70 ℃。在干燥初期与常压干燥是相同的，存在水分的内部扩散和表面蒸发，但在整个干燥过程中，主要为内部扩散与内部蒸发共同进行干燥，因此，与常压干燥相比，干燥时间缩短，表面硬化现象减轻。虽然真空干燥时蒸发温度较低，但也有芳香成分的逸失及轻微的热变性。

2. 真空冷冻干燥

真空冷冻干燥也称冷冻升华干燥。肉块经完全冷冻，并在一定真空条件下使水升华，从而达到低温脱水的目的。通常是将肉块急速冷冻至－40～－30 ℃，将其置于可保持真空度为13～133 Pa的干燥室中，因冰的升华而脱水干燥。冰的升华速度决定于干燥室的真空压力机升华所需要给予的热量，此外，肉块的大小、薄厚均有影响。这种方法对色、香、味、形几乎无任何不良影响，但在贮藏过程中制品非常容易吸水，且其多孔质与空气接触面积增大，在贮藏期间易氧化变质，特别是脂肪含量高时更是如此。其设备较复杂，一次性投资较大，费用较高。

三、肉品干制加工方法

(一)肉干的加工

肉干是以新鲜瘦肉为原料，经预煮、复煮、干制等工艺加工而成的肉类制品。它营养丰富，风味浓郁，便于携带，是旅行、郊游、野餐的佳品。其名称随原料、配料、形状等的不同而异。按原料分为牛肉干、猪肉干等；按配料分为五香肉干、辣味肉干、咖喱肉干等；按形状分为片、条、粒等。

(二)肉松的加工

肉松是我国著名特产,具有营养丰富、美味可口、携带方便等特点。肉松是以瘦肉除去水分而制成,一般畜禽的瘦肉都可以加工肉松。其中以猪肉、牛肉、鸡肉为最多。猪肉松是大众最喜爱的一类产品,以太仓肉松和福建肉松最为著名。肉松按形状分为绒状肉松和粉状(球状)肉松,太仓肉松属于绒状,福建肉松属于粉状。

【师徒共研】

1. 简述硝酸盐的发色机理。

硝酸盐在微生物的作用下,先还原成亚硝酸盐,再生成NO,后者与肌红蛋白生成稳定的亚硝基肌红蛋白络合物,使肉制品呈现鲜红色。

2. 在肉腌制工艺中使用硝酸盐有哪些作用?

(1)抑制微生物的生长,特别是抑制肉毒梭状芽孢杆菌的生长繁殖。

(2)优良的发色作用,在微生物作用下生成的NO与肌红蛋白结合,生成鲜红色的亚硝基肌红蛋白。

(3)抗氧化作用,延缓腌肉腐败。

(4)有助于腌肉独特风味的产生,抑制蒸煮味的产生。

3. 在腌制肉类时使用糖类的主要作用是什么?

调味作用;助色作用;增加嫩度;产生风味物质;在需发酵成熟的肉制品中添加糖,有助于发酵的进行。

4. 肉在干制过程中色泽发生变化的原因是什么?

(1)物理的原因,随着水分的蒸发、体积的减小,物质的浓度增加,色泽自然会加深。

(2)化学原因,即由色素蛋白的褐变和加热时美拉德反应、焦糖化反应等造成褐变。

5. 简述肉在腌制过程中使用食盐的作用。

(1)突出鲜味作用。肉制品中含有大量的蛋白质、脂肪等具有鲜味的成分,常常要在一定浓度的咸味下才能表现出来。

(2)防腐作用。盐可以通过脱水作用和渗透压的作用,抑制微生物的生长,延长肉制品的保存期。

(3)食盐促使硝酸盐、亚硝酸盐、糖向肌肉深层渗透。然而,单独使用食盐,会使腌制的肉色泽发暗,质地发硬,并仅有咸味,影响产品的可接受性。

6. 肉在腌制过程中,使用碱性磷酸盐的目的是什么?

使用碱性磷酸盐能提高肉的保水性,使肉在加工过程中仍能保持其水分,减少营养成分损失,同时也保持了肉的柔嫩性,增加了出品率。

7. 腌制肉的目的是什么?

增加肉的保水性;改善肉的品质;生产出特殊风味的肉制品。

8. 在肉的腌制中使用抗坏血酸钠和异抗坏血酸钠的目的是什么?

(1)抗坏血酸盐可以同亚硝酸发生化学反应,增加NO的形成,使发色过程加速。

(2)抗坏血酸盐有利于高铁肌红蛋白还原为亚铁肌红蛋白,因而加快了腌制的速度。

(3)抗坏血酸盐能起到抗氧化剂的作用，因而稳定肉的颜色和风味。

(4)在一定条件下抗坏血酸盐具有减少亚硝酸形成的作用。

9. 肉品烟熏的目的是什么？

(1)赋予制品特殊的烟熏风味，增进香味。

(2)使制品外观具有特有的烟熏色，对加硝肉制品有促进发色作用。

(3)脱水干燥，杀菌消毒，防止腐败变质，使肉制品耐贮藏。

(4)烟气成分渗入肉内部防止脂肪氧化。

10. 肉制品干制的目的是什么？

抑制微生物和酶的活性，提高肉制品的保藏性；减轻肉制品的重量，缩小体积，便于运输；改善肉制品的风味，适应消费者的需求。

【案例1　腊肠的加工】

腊肠是指以肉类为原料，经切、绞成丁，配以辅料，灌入动物肠衣，经发酵、成熟干制而成的肉制品，是我国肉类制品中品种最多的一大类产品。广式腊肠是其代表，它是广东省的传统产品，在全国各地均有生产，而以产于广东地区的较为著名。

一、工艺流程

原料及辅助材料的选择⟶原料整理与切丁⟶配料⟶拌馅、腌制⟶灌装⟶排气⟶捆线结扎⟶漂洗⟶晾晒和烘烤⟶贮藏

二、操作方法和注意事项

(一)原料及设备

新鲜猪肉、酒、肠衣、绞肉机、烘房、调料等。

(二)实施过程

1. 原料及辅助材料的选择

香肠的原料是健康无病的新鲜猪肉，而新鲜度较差或经过成熟的肉，往往对结着力有损害，影响成品质量。瘦肉以腿肉和臀肉最好，肥膘以背部硬膘为好，腿膘次之。肥膘的用量以不超过原料肉总量的30%为宜。肠衣最好选择26～28 mm宽度的猪肠衣。砂糖最好采用白砂糖，酒一般用大曲酒或高粱酒。酱油要选上等酱油。

2. 原料整理与切丁

原料肉经漂洗、分制，把肥、瘦分开，同时剔除皮、骨、筋膜、血斑、杂质等。瘦肉用绞肉机切成4～10 mm的肉粒，肥肉用切丁机切成6～10 mm的丁。肥肉切好后要用温水清洗一次，以除去浮油和杂质，捞入筛内，沥干水分待用，肥瘦肉应分开存放。

3. 配料

广式腊肠配料标准为瘦肉70 kg、肥肉30 kg、精盐2.2 kg、砂糖7.6 kg、白酒2.5 kg、白酱油5 kg、硝酸钠0.05 kg。

4. 拌馅、腌制

配料称好后倒入盆中，加入20%左右的清水，使其充分溶解。然后将绞好的肉粒倒入水中，把肉粒和配料混合均匀，放在清洁室内腌制1～2 h即可进行灌制。

5. 灌装

天然肠衣先用清水浸泡柔软,洗去盐分后备用。每 100 kg 肉馅约需猪小肠衣 50 m。将肠衣套在灌肠机的灌嘴上,使肉馅均匀地灌入肠衣中,要掌握松紧程度,不能过紧或过松。

6. 排气

用排气针扎刺湿肠,排出内部空气,烘肠时便于水分和空气排出。

7. 捆线结扎

每隔 10～20 cm 用细线结扎 1 次,不同规格长度不同。

8. 漂洗

将湿肠用清水漂洗一下,除去表面污物,然后依次分别挂在竹竿上。

9. 晾晒和烘烤

将悬好的香肠放在日光下曝晒 2～3 d,在日晒过程中有胀气处应针刺排气。晚间送入烘房内烘烤,温度保持在 42～49 ℃。温度过高,脂肪易熔化,同时瘦肉也会烤熟,不仅降低成品率,而且色泽变暗;温度过低又难以干燥,易引起发酵变质。因此,必须注意控制温度。一般通过 3 昼夜的烘晒即可,然后再晾挂到通风良好的场所风干 10～15 d 即成品。

10. 贮藏

香肠在 10 ℃以下可保存 1 个月以上,也可悬挂在通风干燥的地方保存。工厂化生产都是在干燥后用普通塑料袋或真空包装,可保存 3～6 个月。

(三)产品质量标准

颜色鲜艳透明,红白分明。食用前需要进行熟制。

【案例2　培根加工】

培根,即咸猪板肉,其原意是烟熏肋条肉(即方肉)或烟熏咸背脊肉。其风味除带有适口的咸味之外,还具有浓郁的烟熏香味。培根外皮油润,呈金黄色,皮质坚硬,瘦肉呈深棕色,切开后肉色鲜艳。培根根据原料不同可分为大培根(也称丹麦式培根)、排培根、肩肉培根、肘肉培根和奶培根等。培根的一般制作工艺是把猪肉分割成块(一般带皮),用盐和少量亚硝酸钠或硝酸钠、黑胡椒、丁香、香叶、茴香等香料腌渍,然后再经风干,熏制而成。

(1)大培根　以猪的第 3 肋骨至第 1 节腰荐椎骨处猪体的中段为原料,去骨整形后经腌制、烟熏而成。成品为金黄色。

(2)排培根　以猪的大排骨(脊背)为原料,去骨整形后经腌制、烟熏而成。肉质细嫩、口感鲜美。成品为半熟品,金黄色,带皮,无硬骨,是培根中质量最好的一种。

(3)肩肉培根和肘肉培根　分别以猪的前肩、后臀肉和猪肘子肉为原料。

(4)奶培根　以取奶脯、脊椎骨的猪方肉(肋条)为原料,去骨整形后经腌制、烟熏而成。肉质一层肥、一层瘦。成品为金黄色,无硬骨。

一、工艺流程

选料和去骨──→初步修整──→腌制──→浸泡──→清洗──→剔骨、修刮、再整形──→烟熏

二、操作方法和注意事项

1. 选料和去骨

选用经兽医卫生检验合格的中等肥度、肥膘厚 1.5 cm 左右的细皮白肉猪身,经屠宰后吊

挂预冷。

大培根配料取自整片带皮猪胴体的中段，即前端从第3肋骨处斩断，后端从腰荐椎之间斩断，再割除奶脯，厚处以3.5～4.0 cm为宜。排培根和奶培根各有带皮和去皮2种。前端从猪胴体第5肋骨处斩断，后端从最后二节荐椎处斩断，去掉奶脯，再沿距背脊13～14 cm处分斩为两部分，上为排培根坯料，厚处以2.5～3.0 cm为宜，下为奶培根坯料，最厚处约2.5 cm。

去骨操作主要是在保持肉皮完整、不破坏整块原料、基本保持原形的原则下，做到骨上不带肉，肉中无碎骨。

2. 初步修整

修整坯料使四边基本各成直线，整齐划一，并修去腰肌和横膈膜。整形决定产品的规格和形状，培根成方形，要使每一边都呈直线，可用刀修去碎肉、碎油、血块等杂物。

3. 腌制

腌制过程需在低温库中进行，腌制室温度保持在0～4 ℃。

(1)干腌　将食盐(加1%硝酸钠)撒在肉皮表面，用手揉搓使其均匀。大培根肉皮用盐量约为200 g，排培根和奶培根约为100 g，然后堆叠腌制20～24 h。次日再将肉泡在16～17波美度盐水中。

(2)湿腌　用16～17波美度食盐水(食盐50 kg、白糖3.5 kg，其中每100 kg腌制液中含硝酸钠70 g)浸泡干腌后的肉坯，腌制液用量约为肉质量的1/3。湿腌的时间与肉块厚薄和温度有关，一般为2周左右。在湿腌期需翻缸3或4次，其目的是改变肉块受压部位，并松动肉组织，以加快硝酸钠的渗透和肌肉发色，使咸度均匀。

4. 浸泡、清洗

将腌制好的肉坯用25 ℃左右清水浸泡30～60 min，使肉坯温度升高，表面油污溶解，便于清洗和修刮；避免熏干后表面产生“盐花”，提高产品的美观性；使肉质软化，便于剔骨和整形。

5. 剔骨、修刮、再整形

剔骨是只允许用刀划破骨表的骨膜，刀尖不得刺破肌肉，否则生水侵入而不耐保藏，然后用手将骨轻轻扳出；修刮是刮净残毛和皮上的油腻。腌制、堆压使肉坯形状改变，故要再次整形。至此，便可穿绳(即在肉条的一端穿麻绳，便于穿入串杆)，每杆挂肉4～5块，保持一定间距，沥水，6～8 h后即可进行烟熏。

6. 烟熏

用硬质木预热烟熏室，待室内平均温度升至所需烟熏温度后加入木屑，挂进肉坯。烟熏室温度一般保持在60～70 ℃，烟熏时间为8 h左右。待皮面上呈金黄色后取出，如果是无皮培根，熏烤时则在生坯下面挂一层纱布，以防木屑、灰尘污染产品。烟熏结束后自然冷却即成品，出品率为83%。

【案例3　酱牛肉制作】

北京月盛斋酱牛肉又称五香酱牛肉，是北京著名产品，产品特点是外表深棕色，食之嫩而爽口，咸淡适宜，香浓味纯。

一、工艺流程

选料及整理→配料→调酱→煮制

二、操作方法和注意事项

（一）原料及设备

牛肉、锅、刀、调料等。

（二）实施过程

1. 选料及整理

该产品原料选用膘肥牛肉，并用冷水浸泡清除余血，洗净后剔骨。按部位切成前后腿、腰窝、腱子、脖子等，再切成 1 kg 左右的小块。

2. 配料

以 50 kg 肉计，食盐 1.5 kg，面酱 5 kg，花椒、小茴香、肉桂各 50 g，丁香、砂仁各 10 g，葱、大蒜、鲜姜各 0.5 kg。

3. 调酱

将甜面酱和适量的清水在锅内搅拌均匀，把酱渣捞出，煮沸 1 h，捞出浮沫用大火烧煮。

4. 煮制

用骨头垫锅底，一般先将含结缔组织较多的、肉质较老的牛肉放在锅底部，含结缔组织较少的嫩肉放于上层。待锅烧开后，将配料袋投入锅内，用压锅板将肉压好，煮制 4 h 左右。开锅后撇去浮沫、杂质，以去腥去膻，每小时上、下倒锅 1 次，使每块肉熟烂一致，根据耗汤情况酌情加入老汤、盐和肉汤，再用文火煨煮 4 h，每隔 1 h 再倒锅 1 次，使其煮熟并均匀呈味。待熟烂适度即可出锅。出锅时要尽量保持肉型的完整，晾凉后即成品。酱制好的牛肉可鲜销，也可置冷藏条件下保存。

（三）产品质量标准

成品酱黄色，内外色泽一致，五香味浓，味道鲜美，肥而不腻，瘦肉不柴。

【案例4　烤鸭加工】

以北京烤鸭为例，北京烤鸭是北京著名的特产，原料为北京填鸭。北京烤鸭有“天下第一美味”之称，也是北京风味的代表。制作烤鸭技术可分为烤前处理和烤制控制两大环节。

一、工艺流程

烤前处理工艺流程：

宰杀→烫毛→褪毛→择毛→打气→掏膛→洗膛→挂钩→烫皮→打糖→晾坯

烤制控制工艺流程：

烤制准备──→烤制──→出炉刷油

二、操作方法和注意事项

(一)原料及设备

果树木柴、烤炉、处理好的鸭子、调料等。

(二)实施过程

1. 烤制准备

(1)选柴　北京烤鸭(挂炉)的燃料以枣木柴为最好，当枣木柴不能满足供应时，应选用桃、杏、梨等果树木柴。

(2)清炉烧炉　在一般情况下，要提前 1 h 将烤炉内的残灰清理干净，留足炭底，码上果木柴。点燃 30 min 左右，当炉温上升到 200 ℃以上，即可准备烤制了。

2. 烤制

(1)捅鸭堵塞　鸭坯入炉烤制前，要把预先备好的鸭堵塞用巧劲儿捅入鸭子的肛门内，并使其卡住肛门口，以防止鸭体灌汤后汤水外流。

(2)灌汤　当鸭坯捅好鸭堵塞后，即可由鸭身的刀口处灌入开水或花椒水与料酒，约占鸭腔的 8/10 即可。烤制时，内煮外烤，鸭子熟得快，同时可以补充鸭肉内水分的过度消耗，使其外脆里嫩。

(3)打色　鸭坯灌汤后，还须打两遍色。其方法是：左手提起鸭钩，把鸭坯提到糖水盆的上方，右手持水勺，舀起糖水，浇匀在鸭坯上即成。打两遍色的目的是防止出现上色不匀的情况。

(4)转烤和撩裆　入炉烤制前，检查挂鸭钩是否松动掉坯、转动是否灵活。在烤制时，火力是关键，鸭坯刚入炉时，火要烧得旺一些，随着炉内温度的升高，以及鸭坯上色的情况，火力逐渐减弱，炉温一般控制在 250～ 300 ℃为好。

鸭坯入炉后，使鸭体右侧后背向火，烤 12～13 min。当右侧后背烤至橘黄色时，转动鸭体，使左侧后背向火，烤 7～8 min。待左侧背与右侧背呈同样颜色时，转动鸭体，烤左侧鸭脯。当同样呈橘黄色时，可将鸭用杆挑起，近火撩其左侧底裆，使腿间着色，然后重新挂入炉内，烤右侧鸭脯，烤 2～3 min。当右侧鸭脯烤成橘黄色时，再将鸭子挑起，撩右侧底裆。当右侧底裆烤至橘黄色，把鸭挂回炉内，烤其右后背，约烤 5 min，再转烤左后背 5 min 左右。此时鸭身上色已基本均匀。当鸭身刀口处溢出白色而带有油液的汤汁时，挑起鸭子，再次撩裆着色后，即可出炉。一只 1.5～2 kg 的鸭坯在炉内烤 35～ 40 min 即可全熟。

鸭子是否已经烤熟，除了根据火力、时间、鸭身的颜色判断外，还可倒出鸭腔内的汤来观察。当倒出的汤呈粉红色时，说明鸭子 7～8 成熟；当倒出的汤呈浅白色，并带有一定的油液，说明鸭子已 9～10 成熟；如果倒出的汤呈乳白色，油多汤少时，说明鸭子烤过火了。

3. 出炉刷油

鸭子烤好出炉后，要趁热刷上一层香油，以增加皮面光亮程度，并可去除烟灰，增添香味。

(三)产品质量标准

皮色金黄油亮，肉质白细柔嫩，皮脆肉香，腴美香醇，外焦里嫩，香气扑鼻。

【案例5　烤鸡】

一、工艺流程

选鸡──→宰杀──→浸卤腌制──→填料造型──→晾干──→涂糖──→烤制──→成品

二、操作方法和注意事项

(一)原料及设备

原料鸡、浸泡缸、调料、电烤炉等。

(二)实施过程

1. 选鸡

浸泡卤制备:选用毛重 1.8～2.2 kg 的 50 日龄、健康肉用鸡,体形大小适中。

浸泡卤配方:每 50 kg 鸡用八角 150 g、陈皮 75 g、肉桂 50 g、白芷 25 g、山柰 25 g、草果 20 g、小茴香 15 g、砂仁 10 g、花椒 5 g、丁香 2.5 g、盐 4 kg、糖 250 g、水 25 kg。

用纱布将上述各料包扎好,与除去污物后浸泡过鸡的鸡血水一同倒入锅内,加盐煮沸后用文火再煮 0.5 h,撇去血沫和其他浮浊物,然后加糖,滤入浸泡缸中,稍冷后加入姜、葱各 100 g,白酒 200 g,即新卤,冷却后使用。新卤可反复烧煮,过滤使用,每次添加原配料的 1/4 量并补足水量,烧煮方法同新卤。为防止腐败,夏天每日烧煮 1 次,春、秋、冬季每 3 d 烧煮 1 次,必要时可多加些盐。

2. 宰杀

鸡宰杀后放净血,之后用 63 ℃的温水烫鸡 1 min,水温恒定。脱毛、拔毛均不可破损鸡皮,鸡脱毛后,掏出全部内脏,注意勿弄破胃肠、胆囊,除去肺、食管、血块、脚爪、脚皮。净膛后即放入水中浸泡,洗净内膛、口腔,除尽血水。

3. 浸卤腌制

鸡洗净后将腔内灌满卤,然后叠放在浸泡缸内,最上层压以重物。夏季浸泡 2～3 h,春、秋季浸泡 4 h,冬季浸泡 6 h。

4. 填料造型

在腌制好的鸡膛内装 1 根葱,加姜 2 片、香菇 1 块,用钢丝针穿线缝好开膛口,防止汤汁外溢,达到在烤制过程中"外烤内蒸"的效果。填料后,将鸡的一翅反叉,另一翅穿口反叉,绷直鸡体。

5. 晾干

将造好型的鸡挂在钩上(钩住双翅根部),再挂于架上,晾干鸡体表面水分。

6. 涂糖

饴糖、蜂蜜、黄酒、水按 40∶20∶ 10∶30 的比例配好糖液,倒入铝锅中煮沸,然后将鸡体全部浸入煮 0.5 min,使鸡体胀满,表面油亮光滑,以使烤鸡形成脆皮和有色感。鸡体表面不可沾水、油,否则糖液因涂不匀而形成花斑。涂糖后将鸡挂在架上风干,以免影响烤制质量。

7. 烤制

先使电烤炉炉温快速上升至 230 ℃,将鸡迅速放入,恒温烤制 5 min(高温能迅速紧闭鸡皮毛孔,形成脆皮,防止肉汁溢出而失去营养成分和应有的口感),然后打开烤炉排气孔,降温至 190 ℃烤 30 min，使鸡皮焦糖化。取出一只鸡，抽出钢丝针，倒出少量汤液检查，若汤液呈淡褐色，可立即关闭加热，焖 5 min 后出炉；若汤液呈红色，需继续烤几分钟，验汤后再关闭加热，焖 5 min 后出炉。烤制时，大、小鸡应分开，视其大小定烤制时间长短，以免有的焦煳、有的未熟。

8. 成品

鸡出炉后，鸡腹朝上放盘内，防止汤汁流失，脱去挂钩、钢丝针，即成品。

（三）产品质量标准

合格品表面金黄色，油亮，略带枣红色。肌肉切面鲜艳光亮，白色或微红色，脂肪浅乳白色。骨肉切面细腻，压之无血水，鸡骨酥脆，脂肪滑腻。具有香味，无异味。

【案例6　牛肉干加工】

一、工艺流程

选肉⟶分割⟶浸泡⟶煮制⟶切制⟶搅拌腌制⟶复煮收汤汁⟶脱水烘干⟶冷却⟶检验⟶包装入库

二、操作方法和注意事项

（一）原料及设备

产品配方：牛肉 50 kg、食盐 1.2 kg、酱油 2.5 kg、白糖 10 kg、味精 1.6 kg、黄酒 1.5 kg、五香粉 0.2 kg、辣椒粉 0.2 kg、生姜 0.5 kg、茴香 0.1 kg。

切段机、搅拌机、蒸煮锅、烘干机、真空包装机、巴氏杀菌机、洗袋冷却机等。

（二）实施过程

1. 选肉

一般是选牛的臀部肉和后腿，剔去筋膜，采用卫生检疫合格的牛肉，腥而不臭，牛肉颜色呈红褐色，组织硬而有弹性。质量好的牛肉，其肌肉组织之间含有脂肪，脂肪颜色为白色，且较硬，未满一年的小牛肉色呈淡红色，水分多、脂肪少。冻牛肉需要解冻机进行解冻，解冻机可确保冻牛肉从中心到表面解冻均匀，保持牛肉的新鲜状态；牛肉的汁液流失极少，减少营养成分的损失，降低失重率；确保牛肉卫生无死角，满足食品安全卫生要求。

2. 分割

按照肉的自然纹理分割，要求将脂、牛毛、杂骨等剔除，精肉中带脂率≤5%，且脂中不能带精肉，并挑出粘带的血污、杂质，分割后用水冲洗牛肉以去除牛肉表面血污。如果企业生产产量大，可以选用切段机，直接一次切成段状，节省人力成本，提高生产效率。

3. 浸泡

用水浸泡牛肉 4 h，以除去血水，减少膻味。

4. 煮制

煮肉前先检查上一工序的牛肉是否符合要求，然后按肉块大小用蒸煮锅分开煮制，煮制时间 1.5 h 左右，水温保持在 90 ℃以上。使用蒸汽时，阀门开启要缓慢，使压力逐渐升高，同时调整好疏水阀，使之保持最佳状态，严禁一开到底或一关到底，避免压力的骤然变化。待肉块中心呈灰色即可出锅，防止肉煮得太烂，切片易碎。煮制时间也不可过短，否则切片易薄易破。

煮制完毕，将牛肉放于摊晾架上摊晾。

5. 切制

剔除脂、筋、杂骨等非精肉组织，切制出符合牛肉干、肉粒、肉丝生产要求的精肉。将经漂洗后的筋、头肉放入绞肉机内绞制，切片厚度控制在3～4 mm，切粒时肉粒的规格为15 mm×15 mm×15 mm左右，撕丝时为4～6 mm粗，切条时为(20～60) mm×8 mm×8 mm。

6. 搅拌腌制

把切好的牛肉放入行星炒锅、搅拌机或滚揉机内，然后放入拌好的调味料，如孜然粉、胡椒粉、精盐、味精、鸡精、十三香、辣椒等。让牛肉和调味料在桶体内进行搅拌，加速腌制。

7. 复煮收汤汁

取部分初煮母汤，加入适量的白砂糖、精盐、酱油等。将腌制好的牛肉放入蒸煮锅中煮制。用大火煮制30 min左右。随着汤料的减少，改用文火收汤，以防焦锅。一般文火煨1～2 h，卤汁基本收干即可出锅。

8. 脱水烘干

将煮制后的牛肉均匀平整摆盘，每盘摊丝、片净重约2 kg，肉粒净重约2.5 kg，放入烘干机。烘烤温度为60～70 ℃，烘烤时间为1～1.5 h，待烘烤30 min后，翻动肉干，防止水分不均匀、烤煳、烤焦。烘烤完毕，将半成品倒在晾床上摊平晾透。

9. 冷却

常用自然冷却法在清洁通风处摊晾，必要时可用风干机，切忌在冷库中冷却，否则会造成吸水返潮。

10. 检验

半成品出来后，化验员对其感官、微生物指标进行化验，合格后方能包装。

11. 包装入库

包装采用复合膜效果最好，可选用阻气、阻湿性能较好的材料，牛肉干风干后用真空包装机进行包装。

对包装好的牛肉干进行检验，将袋子带有油污或者破袋的牛肉干挑选出来，如果油污袋子数量较多，需用洗袋机清洗，然后风干。

包装完毕，化验员对成品进行抽检，合格方可入库出厂。

【案例7　红肠加工】

红肠是一种原产于俄罗斯、立陶宛等国，用猪肉、淀粉、大蒜等材料加工制作的香肠，因颜色火红得名。红肠味道醇厚、鲜美，引进我国后，成为东北的哈尔滨、佳木斯、七台河、满洲里等地的特产，以哈尔滨所产红肠最为著名。哈尔滨红肠成为中国著名特产之一，在全国各地均有销售。

一、工艺流程

原料的修整⟶腌制⟶配料⟶制馅⟶灌制⟶烘烤⟶煮制⟶烟熏⟶包装

二、操作方法和注意事项

(一)原料及设备

原料：猪肉肥瘦比为3∶7。

用具：切肉刀，案板，线绳，搪瓷盆，绞肉机，斩拌机，灌肠机，台秤，天平，烘烤和熏烟设备，真空包装机等。

(二)实施过程

1. 原料的修整

原料肉应剔去大小骨头、皮以及结缔组织等。瘦肉切成 100～150 g 的肉块，肥膘切成 1 cm^3 的脂肪丁，以备腌制。

2. 腌制

将食盐和亚硝酸盐混合均匀后，与修整好的肥、瘦肉搅拌均匀，装入容器内腌制，温度控制在 5 ℃左右。待瘦肉块切面变成鲜红色，且较坚实有弹性，无黑心，脂肪坚硬，切面色泽一致时腌制结束。

3. 配料

(1)猪瘦肉 40 kg，肥肉 10 kg，淀粉 7.5 kg，味精 0.05 kg，肉蔻 0.1 kg，食盐 1.5 kg，胡椒粉 0.075 kg，亚硝酸钠 0.007 5 kg，白酒 0.5 kg，香油 0.15 kg，红曲 0.05 kg。

(2)猪瘦肉 35 kg，肥肉 15 kg，淀粉 10 kg，味精 0.1 kg，花椒粉 0.075 kg，食盐 1.75 kg，八角粉 0.05 kg，亚硝酸钠 0.007 5 kg，黄酒 3.5 kg，香油 0.2 kg，红曲 0.075 kg，大蒜 0.25 kg，鲜姜 0.25 kg。

(3)猪瘦肉 10 kg，肥肉 12.5 kg，牛肉 27.5 kg，淀粉 5 kg，大蒜 0.15 kg，黑胡椒粉 0.05 kg，食盐 1.5 kg，亚硝酸钠 0.007 5 kg，红曲 0.05 kg。

4. 制馅

腌制后的猪瘦肉块，需要用绞肉机绞碎，一般用 2～3 mm 孔径孔板的绞肉机绞碎，在绞肉时由于与机器摩擦而肉温升高，须加入冰水进行冷却。搅拌 3～5 min 后加入淀粉搅拌，注意淀粉需先用清水调和，除去底部杂质，最后加入肥膘充分混合 2～3 min。搅拌时间以 15～20 min 为宜，加水量为 20%～30%，分批加入。肉馅以弹性好、水合力强、没有乳状分离、脂肪丁分布均匀为宜，肉馅温度不应超过 15 ℃。如使用牛肉，则需将牛肉斩拌至肉糜状。斩拌时，根据原料的干湿度和肉馅的黏性，斩拌时间一般为 5 min。为了避免肉温升高，斩拌时应向肉中加 7%～10%的冰屑，冰屑数量包括在加水总量内。斩拌结束时肉馅温度最好能保持在 8～10 ℃。

5. 灌制

肠衣要提前洗净沥干。将肠衣套在灌肠机的灌嘴上，使肉馅均匀地灌入肠衣中。要掌握松紧度，不能过紧或过松。每隔 15～20 cm 打一个结。

6. 烘烤

烘烤温度为 65～70 ℃，40 min，表面干燥、透明，肠馅显露淡红色即烤好。

7. 煮制

通常采用水浴煮制法，煮制和染色同时进行。锅内水温达到 90～95 ℃，放入色素搅和均匀，随即将肠体放入，保持水温 80～83 ℃，肠体中心部温度达到 72 ℃，恒温 35～40 min 后出锅。煮熟的标志是用手掐肠体感到挺硬有弹性。

8. 烟熏

烟熏设备温度控制在 50～70 ℃，用硬木进行熏制 2～6 h。待肠体表面光滑，内部肉馅为红色，表面稍有皱纹时，即熏制成熟。出烟熏炉自然冷却，即成品。

9. 包装

采用真空包装，在 0～4 ℃条件下贮藏。

(三)产品质量标准

肠体完整，规格整齐，不破损；外皮呈枣红色，且均匀一致，有光泽；具有产品特有的滋味，咸淡适中，无异味；组织致密，有弹性，切片性能好；无正常视力可见的外来异物。

食品安全指标符合 GB 2726—2016 及有关规定。

项目十

腌制蛋加工

任务一　皮蛋加工

【知识目标】

掌握皮蛋的加工制作工艺及质量检查方法。

【技能目标】

掌握腌制皮蛋的方法。

【德育目标】

培养产品质量意识和诚实守信的品质。

【任务实施】

一、皮蛋概述

皮蛋又称松花蛋、变蛋、碱蛋、彩蛋和泥蛋等，是我国独创的一类生食蛋品，有着悠久的生产历史。皮蛋风味独特，营养丰富，皮蛋含有20多种氨基酸，每100 g可食皮蛋氨基酸含量高达32 mg，为鲜鸭蛋的11倍，在人体内更容易消化吸收。皮蛋还有清凉、解热消火、平肝明目、降血压、开胃等功效。去壳后的皮蛋，蛋白透明光亮，呈棕褐色或茶色，又有镶嵌在其中的松花花纹，深受消费者的喜爱。

二、皮蛋的加工原理

当鲜蛋浸泡在料液中或包以料泥后，灰料中的强碱（氢氧化钠、氢氧化钾）从蛋壳外渗透到蛋黄和蛋清中，与其中的蛋白质作用，致使蛋白质分解、凝固并放出少量的硫化氢气体。同时，渗入的碱进一步与蛋白质分解出的氨基酸发生中和反应，生成的盐的晶体以漂亮的外形凝结在蛋清中，像一朵一朵的“松花”。而硫化氢气体则与蛋黄和蛋清中的矿物质作用生成各种硫化物，于是蛋黄、蛋清的颜色发生变化，蛋黄呈墨绿色，蛋清呈特殊的茶绿色。食盐可使皮蛋收缩离壳，增加口感和防腐等。加入的铅丹可催熟皮蛋，促使皮蛋收缩离壳。而茶叶中的单宁和芳香油，可使蛋白质凝固着色和增加皮蛋的风味。

三、原料蛋和辅料的选择

(一)原料蛋的挑选

加工皮蛋必须采用质量优良的鲜蛋，才能达到优质品的质量标准。原料蛋必须经感官检查，灯光透照，选出新鲜、蛋壳完整、大小均匀、壳色一致的鸭蛋或鸡蛋。

(二)辅料的选择

1. 纯碱

纯碱又称苏打，是加工皮蛋的主要辅料，纯碱的用量决定了料液、料泥的氢氧化钠的浓度，直接影响到皮蛋的质量和成熟期。要求色白、粉细、碳酸钠含量在 96%以上。该物质容易受潮结块，降低效力，影响皮蛋的成型，因此，使用时最好现用现购。

2. 生石灰

生石灰即氧化钙，主要与纯碱、水反应生成氢氧化钠。此外，游离的碳酸钙有促进皮蛋凝胶和使皮蛋味道凉爽的效能，沉淀的碳酸钙可阻止料液进入蛋内，并减少出缸洗蛋时的破损率。应选用块大、体轻、纯度高、加水后发泡多，并能迅速溶化的优质生石灰，其有效钙含量不得低于 70%。因生石灰易吸潮，一般应随用随购，用不完的应存放在干燥清洁的仓库内密封贮藏。

3. 食盐

食盐能改善皮蛋的风味，减弱其辛辣味，加快蛋的化清(盐析作用)，促进蛋黄形成溏心，并能抑制有害微生物的活动和繁殖。但食盐用量不可过多，过多时蛋白的凝固力差，蛋黄发硬。加工皮蛋的食盐要求用纯度 96%以上的海盐或精盐，食盐在溶液中的浓度一般为 3%～4%。

注意：一定要使用符合国家标准的食用盐，不得使用对人体有毒有害的工业盐。

4. 硫酸锌

硫酸锌俗称皓矾，为无色斜方结晶。主要促进氢氧化钠渗入蛋内，使蛋白质分子结构解体，起加速皮蛋的凝固、成熟、增色、离壳和除去碱味、抑制烂头、易于保存等作用。硫酸锌是氧化铅的替代品，用锌盐取代铅盐，还可缩短皮蛋成熟期约 1/4，使用时需捣碎。

5. 茶叶

茶叶的主要作用是增加蛋白色泽，此外有提高风味和促进蛋白质凝固的作用。红茶中所含鞣质色素、单宁芳香油、生物碱等物质比绿茶多，因此，在加工时主要选择红茶。

6. 烧碱

烧碱即氢氧化钠，可代替纯碱和生石灰加工皮蛋。要求白色纯净，呈片状或块状。由于该物质具有强烈的腐蚀性，在配料和操作时应注意防止皮肤烧伤和腐蚀衣服。

7. 草木灰

草木灰以桑树枝、油桐树枝、柏树枝、豆秸、棉籽壳等烧成的灰最好，是加工皮蛋不可缺少的辅料。草木灰中含有各种不同的矿物质和芳香物质，这些物质能增进皮蛋的品质，提高其风味。无论何种草木灰，都要求质地纯净、粉粒大小均匀，不含有泥沙和其他杂质，也不得有异味。使用前要过筛，除去杂质。

8. 包泥

为了保持皮蛋的质量，防止破损，利于远销，腌制的成品出缸后，须包上含有汤料的黄泥，表面再滚上一层稻壳以防止粘连。黄泥要求质匀、干燥、无异味，稻壳要求色佳、不霉，配料须用干净的凉开水调匀。

9. 水

加工皮蛋的各种材料，按一定的比例用量称取后，需要加水调成糊状，才能发生化学反应。为保证皮蛋的质量和卫生，使用的水质要符合国家卫生标准。通常要求用沸水调制。一是能杀死水中的致病菌；二是能使混合物料更快地分解和溶合，从而生成新的具有较强效力的料液，以加快对鲜蛋的化学作用，加快皮蛋的成熟。

四、皮蛋的加工方法

皮蛋是以鲜蛋为原料，经用氢氧化钠（烧碱）、食盐、茶叶（添加或不添加）、水等辅料和食品添加剂（含食品加工助剂硫酸铜等）配成的料液或料泥腌制、包装等工艺制成的产品。

传统皮蛋的加工方法很多，但各种方法大同小异，所用材料基本相同，概括起来有浸泡法（加工溏心皮蛋）、包泥法（加工硬心皮蛋）以及浸泡包泥法（又称兼用法）。浸泡包泥法是先用浸泡法腌制成溏心皮蛋，再用含有汤料的泥巴包裹、装箱（缸）、密封保存的方法。这是我国北方常用的加工方法。传统的加工方法生产效率低，人工成本高，成品既不美观也不卫生，更重要的是皮蛋中含有对人体有害的重金属铅。

新型无铅皮蛋采用浸泡法加工，皮蛋表面无包泥。无铅皮蛋加工过程中不用纯碱和生石灰两种生产原料，原料可重复使用，成品中含锌、不含铅，成品率98%左右；具有成本低，成品率高，产品美观卫生，方便包装运输的特点，能连续大批量集约化生产，产品质量能完全满足当前人们对食品安全卫生的要求。

（一）生产工艺流程

原料蛋预处理⟶配制浸泡液⟶装缸、灌料⟶腌制⟶出缸⟶分级、包装

（二）操作方法和注意事项

1. 原料及设备

（1）场地准备　可根据生产规模和条件确定，一般要设置鲜蛋区、原料区、生产加工区、清洗区、成品库区等，通水、电，通风情况良好。

（2）设备及工具　由于采用浸泡法加工，需准备相应的台秤、热水锅炉、取蛋钳、照蛋器和料搅拌机等相应设备，还需要陶瓷大缸若干只，纱布袋、各类盛装容器（桶、盆、瓢、勺）、洗蛋捞蛋用具（竹面蛋箱、漏瓢）、压蛋网盖、包涂泥料的工具、保护用具（乳胶手套、橡皮围腰、长筒胶靴）等。

（3）原料蛋　经感官检查，灯光透照，选出的新鲜、蛋壳完整、大小均匀、壳色一致的鸭蛋。

（4）辅料　氢氧化钠、氧化锌、红茶末、食盐等。

2. 实施过程

（1）原料蛋预处理　先将原料蛋按照蛋的个头大小分级，将大小一致的蛋作为一批制作。每个等级蛋的大小应基本均匀。然后清洗原料蛋，常用清水或19%碳酸钠溶液直接洗擦。

(2)配制浸泡液　配方：氢氧化钠7%、氧化锌0.2%、红茶末2%、食盐4.5%。

料液的质量与蛋的质量相同，根据原料蛋的质量计算红茶末、氢氧化钠、食盐和氧化锌的质量，即原料的百分比含量乘以原料蛋的质量（或水的质量）就是所加原料的质量。

①用纱布袋装好茶叶投入缸中，加开水泡1～2 h，茶水温度不能太低，以免影响氧化锌的溶解度。

②茶水泡好后，陆续加入称量好的氢氧化钠、食盐、氧化锌，加入过程中要充分搅拌，以便使所有原料充分溶解，加原料过程中要小心氢氧化钠灼伤皮肤或腐蚀衣服。

③待料液冷却到20～25 ℃时，用波美比重计测其波美度，1.1波美度为标准，高于1.1波美度则用茶水调节，低于1.1波美度需加氢氧化钠来调节，校正好溶液浓度后即可进行灌料。

(3)装缸、灌料　将挑选的原料蛋，经过感官鉴别、照蛋、敲蛋、分级等工序，放入清洁缸内。最上层应离缸口16.5 cm左右，上面用陶制器皿压住蛋，以免灌料后蛋漂浮起来。装缸后，将配好的料液搅拌，按需要量徐徐沿缸边倒入缸内，灌至汤料将鸭蛋全部淹没为止，忌猛倒。密封罐口，注明日期。

(4)腌制　腌制开始至皮蛋成熟，一般为11 d左右。这一阶段的技术管理工作同成品质量的关系颇为密切，要严格掌握室内和缸内温度，一般控制在20～24 ℃。腌制期间进行抽检，检查蛋白、蛋黄凝固情况和确定出缸时间。第4天检查蛋白、蛋黄开始凝固，但还很稀，像凡士林状，表明正常；第9～10天检查蛋白、蛋黄凝固是否良好，如果蛋白、蛋黄离壳较好，说明可以出缸，如果还很嫩，则再延长1～2 d。如果发现蛋白一端粘壳，则要立即出缸，说明泡的时间太长而开始水化，同时也说明碱度偏高。

(5)出缸　皮蛋经抽样检验为成熟后，便可出缸。出缸过程中要小心轻放，防止破损，同时也要小心料液灼伤皮肤。出缸后的皮蛋要立即用清水冲洗表面的料液，晾干即可。

(6)分级、包装　经过检验合格的皮蛋，放置于干燥、通风、阴凉处，夏天要贮存于室温较低、无阳光直射的冷藏室内。根据市场需求进行分级包装，或采取真空包装上市。

3. 产品质量标准

产品质量标准符合GB/T 9694—2014《皮蛋》国家标准。

外观：真空包装蛋封口严密、不漏气、无霉变，蛋壳应清洁完整。

形态：蛋体完整，有光泽，有明显震颤感，松花明显，不粘壳或不粘手。

颜色：蛋白呈半透明的青褐色或棕褐色，蛋黄呈墨绿色，并有明显的多种色层。

气味与滋味：具有皮蛋应有的气味与滋味，无异味，不苦、不涩、不辣，回味绵长。

任务二　咸蛋加工

【知识目标】

掌握咸蛋的加工制作工艺及质量检查。

【技能目标】

掌握腌制咸蛋的方法。

【德育目标】

培养产品质量意识和诚实守信的品质。

【任务实施】

一、咸蛋概述

咸蛋又称盐蛋、腌蛋、味蛋等，是一种旅游居家两宜的方便食品，也是一种风味特殊、食用方便的再制蛋。咸蛋加工方法简单，费用低廉，加工时间比较短，故全国各地均有生产。品质优良的咸蛋具有“鲜、细、松、沙、油”的特点，煮（蒸）熟后切开断面，黄白分明，蛋白质地细嫩，蛋黄细沙，呈朱红（或橙黄）色，起油，周围有露水状油珠，中间无硬心，味道鲜美。用双黄蛋加工的咸蛋，色彩更美，风味别具一格。

二、咸蛋的加工原理

咸蛋的加工是利用食盐的渗透和扩散作用，使蛋液中的食盐浓度与料泥或食盐水溶液中的食盐浓度基本相近，而使蛋白、蛋黄具有咸味的过程。食盐具有一定的防腐能力，可以抑制微生物的生长发育，使蛋内容物的分解和变化速度延缓。在蛋的成熟过程中，食盐对蛋白和蛋黄的作用不相同。对蛋白可使其黏度逐渐降低而变稀；对蛋黄则使其黏度逐渐增加而变稠变硬。

三、加工咸蛋所需辅料

加工咸蛋所需的辅料主要为食盐、黄泥、草灰、水，另外有的地区加工还需要五香粉、味精、白酒、辣酱等。

1. 食盐

用于腌制咸蛋的食盐，应选择色白、味咸、氯化钠含量96%以上、无苦涩味的干燥产品。在大批量生产时，事先应测定食盐中氯化钠的含量和食盐的含水量，以便在加工中能正确掌握食盐的用量。

2. 草灰

当采用草灰法加工咸蛋时，草灰用来和食盐调成灰料，使其中的食盐能长期、均匀地向蛋内渗透，同时可有效阻止微生物向蛋内侵入，防止由于环境温度变化对蛋的内容物造成不利影响。除此以外，草灰还能明显地减少咸蛋的破损，便于贮藏、长途运输销售。国内加工咸蛋一般选用稻草灰，个别地方也采用其他植物灰，使用时应选择干燥、无霉变、无杂质、无异味、质地均匀细腻的产品。

3. 黄泥

在咸蛋加工的用料上，除了可以使用草灰外，还可以采用黄泥加工，甚至可将草灰与黄泥混合使用。黄泥的作用与草灰相同。选用的黄泥应干燥、无杂质、无异味。另外，含腐殖质较多的泥土不能使用，因为这种泥土在加工时容易使蛋变质发臭。

4. 水

加工咸蛋一般直接使用清洁的自来水，如果使用冷开水，有利于提高产品质量。

四、咸蛋的加工方法

加工咸蛋的原料主要为鸭蛋，有的地方也用鸡蛋或鹅蛋来加工，但以鸭蛋为最好，产品与风味最佳。我国各地加工咸蛋的辅料和用量大同小异，但加工方法却较多，因加工方法不同，可分为黄泥咸蛋、包泥咸蛋、滚灰咸蛋、盐水浸泡咸蛋、五香腌制咸鸭蛋等。

（一）提浆裹灰法工艺流程

原料蛋的选择→配料→打浆→提浆、裹灰→装缸（袋）密封→成熟与贮存

（二）提浆裹灰法操作方法和注意事项

1. 原料及设备

洗蛋机、分级机、600 L水桶、塑料箱、搅拌机、蒸蛋锅、真空包装机、风干机等。

2. 实施过程

（1）原料蛋的选择　通常选用鸭蛋，因为鸭蛋中的脂肪含量较高，蛋黄中的色素含量也较多，咸鸭蛋蛋黄呈鲜艳油润的橘红色，风味更佳。为了确保蛋的质量，用于加工的原料蛋必须经过严格的检验和挑选，并根据质量分级。原料蛋的挑选和分级方法与皮蛋相同。

（2）配料　生产咸蛋的配料标准在各地都不尽相同。在不同季节生产，其配料的标准也有差别。以北京为例，11月至次年4月，配料为草灰15.0 kg，食盐4.3～5.0 kg，水12.5 kg；5—10月，草灰15.0 kg，食盐3.8～4.5 kg，水12.5 kg。

（3）打浆　在打浆之前，先将食盐倒入水中，充分搅拌使其溶解，然后将盐水全部加入打浆机（或搅拌机）内，再加入2/3用量的草灰进行搅拌。经10 min左右的搅拌后，草灰、食盐与水已混合均匀，这时将余下的草灰分两次或三次加入并充分搅拌，搅拌均匀的灰浆呈不稀不稠的浓浆状，检验灰浆是否符合要求。方法是将手指插入灰浆内，取出后手上灰浆应黑色发亮、不流、不起水、不成块、不成团下坠，放入盘内无起泡现象。制好灰浆后放置过夜，次日即可使用。

（4）提浆、裹灰　将选好的蛋用手在灰浆中翻转一次，使蛋壳表面均匀粘上一层约2 mm厚的灰浆，然后将蛋置于干草灰中裹草灰，裹灰的厚度约2 mm。裹灰的厚度要适宜，若太厚，会降低蛋壳外面灰浆中的水分，影响腌制成熟的时间；若裹灰太薄，易造成蛋间的粘连。裹灰后，将灰料用手压实捏紧，使其表面平整、均匀一致。

（5）装缸（袋）密封　经裹灰、捏灰后的蛋应尽快装缸密封，如果生产量不大，也可装入阻隔性良好的塑料袋中密封，然后转入成熟室内堆放。在装缸（袋）时，必须轻拿、轻放，叠放应牢固、整齐，防止操作不当使蛋外的灰料脱落或将蛋碰裂而影响产品的质量。

（6）成熟与贮存　咸蛋的成熟期在夏季为20～30 d，在春、秋季节为40～50 d。咸蛋成熟后，应在25 ℃以下，相对湿度85％～90％的库房中贮存，其贮存期一般为2～3个月。

3. 产品质量标准

蛋壳应完整无裂纹，无破损，表面清洁；气室应低于7 mm；蛋白纯白色无斑点，煮熟后蛋白细嫩；蛋黄变圆且黏度增加，色泽朱红（或橙黄），煮熟后黄中起油或有油流出；咸味适中，无异味。

【师徒共研】

1. 皮蛋蛋白过稀、太软的原因是什么?

与蛋的新鲜程度有关,散黄蛋、靠黄蛋、霉蛋的可能性较大;蛋壳有裂纹或沙眼(沙壳蛋)而使蛋局部水化;灌料液时温度高于 25 ℃,造成粘壳;盐含量过高,影响蛋白凝固;碱度偏低或偏高。

2. 皮蛋加工中原料蛋如何检验?

原料蛋必须用新鲜的鸭蛋或鸡蛋,蛋壳完整,有外壳膜。在制作前对蛋进行感官检验和照蛋、敲蛋检验。蛋应干净,大小均匀,在灯光透视下,蛋白澄清透亮,蛋黄位于中心,无搭壳、散黄、发黑等现象。敲蛋以检查蛋壳是否有小裂纹。

3. 怎样检验成品皮蛋的质量?

从蛋壳、蛋白、蛋黄、气味和滋味等方面进行检验。

(1)蛋壳:正常的皮蛋,蛋壳完整,无裂纹,无破损,表面清洁,无斑点或斑点少。

(2)蛋白:蛋白灰黑色或棕色,弹性大,表面有松花,蛋白不粘壳。

(3)蛋黄:色泽多样,蛋黄外层呈墨绿色或蓝黑色,中间呈土黄、灰绿色,中心呈橙黄色,并有溏心。

(4)气味和滋味:剥开的皮蛋,气味清香浓郁,辛辣味淡,咸味适中,口感良好。

4. 加工皮蛋应注意哪些问题?

对原料蛋要进行严格挑选,蛋要新鲜,要符合要求。加工皮蛋的各类用料必须称量准确;环境温度控制在 18～25 ℃;预计成熟期前后要抽样进行质量检验,以确定适宜的出缸时间;皮蛋成熟过程中,切忌与生水、油脂、糖类等杂物接触;皮蛋的加工时间宜在春、秋两季。

5. 灯光照检时,优质咸蛋的标准是什么?

优质咸蛋用照蛋器照检时,蛋的气室小,蛋白透明,红亮清晰,蛋黄缩小,靠近一边蛋壳。如果蛋白尚清晰透明,蛋黄发黑坚硬,为次品咸蛋。如果蛋白混浊,蛋黄变稀淡,转动时蛋黄黏滞,表明咸蛋已经腐败。

项目十一

乳制品加工

任务一　巴氏乳加工

【知识目标】

了解巴氏杀菌乳的概念;掌握巴氏杀菌乳加工工艺。

【技能目标】

能识别巴氏杀菌乳;会巴氏杀菌乳加工。

【德育目标】

培养产品质量意识和诚实守信的品质。

【任务实施】

一、巴氏杀菌乳的概念

巴氏杀菌乳是以新鲜牛(羊)乳为原料,采用巴氏杀菌法加工而成的牛(羊)乳。其特点是采用 72～85 ℃的低温杀菌,在杀灭牛(羊)乳中有害菌群的同时,完好地保存了营养物质和纯正口感。巴氏杀菌乳是经过离心净乳、标准化、均质、巴氏杀菌和冷却,以液体状态灌装,直接供给消费者饮用的商品乳。

二、巴氏杀菌加工工艺

(一)低温长时间(LTLT)杀菌牛乳

也称保温杀菌乳。牛乳经 62～65 ℃,30 min 保温杀菌。在这种温度下,乳中的病原菌尤其是耐热性较强的结核菌都被杀死。但因其加热时间较长,而且不能连续生产,对产品营养成分和品质影响较大,现在很少有厂家采用这种方法。

(二)高温短时间(HTST)杀菌乳

通常采用 72～75 ℃,15 s 杀菌,或采用 75～85 ℃,15～20 s 杀菌。由于受热时间短,热变性现象很少,风味有浓厚感,无蒸煮味。

(三)超高温瞬时(UHT)杀菌乳

一般采用 120～150 ℃,0.5～8 s 杀菌。由于耐热性细菌都被杀死,保存性明显提高。但如果原料乳质量不良(如酸度高、盐类不平衡),则易形成软凝块和杀菌器内挂乳石等,初始菌数尤其芽孢数过高,则残留菌的可能性增加,故对原料乳的质量要求很高。由于杀菌时间很短,风味、性状和营养价值等与普通杀菌乳相比无差异。

三、巴氏杀菌乳的生产过程

(一)工艺流程

原料乳的验收⟶净化⟶标准化⟶均质⟶巴氏杀菌⟶冷却⟶灌装⟶冷藏销售

(二)操作方法和注意事项

1. 原料及设备

鲜乳、贮乳罐、净乳设备、均质设备、巴氏杀菌设备、灌装设备、制冷设备、全自动 CIP 清洗设备、保温运输工具等。

2. 实施过程

(1)原料乳的验收　消毒乳的质量决定于原料乳,原料乳必须符合 GB 19301—2010 中规定的各项指标要求。原料乳进入工厂后应立即进行检验,将符合感官、理化、微生物标准的优质牛乳送入收乳工序。

(2)净化　原料乳经过验收后应及时进行过滤、净化等预处理。原料乳验收后如不能立即加工,需贮存一段时间,必须在净化后经冷却器冷却到 4～6 ℃,再打入贮槽进行贮存。具体工艺流程为:原料乳⟶粗滤⟶称量记录⟶离心净乳⟶冷却至 4 ℃以下⟶注入贮藏罐贮存。牛乳在贮存期间要定期进行搅拌及温度和酸度检查。

(3)标准化　各国牛乳标准化的要求有所不同。低脂乳含脂率为 0.5%,普通乳为 3.0%。我国规定杀菌乳的含脂率为 3.0%,凡不合乎标准的乳都必须进行标准化。

标准化通常通过添加稀乳油、脱脂乳或乳粉实现,方法是将牛乳加热至 55～65 ℃,按计算好的脂肪含量设定脂肪含量控制器,分离出脱脂乳和稀奶油,并且根据最终产品的脂肪含量,控制混入的稀奶油的流量,多余的稀奶油流向稀奶油巴氏杀菌机。

(4)均质　通常进行均质的温度为 65 ℃,均质压力为 10～20 MPa。方法是把牛乳温度升到均质所需的温度,用均质机对脂肪球进行机械处理,使其成为较小的脂肪球,均匀地分布在乳中。牛乳经均质后,脂肪球直径可控制在 1 μm 左右,直径减小,浮力降低,能在乳体系中稳定存在且易于被人体消化吸收。

(5)巴氏杀菌　巴氏杀菌的温度和持续时间是关系到牛乳质量和保存期等的重要因素,必须准确。加热杀菌形式很多,一般牛乳高温短时巴氏杀菌的温度为 75 ℃,持续 15～20 s,或 80～85 ℃,持续 10～15 s。

(6)冷却　乳经杀菌后,虽然绝大部分微生物都已消灭,但是在以后各项操作中仍有被污染的可能。为了抑制牛乳中细菌的发育,延长保存期,仍需及时进行冷却,通常将乳冷却至 4 ℃左右。

(7)灌装　灌装容器主要为玻璃瓶、塑料瓶、塑料袋和涂塑复合纸袋包装。

按照国标规定，巴氏杀菌乳全部使用生牛(羊)乳作为原料，不添加乳粉等复原乳，其产品品质高，属于“鲜”乳的一种。因此，巴氏杀菌乳的产品在其产品包装主要展示面紧邻产品名称的位置标识有“鲜牛(羊)奶”或“鲜牛(羊)乳”字样，从而与复原乳及灭菌乳区别开来。

(8)冷藏销售　冷链系统对巴氏杀菌乳的保存和销售尤为重要，检验合格的巴氏杀菌乳放置在冷库中，或通过冷链系统运输上市。冷库的温度为 4 ℃，零售的冷柜温度为 7 ℃。低温能够抑制细菌的生长，进而可以延长产品的货架期。

3. 产品质量标准

巴氏杀菌乳产品标准依据《巴氏杀菌乳》(GB 19645—2010)食品安全国家标准执行。

感官要求：呈乳白色或微黄色；具有乳固有的香味，无异味；呈均匀一致液体，无凝块、无沉淀、无正常视力可见异物。

理化指标：脂肪≥3.1 g/100 g；蛋白质≥22.9 g/100 g(牛乳)，≥2.8 g/100 g(羊乳)；非脂乳固体≥28.1 g/100 g；酸度≥12～18 °T(牛乳)，≥6～13°T(羊乳)。

微生物限量按 GB 4789.1—2016 和 GB 4789.18—2010 执行。

任务二　灭菌乳加工

【知识目标】

了解灭菌乳的概念、种类；掌握灭菌乳加工工艺。

【技能目标】

能识别灭菌乳；能进行鲜乳灭菌处理。

【德育目标】

培养产品质量意识和诚实守信的品质。

【任务实施】

一、灭菌乳的概念

灭菌乳是指用健康乳牛所产的优质原料乳，经过高温灭菌处理，杀灭乳中的所有微生物并使酶类完全失活，造成无菌条件，包装后直接供应消费者饮用的商品乳。

二、灭菌乳的生产工艺

(一)超高温灭菌乳

产品被加热到 135～150 ℃，保持 4～15 s，随后进行无菌灌装，在常温条件下贮藏和销售。

用超高温灭菌法处理牛乳不但可以杀灭乳中全部微生物，而且可以使牛乳的物理化学变化降到最低程度。超高温灭菌后的牛乳必须用玻璃瓶或纸容器进行无菌包装。

(二)保持灭菌乳

产品经灌装后灭菌，产品和包装(罐)一起被加热到约 116 ℃，保持 20 min，环境温度下贮存。

三、灭菌乳的生产过程

(一)工艺流程

原料乳验收⟶预处理⟶灭菌⟶冷却⟶无菌灌装⟶成品贮存

(二)操作方法和注意事项

1. 原料及设备

原料乳、储乳罐、制冷设备、净乳设备、均质设备、超高温灭菌设备或高温保持灭菌设备、无菌灌装设备和全自动 CIP 清洗设备等。

2. 实施过程

(1)原料乳验收　用于超高温处理的牛乳质量要求较高，必须满足新鲜、极低的酸度、正常的盐类平衡及正常的乳清蛋白含量等条件。尤其是乳中的蛋白质在较强的热处理中不能失去稳定性。在乳品工厂中，通常采用酒精试验快速测定牛乳的质量。在我国许多乳品厂采用细菌总数<10 万个/mL，嗜冷菌≤1 000 个/mL 的牛乳为原料生产灭菌乳。

(2)预处理　均质的温度为 65 ℃，压力为 10～20 MPa。将牛乳在高压泵的作用下强制通过均质阀，使乳脂肪破碎成小脂肪球。

(3)灭菌　目前多采用超高温瞬时杀菌，这种方法是将牛乳加热到 135～150 ℃，保持 2 s 左右。使用的设备有间接加热式和直接加热式 2 种。

(4)冷却　牛乳经灭菌后，进入无菌冷却阶段，用水从 137 ℃冷却到 76 ℃。进一步的冷却是在冷却段靠与乳热交换完成的，最后冷却温度要到达 20 ℃。

(5)无菌灌装　将灭菌后的牛乳，在无菌的条件下装入事先灭菌的容器中，以方便分送销售，防止外界污染，保持灭菌乳的良好品质。

(6)成品贮存　灌装后的灭菌乳经检验合格后装箱，立即入库贮藏。

按照国家标准规定，灭菌乳的生产原料可以是生乳，也可以是复原乳，仅以生牛(羊)乳为原料的超高温灭菌乳应在产品包装主要展示面紧邻产品名称的位置，用汉字标注“纯牛(羊)奶”或“纯牛(羊)乳”字样。

3. 产品质量标准

根据 CB 25190—2010《食品安全国家标准　灭菌乳》要求，灭菌乳感官指标、理化指标与巴氏杀菌相同，但灭菌乳的微生物要求较巴氏杀菌乳严格。灭菌乳应符合商业无菌的要求，按 GB/T 4789.26—2013 规定的方法检验。

任务三　酸乳加工

【知识目标】

了解发酵剂的调制过程；熟悉酸乳制品的生产工艺过程；掌握酸乳制品加工原理。

【技能目标】

能制备酸乳生产发酵剂;能操作酸乳发酵生产线。

【德育目标】

节约能源、注重原料的综合利用。

【任务实施】

一、酸乳

(一)酸乳的概念

酸乳是以生牛(羊)乳或乳粉为原料,经杀菌、接种嗜热链球菌和保加利亚乳杆菌(德氏乳杆菌保加利亚亚种)发酵制成的产品。

(二)酸乳的分类

目前,全世界有400多种酸乳,其分类方法颇多。根据生产工艺不同,酸乳可分为凝固型酸乳和搅拌型酸乳。

1. 凝固型酸乳

凝固型酸乳是原料乳经过巴氏杀菌后,在一定温度条件下添加有益菌(发酵剂),经灌装、发酵、冷却等工艺生产出来的乳制品。由于酸乳是纯牛乳发酵而成,在发酵过程中乳酸菌可产生人体营养所必需的多种维生素(B_1、B_2、B_6、B_{12})和乳酸,乳酸可有效地提高钙、磷在人体中的利用率。所以凝固型酸乳不但保留了鲜牛乳的营养成分和优点,而且某些方面经加工后扬长避短,成为非常适合人类饮用的营养保健食品。

2. 搅拌型酸乳

先发酵后灌装而得成品。发酵后的凝乳在灌装前搅拌成黏稠组织状态。

二、发酵剂

(一)发酵剂概念

发酵剂是指生产酸乳制品及乳酸菌制剂时所使用的特定微生物培养物。它的质量优劣与发酵乳产品质量的高低密切相关。

(二)发酵剂菌种的选择

菌种的选择对发酵剂的质量起着至关重要的作用,应根据生产目的的不同选择适当的菌种。选择时以产品的主要技术特性,如产香性、产酸力、产黏性及蛋白质水解力作为发酵剂菌种的选择依据。同时应注意,产品可以单独使用一种菌种,也可选几种混合使用。

(三)纯菌种活化或母发酵剂制备

纯菌种活化或母发酵剂制备工艺流程:复原脱脂乳(总固形物10%~12%)⟶灭菌,115 ℃,15 min⟶冷却至43 ℃⟶接种(接种量1%~3%)⟶培养至凝乳(42 ℃)⟶冷却至4 ℃⟶冰箱保存。

1. 菌种的复活及保存

菌种通常保存在试管或安瓿瓶中,当需恢复其活力时,即在无菌操作条件下将其接种到灭菌的脱脂乳试管中进行多次传代、培养，而后保存在 0～4 ℃冰箱中，每隔 1～2 周移植一次。但在长期移植过程中，可能会有杂菌污染，造成菌种退化或菌种老化、裂解。因此，菌种必须不定期地纯化、复壮。

2. 母发酵剂的调制

母发酵剂是生产发酵剂的基础，生产单位为了扩大菌种的数量，需将纯培养物进行扩大培养，即制成母发酵剂。方法是将 100～300 mL 的脱脂乳装入已灭好菌的母发酵剂容器内，在 120 ℃下 15～30 min 高压灭菌，迅速冷却至 25～30 ℃，用已灭菌的吸管吸取定量的纯培养物（母发酵剂的 1%）进行接种，并培养至凝固。如此反复 2～3 次，使乳酸菌保持稳定活力，然后再制备生产发酵剂。

(四)工作发酵剂的制备

工作发酵剂制备可在小型发酵罐中进行，整个过程可全部自动化，并采用 CIP 清洗。方法是将原料乳加热至 90 ℃，保持 30～60 mim，冷却至 25 ℃左右（或菌种要求的温度）时，无菌条件下添加母发酵剂，接种量为 1%，充分搅拌均匀，在适当的温度条件下进行发酵，达到适当的酸度后取出，冷藏于冰箱中待用。

注意：为了不影响生产，发酵剂要提前制备。工作发酵剂室最好与生产车间隔离，要求有良好的卫生状况，最好有换气设备。每天要用 200 mg/L 的次氯酸钠溶液进行喷雾消毒，在操作前操作人员要用消毒液洗手消毒。氯水由专人配制并每天更换。

(五)发酵剂的质量鉴定

发酵剂质量的好坏直接影响产品的质量，发酵剂在使用前应进行质量鉴定。

1. 感官检查

发酵剂凝固均匀，组织细腻、致密，有一定弹性，乳清析出少，具有一定的酸味和芳香味，无异味，无气泡。

2. 化学检查

滴定酸度在 90～110°T 为宜。

3. 细菌检查

用常规方法测定总菌数和活菌数，品质好的发酵剂内含活菌数为 10^9 个/mL。

4. 活力检查

采用酸度测定法，向灭菌脱脂乳中加 3%的发酵剂，在适宜的温度（37.8 ℃）下培养 3.5 h，测定其酸度。当酸度（乳酸百分率）在 0.4%以上时，活力较好。

三、酸乳的生产过程

酸乳品种因使用的原料和发酵剂的微生物种类不同而异。但是其生产工艺基本相似，一般是将活化好的菌种（生产发酵剂）按一定的比例加入灭菌的乳中，经发酵后制成酸乳及其制品。酸乳制品的种类因生产目的不同，其生产方法也有所不同，最基本的生产工艺是凝固型酸乳工艺和搅拌型酸乳工艺。

(一)工艺流程

凝固型酸乳生产工艺流程：

原料验收⟶均质⟶杀菌⟶冷却⟶加发酵剂⟶罐装⟶发酵⟶冷却⟶后熟

搅拌型酸乳生产工艺流程：

原料验收⟶均质⟶杀菌⟶冷却⟶加发酵剂⟶在发酵罐中发酵⟶冷却⟶搅拌⟶罐装⟶冷却后熟

(二)操作方法和注意事项

1. 原料及设备

原料乳、乳酸菌种、贮乳罐、净乳设备、均质设备、发酵罐(发酵室)、制冷设备、杀菌设备、灌装设备、全自动 CIP 清洗设备、保温运输工具(常温产品除外)等。

配料：

(1)脱脂乳粉　用作发酵乳的脱脂乳粉要求质量高、无抗生素和防腐剂。脱脂乳粉可提高干物质的含量，改善产品组织状态，促进乳酸菌产酸，一般添加量为 1%～1.5%。

(2)稳定剂　在搅拌型酸乳生产中，通常添加稳定剂，常用的稳定剂有明胶、琼脂、果胶、羧甲基纤维素(CMC)等，从而提高原料乳黏度，酸乳的组织状态较好，其添加量应控制在 0.1%～0.5%。

(3)糖　在酸乳生产中，通常添加 6.5%～8%的蔗糖或葡萄糖。

2. 实施过程

(1)凝固型酸乳生产

①原料验收　原料乳选用符合质量要求的新鲜乳、脱脂乳或再制乳，乳的酸度不超过 18°T，全乳固体含量不低于 11.5%，杂菌数不高于 5×10^5 个/mL，抗菌物质检查应为阴性，因为乳酸菌对抗生素极为敏感，乳中微量的抗生素都会使乳酸菌生长繁殖受影响。

预处理和标准化与巴氏乳相同。

②均质　待原料配好后，进行均质处理。均质前预热至 55 ℃左右，均质的压力为 18～20 MPa。均质处理可使原料充分混匀，细化乳脂颗粒，有利于提高酸乳的稳定性和黏稠度，使酸乳质地细腻、口感良好。

③杀菌　杀菌参数为：90～95 ℃，5 min。杀灭原料乳中的杂菌，确保乳酸菌的正常生长和繁殖，钝化原料乳中对发酵菌有抑制作用的天然抑制物，使乳中的乳清蛋白变性，以达到改善组织状态、提高黏稠度和防止成品乳清析出的目的。

④冷却　杀菌后的物料应迅速冷却到发酵剂最适的生长温度，即降到(43±1.5) ℃时可接种发酵剂。

⑤加发酵剂　接种量根据菌种活力、发酵方法、生产时间的安排和混合菌种配比而定。正常生产的发酵剂产酸活力在 0.7%～1.0%，接种量应为 1.5%～3.0%。加入的发酵剂不应有大凝块，应事先在无菌操作条件下搅拌成均匀细腻的状态，以免影响成品质量。

制作酸乳常用的发酵剂为保加利亚乳杆菌和嗜热链球菌的混合菌种，其比例通常为 1∶1。也可用保加利亚乳杆菌与乳酸链球菌搭配，但研究证明，以前者搭配效果较好。此外，由于菌种生产单位不同，其杆菌与球菌的活力也不同，在使用时其配比应灵活掌握。

⑥灌装　接种后搅拌均匀，就可以灌装。灌装容器可根据市场需要选择玻璃瓶或塑料杯。采用的玻璃瓶在装瓶前必须进行蒸汽灭菌；采用机械包装的一次性塑料杯，最好经过紫外灯照射杀菌后再使用。

⑦发酵　使用保加利亚乳杆菌与嗜热链球菌的混合发酵剂时，温度保持在 41～43 ℃，培养时间为 2.5～4.0 h，达到凝固状态时即可终止发酵。

一般发酵终点可依据如下条件来判断：①滴定酸度达到 80 °T 以上；②pH 低于 4.6；③表面有少量水痕；④乳变黏稠；⑤缓慢倒立不脱杯(瓶)。在发酵过程中应避免震动，否则会影响组织状态。

⑧冷却　发酵好的瓶装凝固酸乳，应立即放入 0～4 ℃的冷库中，迅速抑制乳酸菌的生长，以免继续发酵而造成酸度升高。

⑨后熟　发酵凝固后须在 0～4 ℃，贮藏 24 h 再出售，通常把该储藏过程称为后熟，冷藏期一般不超过 1 周。

(2)搅拌型酸乳生产

搅拌型酸乳的加工工艺及技术要求基本与凝固型酸乳相同，其不同点主要是搅拌型酸乳多了一道搅拌混合工艺，这也是搅拌型酸乳的特点。这里只对与凝固型酸乳的不同点加以说明。

①发酵　搅拌型酸乳的发酵是在发酵罐或缸中进行，而发酵罐是利用罐围夹层的热媒来维持恒温，热媒的温度可随发酵参数而变化。若在大缸中发酵，则应控制好发酵间的温度，避免忽高忽低。发酵间上部和下部温差不要超过 1.5 ℃。同时，发酵缸应远离发酵间的墙壁，以免过度受热。

②冷却　冷却的目的是快速抑制细菌的生长和酶的活性，以防止发酵过程产酸过度及搅拌时脱水。酸乳完全凝固(pH 为 4.6～4.7)时开始冷却，冷却过程应稳定进行。冷却过快将造成凝块收缩迅速，导致乳清分离。冷却过慢则会造成产品过酸和添加果料的脱色。冷却可采用片式冷却器、管式冷却器、表面刮板式热交换器、冷却缸(槽)等冷却。一般温度控制在 0～7 ℃为宜。

③搅拌　通过机械力破坏凝胶体，使凝胶体的粒子直径达到 0.01～0.4 mm，并使酸乳的硬度和黏度及组织状态发生变化。搅拌是搅拌型酸乳生产的一道重要工序，搅拌时应注意凝胶体的温度、pH 及固体含量等。通常搅拌开始时用低速，然后用较快的速度。

④灌装　酸乳可根据需要，确定包装量和包装形式及灌装机。

果蔬果酱和各种类型的调香物质等可在酸乳自缓冲罐到包装机的输送过程中加入，这种方法可通过一台变速的计量泵连续加入酸乳中。果蔬混合装置固定在生产线上，计量泵与酸乳给料泵同步运转，保证酸乳与果蔬混合均匀。一般发酵罐内用螺旋搅拌器搅拌即可混合均匀。

⑤冷却后熟　将罐装好的酸乳置于冷库中 0～7 ℃冷藏 24 h，进行后熟，进一步促使芳香物质的产生和改善黏稠度。

3. 产品质量标准

(1)感官指标

色泽：色泽均匀一致，呈乳白色或稍带微黄色。

滋味气味：具有纯乳酸发酵剂制成的酸牛乳特有的滋味和气味，无酒精发酵味、霉味和其他不良气味。

组织状态：凝块均匀细腻、无气泡、允许少量乳清析出。

(2)理化指标　脂肪≥3.0%，全乳固体≥11.5%，酸度 70～110 °T，砂糖≥5.0%，汞≤0.01% mg/L。

(3)微生物指标　大肠菌群≤90 个/mL，致病菌不得检出。

【师徒共研】

1. 巴氏杀菌乳生产过程中为什么要进行标准化处理?

原料乳中的脂肪和非脂乳固体的含量随着乳牛品种、地区、季节和饲养管理等因素不同而有较大的差别。标准化的目的是保证牛乳中含有规定的脂肪、蛋白质含量。

2. 什么是均质处理?

均质是对脂肪球进行机械处理,使其成为较小的脂肪球,均匀地分布在乳中。牛乳经均质后,脂肪球直径可控制在 1 μm 左右,直径减小,浮力降低,能在乳体系中稳定存在且易于被人体消化吸收。

3. 为什么要进行均质处理?

未均质的牛乳中脂肪球大小不均匀,直径为 1～10 μm,一般 2～5 μm 的脂肪球,容易聚结成团块上浮。脂肪上浮会影响乳的感官质量,脂肪球的上浮速度与其直径成正比。

4. 均质处理后的牛乳为什么要立即进行巴氏杀菌?

均质破坏了脂肪球膜并暴露出脂肪,与未加热的脱脂乳(含有活性的脂肪酶)重新混合后,因缺少防止脂肪酶侵袭的保护膜而易被氧化,因此混合物必须立即进行巴氏杀菌。

5. 酸乳接种前为什么要灭菌?

灭菌的目的在于杀灭原料乳中的杂菌,确保乳酸菌的正常生长和繁殖;钝化原料乳中对发酵菌有抑制作用的天然抑制物;使牛乳中的乳清蛋白变性,以达到改善组织状态、提高黏稠度和防止成品乳清析出的目的。

6. 凝固型酸乳发酵过程中应注意哪些问题?

发酵应注意避免震动,否则会影响其组织状态;发酵温度应恒定,避免忽高忽低;掌握好发酵时间,防止酸度不够或过度以及乳清析出。

7. 酸乳凝固性差的原因有哪些?

(1)原料乳质量差　当乳中含有抗生素、防腐剂时,会影响乳酸菌的生长,从而导致发酵不利、凝固性差。

(2)发酵温度和时间控制不当　发酵温度依所采用乳酸菌种类的不同而异。若发酵温度低于最适温度,乳酸菌的活力则下降,凝乳能力降低,使酸乳凝固性降低;发酵时间短,也会造成酸乳凝固性降低。此外,发酵室温度不均匀也是造成酸乳凝固性降低的原因之一。因此,在实际生产中,应尽可能地保持发酵室的温度恒定,并合理控制发酵温度和时间。

(3)噬菌体污染　噬菌体污染是造成发酵缓慢,凝固不完全的原因之一。由于噬菌体对菌的选择作用,可采用经常更换发酵剂的方法加以控制,此外,两种以上菌种混合使用也可以减少噬菌体的危害。

(4)发酵剂活力弱或接种量太少　应经常检测发酵剂的活力。对一些罐装容器上残留的洗涤剂(如氢氧化钠)和消毒剂(如氧化物)要清洗干净,以免影响菌种活力,确保酸乳的正常发酵和凝固。

(5)加糖量过大　生产酸乳时,加入适当的蔗糖可以使产品产生良好的风味,凝块细腻光滑,提高黏度,并有利于乳酸菌产酸量的提高。若加量过大,会产生高渗透压,抑制乳酸菌的生长繁殖，造成乳酸菌脱水死亡，相应活力下降，使牛乳不能很好地凝固。试验证明，6.5%的加糖量对产品的口味最佳，也不影响乳酸菌的生长。

8. 生产酸乳时乳清析出的主要原因是什么？

(1)原料乳热处理不当　热处理温度偏低或时间不够，就不能使大量乳清蛋白变性，变性乳清蛋白可以与酪蛋白形成复合物，能容纳更多的水分，并且具有最小的脱水收缩作用。

(2)发酵时间不当　若发酵时间过长，乳酸菌继续生长繁殖，产酸量不断增加。过高的酸性会破坏原来已经形成的胶体结构，使其容纳的水分游离出来形成乳清析出。发酵时间过短，乳蛋白质的胶体结构还未充分形成，不能包裹乳中原有的水分，也会形成乳清析出。因此，应在发酵时抽样检查，发现牛乳已完全凝固，就应立即停止发酵。

9. 酸乳风味不良是什么原因造成的？

(1)无芳香味　主要由菌种选择及操作工艺不当所引起。正常的酸乳生产应保证两种以上的菌混合使用，并选择合适的比例，任何一方占优势均会导致风味变差。高温短时间发酵和固体含量不足也是造成芳香不足的因素。

(2)酸乳的不洁味　主要由发酵剂或发酵过程中污染杂菌引起。被丁酸菌污染可使产品带有刺鼻的怪味，被酵母菌污染不但产生不良气味，还会影响乳的组织状态，使酸乳产生气泡。因此，要严格保证卫生条件。

(3)原料乳的怪味　牛体臭味、氧化臭味及过度热处理或添加了气味不良的炼乳或乳粉等也是造成其气味不良的原因之一。

10. 酸乳口感差的原因是什么？

优质的酸乳柔嫩、细腻光滑、清香可口。采用高酸度的乳或质量差的乳粉生产的酸乳口感粗糙。因此，生产酸乳时，应采用新鲜牛乳或优质的乳粉，并采取均质处理，使乳中的蛋白质颗粒细微化，达到改善口感的目的。生产中污染杂菌或使用稳定剂过量，也可能导致酸乳口感发黏，不爽滑。因此生产中应按要求规范操作。

参考文献

[1]高维道．挤压与膨化技术应用[J]．无锡轻工业学院学报，1986(1)：88-91.
[2]沈正荣．挤压膨化技术及其应用概况[J]．食品与发酵工业，2000(5)：74-78.
[3]刘勤生，罗庆丰，朱德萍．工艺设备现状及展望[J]．食品与机械，1995(6)：11-12.
[4]王石瑛．挤压膨化技术及其应用[J]．西部粮油科技，2000(3)：31-33.
[5]王仲礼．现代高新技术在食品工业中的应用[J]．粮油食品科技，2003(6)：43-45.
[6]吴运生，王东，沈良菊．膨化技术与饲料工业发展[J]．粮食与饲料工业，2003(3)：21-22.
[7]莫小曼．高湿挤压技术生产纤维性仿肉制品[J]．中国食品，2000(22)：21.
[8]李子明，周海军，相海，等．YJP 系列油料挤压膨化机[J]．粮油加工与食品机械，1998(3)：28.
[9]杨纪红，李文德．对提高我国酱油生产质量的探讨[J]．中国调味品，2001(5)：9-11.
[10]徐冲，王静，曹维强．挤压膨化技术在酱油生产中的应用[J]．中国调味品，2005(5)：4-6.
[11]王建中．新型油炸膨化方便食品生产工艺的试验与研究[J]．食品工业：1996(1)：31-33.
[12]刘自强．食品膨化机理的理论探析[J]．食品工业科技，1997(6)：52-53，79.
[13]张守文．挤压膨化技术的进一步研究与开发[J]．粮食与饲料工业，2000(5)：18-19.
[14]李里特．粮油贮藏加工工艺学[M]．2 版．北京：中国农业出版社，2009.
[15]严佩峰，邢淑婕．畜产品加工[M]．重庆：重庆大学出版社，2007.